Un irlandais, St Desle, fonda Lure, près de Besançon.

Seigneur de Besançon, St Donat, fonda St Paul.

Pour les femmes, il a fondé Jussa-Moutier, d'après les règles de St CÉSAIRE [que ste Radegonde a adoptées.] Celle-ci est auj. une caserne.

Le frère de St Donat fonda à rétabli Romain-Moutier [Elle est réservée par pape St Innocent. Devient Cluny.]

Bèze.

Cusance.

St Ursanne, à Bâle.

St Germain de Grandval.

St Vandrille et reine Bathilde bâtissent Fontenelle. Ses amis sont: Archevêque Ouen et Philibert de Jumièges. St Phil. fonde encore Noirmoutier, en Poitou et Montivilliers, un (?) caux pour femmes.

Trois abbés bénis par Colomban.
1° Adon — Jouarre.
2° Radon — Reuil (Radolium)
3° Dadon, c'est Ouen (Audoënus) Évêque de Rouen.
Frédévin de Rebais, dont l'abbé est St Agile de Luxeuil.

Ste Fare, de Meaux, a été béni par St Col. Elle fonda Fare (?)
L'Irlandais, St Fursy : Lagny-sur-Marne.
St Frobert : Moutier-la-Celle, près Troyes.
Berchaire : Hautvillers et Moutier-en-Der.
Ste Salaberge à Laon.

Luxeuil maritime à Leuconais, à l'embouchure de (?) c'est St Valéry. Ses reliques furent translatées par Richard (?) de P(?) à St Valéry-en-Caux.

（2）

"建筑是石头的史书"、"建筑是艺术的最高峰"。十九世纪，这两句话在欧洲很流行，已经很难确凿地说是哪位聪明人先写出来的了。总之，十九世纪，欧洲人已经认识了建筑在人类文化中的地位了。

建筑在文化中的地位，决定于它的性质、作用和完美功能的高度，技术性和艺术的高度，它本身就是……它是 Monument，这便是它的性质。

从黄土地上的窑洞、到小女孩温馨的闺房、到豪华的宫殿、到金字塔、至敦煌、万神庙、到万里长城，建筑性质的多样和变化的跨度之大，包容了整个的人类文化。人类没有第二种作品，有建筑这样的气魄，丰富、豪华、精致，有性格、有感情。

建筑是人类历史的文化播录。它也记录着人类为创造……而付出的一切，真实、生动地记录着人类文明的发展……和成就

陈 志 华 文 集

【卷六】

俄罗斯建筑史
建 筑 艺 术
古典建筑形式

〔俄〕莫·依·尔集亚宁　著

《苏联大百科全书》编委会　编著

〔俄〕伊·布·米哈洛弗斯基　著

陈志华　译

商務印書館

创于1897　The Commercial Press

编辑委员会

（按姓氏拼音排序）

杜　非　　黄永松　　赖德霖　　李玉祥　　罗德胤

舒　楠　　王贵祥　　王明贤　　王瑞智

责任编辑

杜　非　　庄昳泱　　曹金羽

· 出版说明 ·

　　1947年进入清华大学后，陈志华即开始学习俄文。两年后，开始翻译《俄罗斯建筑史》《建筑艺术》《古典建筑形式》。《俄罗斯建筑史》原版于1947年出版，综述10到20世纪初俄罗斯民族建筑艺术的历史发展过程。陈译本由建筑工程出版社于1955年1月出版。《建筑艺术》选译1950年出版的俄文《苏联大百科全书》中关于建筑艺术的内容，简要勾勒了世界建筑史发展的脉络。陈译本由建筑工程出版社于1955年1月出版。《古典建筑形式》译自俄文版第四版（出版于1949年），该书最早以《建筑柱式》为名出版于1925年，系统、细致地叙述了古希腊、古罗马和意大利文艺复兴建筑艺术组合的要素和手法。第四版面世时作者已亡故，四版序言指出了旧版的"主要错误和弱点"，并认为该书"虽有许多缺点但仍然能够给苏联的读者们以极大的好处，要比西方资产阶级艺术家的作品好一些。"中文版由建筑工程出版社于1955年4月出版。

　　这三本译著是陈志华步入建筑史学术领域的开始，是时代的产物，有着深深的时代烙印。此次集结出版，旨在为读者提供一个理解译者学术道路，以及我国建筑史学科发展轨迹的历史情景，为了展示、保留历史原貌，译名、句式均不做改动，数字、年代用法则与其他卷保持统一。

　　受译者陈志华本人授权，集三本译著为一卷，作为卷六，收入《陈志华文集》，由商务印书馆出版。

商务印书馆编辑部

2020年12月

目　录

《古典建筑形式》 *1955*

俄羅斯建築史

莫·依·爾集亞寧 著

建築工程出版社

绪言

　　俄国伟大的十月社会主义革命为苏联各民族文化的繁荣开辟了无限的可能性。苏联每一个民族在建立新东西的时候，都不可避免地要回顾到本民族的过去，都要创造性地掌握在过去年代里本民族的天才所创造的一切优秀的进步的东西。

　　过去的艺术作品不论产生在哪种社会条件之下，在物质文化和艺术名迹的形式和用途上，都会留下自己的标志。但在这些名迹上，首先是在不朽的建筑作品上，不管它的用途如何，人民总要表现自己的文化，自己的艺术，总要在石头上铭记下人民历史中的伟大事件。

　　在苏联各兄弟民族强大的家庭中，伟大的俄罗斯民族是最年长的。在数千年的历史中，俄罗斯人民创造了高度的民族文化，这文化的成就有权利列入全世界的宝库中去。俄罗斯民族的天才广泛地涌现出来，在建筑艺术的领域中也是如此。

　　俄罗斯文化的中心是在我们古代的城市里。莫斯科——国家的首都——有着上百个建筑名迹遗留至今。它的中心是雄伟的克里姆林和散布在它周围的堡垒式的僧院群，这些堡垒式的僧院群当年是克里姆林的防哨。基辅——10至12世纪时伟大的基辅国家的首都、且尔尼哥夫（Чернигов）、诺夫哥罗得（Новгород）、普斯可夫（Псков）、斯摩棱斯克（Смоленск）、符拉季米尔（Владимир）——12至13世纪时符拉季米尔-苏兹达里斯基（Владимиро-Суздальской）国家的首都、苏兹达里（Суздаль）、尤里也夫-波尔斯基（Юрьев-Польской），雅罗斯拉夫里（Ярославль）、罗斯托夫（Ростов）、乌格里奇（Углич）、各斯特洛马（Кострома）、沃洛格达（Вологда）、姆洛姆（Муром）、各洛霍未次（Гороховец）、亚力山大洛夫（Александров）、索立卡姆斯克（Соликамск）等城，把俄罗斯建筑的最优秀的珍宝遗留到今日。英雄的列宁格勒城和它的雄丽的大街、宫殿及郊区，把巨大的不朽的建筑珍品留予我们。

俄罗斯的不知名的天才建筑师在几世纪中所建造的克里姆林和僧院的完整的建筑群，直到现在还以它的艺术的完美性、组合的有机性及它与周围自然环境的统一性而吸引着观众。北方的木建筑名迹，教会区和农村的教堂和农舍，直到现在还鼓舞着我们的艺术家和建筑师。

编年史①还保存了一些古代著名的建筑师的名字，其中有12世纪诺夫哥罗得建筑的奠基者彼得（Петр），12世纪的匠师各洛夫-雅各夫列维奇（Коров-Яковлевич），12世纪的南俄的匠师米洛涅格（Милонег），16世纪的建造了巨大的斯摩棱斯克的克里姆林和莫斯科白城（Белый город）城墙的有名的费道尔·康（Федор Конь），在红场上建造了波克洛夫斯基（Покровский）教堂［华西里·柏拉仁诺（Василия блаженно）教堂］的建筑师巴尔马（Барма）和波斯尼克（Посник）。

彼得以后的时代产生了一大批天才的建筑师、艺术家及雕刻家，他们是18和19世纪卓越的建筑物的创作者。他们是：拉斯特列里（Растрелли）、乌赫多姆斯基（Ухтомский）、柴鲁得内（Зарудный）、斯达洛夫（Старов）、卡柴可夫（Казаков）、巴仁诺夫（Баженов）、萨哈洛夫（Захаров）、罗西（Росси）、托马·德·托蒙（Тома де Томон）、格伐林吉（Гваренги）、卡米隆（Камерон）、波未（Бове）、格里高里也夫（Григорьев）、日良吉（Джилярди）等等。

---

① 编年史就是逐年记载当时所发生的事情的一种文件。——译者注

在卫国战争时期我们的建筑珍宝遭到毁坏，引起了我国人民和全体文明的人类对法西斯强盗的愤怒和鄙视。

现在我们祖国的爱国者和地方政权机关都有崇高而迫切的任务——保护我们的已遭破坏的，甚至已成灰烬的精美的艺术和建筑名迹不使再受损害。

不容怀疑，学者、艺术家、建筑师们应该运用自己的全部知识去恢复强大的民族的这些伟大不朽的艺术品。

因为建筑名迹是俄罗斯民族的编年史，它记录了它的历史中的光荣事件，它有权以此骄傲。

因为过去的艺术和建筑名迹是现代建筑师在努力创立苏维埃建筑、社会主义现实主义的建筑时的创作灵感的泉源之一，苏维埃建筑应该是过去我们聪明的、英雄的及天才的人民的创作的继承者。

一、基辅俄罗斯建筑
（10 世纪—12 世纪初）

片断的编年史、民间的传说及外国人的证明，可以使人信服在基辅国家形成之前，我们祖国已经有了很高的文化并有了优秀的建筑物。但这些建筑物没有保留下来。学者的研究和古村镇遗址的考古发掘，给弄清古代史前的俄罗斯文化创造了条件。遗留至今的建筑名迹，证明古俄罗斯雄伟的建筑产生于大量的斯拉夫部落在10世纪合并为基辅国家的时期。

奥列格（Олег）、伊戈尔（Игорь）及圣斯拉夫（Святослав）的威风的古代骑士，在查里格拉得（Цареград）城下的大进军，对"从南到北"的大商业路线的掌握，以及基督教被俄罗斯所接受，这些事件为建立基辅俄罗斯和这时期成为世界文化中心的西方拜占庭帝国之间紧密的经济、军事及文化上的联系创造了前提。

遗留至今的基辅俄罗斯建筑名迹虽然在外貌上曾被强烈地歪曲过，但仍能证明这时期雄伟的建筑的光辉和繁荣。可惜，从那时期只留下了庙宇，庙宇在那时候不仅是宗教用的，而且在很大程度上是公共建筑物。在庙宇的装饰得很丰富的大厅中，举行奢侈的全民性的宗教仪式和贵族的庆功会，这些都是与国家生活中的重大事件有关的。

这时期雄伟的建筑的中心是基辅——国家的首都，"俄罗斯城市之母"，伟大的基辅国家的政治文化中心。

考古的发掘和编年史证明在基辅当奥列格王公和符拉季米尔（Владимир）王公在位时（10世纪），已经有了大规模的建设。这时候建造了石城墙、宫殿及修道院的古克里姆林。克里姆林的中心是驰名的捷夏其内（Десятинный）神庙（998），规模很大，内部装修十分华丽。庙宇之前是广场，广场上安置着符拉季米尔从被他所征服的在克里木（Крым）的拜占庭帝国的赫尔索尼斯（Херсонес）带来的雕像。克里姆林和庙宇被巴得依（Батый）破坏了。庙宇的地基和它的装饰细部已被发掘出来了。基辅时代的主要营造材料是普林发（Плинфа）——搁在灰浆上的薄砖。符拉季米尔的儿子亚罗斯拉夫（Ярослав，1019—1054）时代，在基辅进行了特别紧张的建设。亚罗斯拉夫就在同一个基辅的奥列格和符拉季米尔的古克里姆林之外，又建造了新的巨大的克里姆林。在这新克里姆林的中心有索菲亚（София）教堂、伊林宁斯基（Ирининский）和吉奥尔吉也夫斯基（Георгиевский）教堂。这新克里姆林有新的石城墙，有黄金门，门上盖起教堂来。在所有这些建筑物中只剩下索菲亚教堂还存在，此外还有黄金门和古堡垒的残片。

　　索菲亚教堂几乎是完整无缺地保留下来了，仅只在外部被巴洛克（Бороко）的装饰（17世纪）弄得走了样。这个庄严的建筑物由亚罗斯拉夫于1037年在和侵入俄罗斯的土耳其人大会战的地点奠基。这教堂在古时候有一个几乎是正方形的平面，被划分成几个通廊，在祭台那端有五个半圆坛。庙宇的上部由拱顶覆盖，冠以13个穹隆顶。庙宇的周围有一圈走廊，面对广场，人民的节日大庆就在这广场上举行。教堂内部保留下11世纪精彩的摩赛克和壁画。

　　这时期的基辅建筑的名迹中，还应指出伟大的乌斯平斯基（Великий Успенский）教堂（1073—1083）、基辅-皮且尔斯基（Киево-Печерская）修道院的门上（Наддвертный）教堂（1106）、基里洛夫斯基（Кирилловский）修道院的教堂等等。

　　基辅国家的雄伟的建筑的第二个中心是且尔尼哥夫。编年史中的八个著名的且尔尼哥夫的教堂中还剩下五个，并且它们保存得比基辅还好。

基辅的圣索菲亚教堂的讲坛外貌（1037）

这时期的且尔尼哥夫名迹中的最古者是斯巴索-普列奥布拉仁斯基（Спасо-Преображенский）教堂，是由姆斯其斯拉夫·赫拉布雷（Мстислав Храбрый）在11世纪的第二个四分之一时候造成的。教堂的平面是长方形三通廊的，在有祭台的那一端有三个半圆坛。古时候这教堂有拱顶，顶端是五个穹隆顶。教堂被横暴地歪曲了。尤其是在西南角上造起了第二座碉楼，在西北角上也出现了一个。在且尔尼哥夫还保存下伊列次基（Елецкий）修道院的教堂（1069）、波立索格列斯基（Борисогтлебский）教堂（1090）、比特尼次基（Пятннцкий）教堂。

在基辅的索菲亚教堂以后不久，在波洛次克（Полоцк）建造了索菲亚教堂（1044—1066）。这教堂现在已被大大地改建过了。从平面上和建筑上看，它是基辅索菲亚教堂的简化。

在俄罗斯的西北中心，诺夫哥罗得克里姆林中于1045—1050年间建造了诺夫哥罗得索菲亚教堂，直到现在它还是克里姆林建筑群和全诺夫哥罗得城的建筑中心。诺夫哥罗得人骄傲地说："有索菲亚的地方就是诺夫哥罗得。"教堂的建筑形式的特点是庄严的、简朴的、雄伟的——这成为所有诺夫哥罗得建筑的特征了。这个简朴的形体以五个大圆顶来结束。在西南角有一个也是覆盖着圆顶的塔楼。教堂的内部和基辅索菲亚一样，以珍贵的装饰材料、壁画和装饰品的丰富而出色。主要的穹隆顶内的古代壁画和祭台上的湿粉画和精彩的摩赛克还保存着。在瓦尔霍夫（Волхов）河的对岸，同克里姆林相对的是有湿粉画的尼可洛·德沃

诺夫哥罗得的圣索菲亚教堂（1045—1050）

里香（Николо-Дворищенский）教堂（1113）。教堂是大王公的第二个名为"亚罗斯拉夫的离宫"的官邸的中心。

俄罗斯匠人的才能以巨大的力量表现在诺夫哥罗得附近的尤里也夫（Юрьев）修道院的教堂的建筑艺术中（1119）。这教堂在平面上是矩形的，有一个塔楼不对称地站在西北角上。虽然后来有若干改建歪曲了原来的形式，但教堂仍以自己严肃的墙面和匀称的外轮廓的威武、美丽给人以强烈的印象。在教堂的塔楼中保存有12世纪的湿粉画，在以前整个教堂都画满了这种画。教堂是匠人彼得盖的。

这时期诺夫哥罗得的另一个卓越的名迹是安东尼也夫（Антониев）修道院的教堂（1116），在建筑形制上，它接近于吉奥尔吉也夫斯基和尼可洛·德沃里香教堂。教堂内保存着壁画的断片。在教堂的塔楼里发现了建筑师的肖像，署名为"彼得"。

普斯可夫遗留至今的最古的建筑物是米洛日斯基（Мирожский）修

道院的教堂（1130—1152）。教堂的内部建筑和壁画还保留着原来的面貌，建筑物外面经受过很大的改造。

基辅俄罗斯的建筑开始时建立在拜占庭学派的若干影响之下。但在最早的建筑作品中就已经明显地表现出它的民族的、真正的俄罗斯特点了！墙垣的雄厚森严，形体的庄严简洁，轮廓的匀称，避免一切破碎或削弱宏伟形象的东西，同时还有古俄罗斯建筑所固有的迷人的柔软的造形和线条的不可捉摸的变幻。

内部建筑以细部的丰富、珍贵及豪华的材料——大理石、黄金、琉璃、摩赛克、湿粉画——同外部墙面的森严简洁形成强烈的对比。

这些特点在上述北方俄罗斯匠人的作品中——在诺夫哥罗得和普斯可夫的建筑中表现得特别清楚。

编年史上的证据，考古的发掘及民间的歌谣，充实了我们对于基辅俄罗斯建筑的概念。这是庄严的、雄伟的艺术。这艺术不仅建造了个别的名迹，也建造了克里姆林、修道院、宫殿、庄园等的整个建筑群。这些证据也片断地提到为节日用的教堂前的广场，提到有着能容纳许多王公的兵士的谒见室（Тридница）的宫殿，提到有雄伟的城墙和大门上面盖起教堂来的克里姆林。

俄罗斯人民在歌谣中颂唱着历史上的基辅时代，把它当作自己强盛和光荣的时代之一。

伟大的基辅国家的西方边疆超过了现在的。

"像伟大的卡尔（Карл Великий）皇帝过去组成法兰西、日耳曼及意大利一样，留立各维赤（Рюрикович）皇帝过去组成波兰、立陶宛、波罗的海沿岸村镇、土耳其及莫斯科国家。"马克思这样肯定了10—11世纪基辅国家的作用（卡尔·马克思：《十八世纪秘密外交》）。

古俄罗斯的这个辉煌时期的名迹保存下来很少，尤其是基辅俄罗斯的南方从12世纪开始就因变成内战和外敌侵略的战场而遭受到破坏。基辅城屡次浸溺于火灾和破坏中，变成了灰烬，但又重新从废墟中复活，在1240年鞑靼入侵之前，它的生气勃勃的力量和文化长期没有被毁损过。

二、符拉季米尔-苏兹达里斯基建筑
（12世纪—13世纪初）

基辅国家在11世纪达到了强盛和繁荣的高峰，到12世纪在符拉季米尔·莫洛马赫（Владимир Мономах）之后，开始分裂为个别的公国。封建割据的时期来临了，内战和外敌进攻的时期来临了。

基辅俄罗斯建筑的雄伟的风格改了，从新产生的诸政治和文化中心获得了个性的特征，一般说来，建筑物的规模缩小了。

古俄罗斯建筑的新的辉煌的高涨：雄伟的俄罗斯建筑的黄金时代于12世纪在符拉季米尔-苏兹达里斯基公国开始。这个高涨是与基辅国家的第二等的封邑符拉季米尔-苏兹达里斯基公国的地位的提高，以及它成为俄罗斯统一的新中心相联系的。

11世纪世界商业路线的转变，对基辅国家的衰落和符拉季米尔-苏兹达里斯基公国的兴盛起着重大的作用。古代支配基辅的"从南到北"的商业路线，由于从拜占庭到热那亚、威尼斯及法兰西南方口岸的沿地中海的另一条路线的建立而失去了过去的意义。在这时候还有另一条商业路线获得重大的意义，这就是从东方——从东方文明国家：高加索和中亚，沿着符拉季米尔-苏兹达里斯基公国的边界穿过诺夫哥罗得和其他俄罗斯城市到达波罗的海和斯堪的那维亚国家的商业路线。

同样，像以前基辅公国操纵从拜占庭到北欧的商业路线那样，现在符拉季米尔-苏兹达里斯基公国，由于地理位置而把东方到俄罗斯每一个角落并远及西方路线的枢纽都掌握在自己手中。

在这时期建筑创作的基础中，有在符拉季米尔-苏兹达里斯基的王公权力之下统一完全被王公贵族的内战所撕碎了的俄罗斯的思想。建筑在这时，被利用来建立大王公权力的力量和势力的威信。

从符拉季米尔-苏兹达里斯基公国兴盛的第一个阶段的尤里·道尔各鲁基（Юрий долгорукий，1151—1157）的大规模建筑中保存下来的，只有在1157年完工的在彼列雅斯拉夫-查列斯基（Переяславле-Залесском）的教堂，和外面大为改观的在基捷克谢（Кидекше）的包利斯（Борис）和格列伯（Глеб）教堂。当安德烈·包各留伯斯基（Андреи Боголюбский，1157—1174）时，建设进入第二个阶段，符拉季米尔-苏兹达里斯基建筑获得了最大的繁荣。建筑形式的高度完美，建筑的发达的情感，石刻装饰的新颖，内部装修的简朴和含蓄，都是这时期建筑的特征。基辅的砌砖技术在这儿变成为用砍平的白石砌在灰浆上了。

公国首都——符拉季米尔，增添了雄伟的建筑物，其中遗留至今的只有夫谢伏洛特第三（Всеволод III）扩建的12世纪的乌斯平斯基（Успенский）教堂和列入防御性城市系统的12世纪的黄金门，但这门的外貌已经大大地改观了。距离大王公首都11公里的地方有王公的郊外官邸——包各留伯斯基城寨（现在的包各留伯斯基村），它被堡垒和墙垣围着，里面有教堂和宫殿。按照编年史的证明，庙宇以内部和外部装饰品的异常豪华而著名；编年史提到了它那玛瑙的、镀金的细部和绘画及石雕。考古发现了宫殿基础和城墙的片断。

距包各留伯夫（Боголюбов）1.5公里，过去的尼尔（Нерли）河与克良齐马（Клязьма）河的汇合处，建造了尼尔河边的波克洛伐（Покрова на Нерли）教堂（1165—1166），迄今还很好。也许，它是掌握着到包各留伯夫或符拉季米尔去的道路的船埠附近的宫廷修道院建筑群中的一座；这船埠上来往着外国大使和宾客。从外貌来说，这是个不大的，正立方形的四个墩子的教堂，在东头有三个半圆柱形的神坛

符拉季米尔附近的包各留伯夫教堂的钟塔
（1158—1164）

包各留伯夫附近的尼尔河畔的波克洛伐教
堂（1165—1166）

符拉季米尔的季米特里夫斯基教堂（1194—
1197）

（абсид），而另一头有个门廊。教堂顶端是一个金盔帽头，这帽头以后又改成洋葱头形式了。半圆山墙、墙、门廊及鼓形座上的白石雕花和连续的花边，都非常雅致。在绿荫和水色的背景上闪烁着白色的墙面和金色的圆顶。这个站立在尼尔河高耸的岸上的秀丽雅致的建筑物，是古俄罗斯艺术最卓越的作品之一。

尼尔河边的波克洛伐教堂的建筑艺术的高度完美，体现出符拉季米尔-苏兹达里斯基建筑的最好的特征，使这个名迹得以列入世界建筑杰作中去。

在夫谢伏洛特王公在位之时，正是鞑靼入侵（1176—1237）之前，符拉季米尔-苏兹达里斯基俄罗斯获得了巨大的威力和力量。这时期的建筑以建筑物的雄伟和装饰的豪华为特色。在这些名迹中，白石雕饰的惊人的丰富和精巧达到了完善，例如在符拉季米尔的季米特里夫斯基（Димитриевский）教堂（1194—1197）和在尤里更古的地方重建的苏兹达里斯基教堂（1222—1233）及在尤里也夫-波尔斯基的吉奥尔吉也夫斯基（Георгиевский）教堂（1230—1234）。

在首都——符拉季米尔城，夫谢伏洛特第三建造了有宫殿的克里姆林，其中季米特里夫斯基教堂是华丽的宫廷教堂。克里姆林的中心是乌斯平斯基教堂，它在安德烈·包各留伯斯基时已经建造了。在1185—1189年夫谢伏洛特添建了有一个帽头、三个通廊的教堂，使它成为巨大的五通廊的教堂。这个庄严的建筑物在扩充之后有了五个金盔圆顶。这个教堂立面上的雄伟的表面被倚柱划分开。墙面的每一个划分开的部分上面，都以半圆结束——半圆山墙。雅致的石头雕刻的连续镂花边在二分之一高度的地方围绕建筑物一周。有透视式框子的，覆盖以纤细石刻的指甲形的窗户和门廊充填了墙面。教堂于12世纪画满了湿粉画，在15世纪由安德列·鲁布列夫（Андрей Рублёв）翻新过。

符拉季米尔-苏兹达里斯基建筑的光辉的发展，被鞑靼侵略的浪潮阻断了。这浪潮于1237年淹没了整个国家，并长期扼杀了俄罗斯文化的前进运动。古俄罗斯，那时候在文化上也站在欧洲先进国家的行列里，挺身承受了鞑靼兵团的打击，把欧洲从野蛮中拯救出来。

三、诺夫哥罗得-普斯可夫建筑
（12 世纪末—17 世纪）

在蒙古束缚下的沉重年代里，只有俄罗斯北部——诺夫哥罗得-普斯可夫领地——还保持着自己的独立和文化。

老练的政治家和卓越的统帅亚力山大·涅夫斯基（Александр Невский）王公，善于把诺夫哥罗得从鞑靼的攻击下保护住，并在涅瓦（Нева）河岸（1240）和邱次基（Чудский）湖畔（1242）给予残暴的瑞典人和德国的剑士团的骑士们以无情的粉碎。

诺夫哥罗得人的这些胜利，和大诺夫哥罗得领地处于极其有利的兴旺的商业路线交叉口的位置，促使了这自由城市的财富和文化的滋长，这决定了以后诺夫哥罗得和普斯可夫建筑的发展。

诺夫哥罗得和普斯可夫的13—16世纪的建筑物没有达到在11—12世纪已经达到过的那种巨大规模，像诺夫哥罗得的索菲亚和尤里也夫（Юрьев）修道院的教堂所达到的规模那样，但简朴、庄严、宏伟及力量等等风格仍然保持着。这时期它们有亲切热情的性格。这儿主要的建筑材料是石头和砖。

基辅俄罗斯崩溃之后，在诺夫哥罗得于12世纪末建造起不大的庙宇——立方形的，有三个神坛的庙宇，它有一个大圆顶，并以半圆桶拱覆盖。庙宇以极端的简单和形式的沉重为特色。在这种庙宇的臃肿而紧张的形体中，蕴藏着巨大的力量，例如在西尼次（Синичьей）山上的彼

诺夫哥罗得附近的斯巴斯−尼列基次教堂（1198−1199）

得（Петр）和保罗（Павл）庙（1185），在米雅清（Мячин）的福姆·阿波斯道尔（Фома Апостол）庙（1195），在斯拉夫（Славин）的伊里亚（Илья）庙（1198）。

　　这时期非常注重用湿粉壁画来装饰庙宇，它们覆盖了内部的墙面和拱顶的表面。

　　12世纪诺夫哥罗得建筑发展中最杰出的建筑物是斯巴斯−尼列基次（Спас-Нередица）教堂（1198—1199）。教堂以精彩的湿粉画而出众。它们满满地覆盖了庙宇内部的墙面和拱顶的表面，并以自己色彩和构图的丰富和庄严给人以永不遗忘的印象。它的建筑形制是新的——神坛在侧面，并且很低。这名迹于1941年被法西斯强盗毁坏了。

　　在13世纪和14世纪的前半叶，形成了新的简化了的庙宇形制：以一个神坛代替了三个神坛，以在四个正面山墙上做的一共有八个坡面的房顶代替了拱顶，并有了用砖垒出来的各式凹进去的墙面装饰。过渡类型的庙宇的例子为在里普涅（Липне）的尼古拉（Никола）教堂（1292—1294），在古城址的布拉各维新尼（Благовещенья）教堂（1342），在各伐列伏（Ковалево）的斯巴沙（Спаса）教堂（1345），及

诺夫哥罗得的费道尔·斯特拉其拉达教堂
（1361—1362）

在伏洛多夫（Волотов）的乌斯平尼（Успенья）教堂（1352）。所有的教堂都有华丽的湿粉壁画。它们在1941年全被法西斯强盗破坏了。

14世纪的后半叶是诺夫哥罗得建筑的繁荣时期——诺夫哥罗得商人共和国的经济实力雄厚时期。这时期最好的作品之一是在商业区的费道尔·斯特拉其拉达（Федор Стратилата）教堂（1361—1362）。这个建筑物的新形式得到了最完全的表现，以典型的诺夫哥罗得山尖来完成的精美的立面墙、鼓形座及圆顶的雕刻的造形。前一时期形式的庄严现在转变为比例的进一步匀称。这14世纪的庙宇的古代壁画，还部分地保存着，是名画家费奥法·格列克（Феофан Грек）派的。

在商业区的斯巴索-普列奥布拉仁斯基教堂（1374），虽有过量的装饰而仍不减其美。这建筑物以费奥法·格列克的亲笔湿粉画而驰名。

还应该提到索菲亚教堂附近的秀美的彼得和保罗教堂，它在立面上和帽顶的鼓形座上有三角形凹陷所组成的雅致的花边。

在普斯可夫遗留下来许多普斯可夫建筑繁荣时期的卓越的名迹。其中比较好的是在查鲁日（Залужь）的西尔吉雅（Сергия）教堂（14世纪），教堂的圆顶还保留着绿色闪光的瓦顶。普斯可夫建筑绝美的典型，还有尼古拉·乌索赫（Николы со Усохи）教堂（1371），哥尔克的华西里（Василия на Горке）教堂（1413），巴尔明的乌斯平尼（Успенья на Пароменье）教堂和钟塔（1521），古西美和特米扬及普里莫斯捷（Кузьмы и Демьяна с При-мостья）教堂。1941年卫国战争时期，这些

诺夫哥罗得的商业区的斯巴索–普列奥布拉仁斯基教堂

诺夫哥罗得克里姆林中的"查索兹伏尼"（1443，上部于16世纪重建）

名迹受到很厉害的破坏。

在普斯可夫建立了优美的钟塔的类型，以建筑形式的极美的简朴、匀称及强而有力为其特色。其中最好的是在查维里切也（Завеличье）的五跨度的帕格明斯基（Пароменский）钟塔，它原先有齿状的山墙（1521），另外还有一个在形制上跟它很相近的在布洛达的波各雅夫列尼亚（Богоявления на Бродах）教堂的钟塔。普斯可夫的新伏兹尼谢尼亚（Новый Вознесение）教堂的钟塔（1467）产生强烈的印象。它的匀称的、简朴的及有力的墩子，高高地支持着两个跨度——悬钟处（Звон）。普斯可夫钟塔中较好的还有：尼古拉·雅夫列内（Никола Явленный）教堂（1676）的两层钟塔和普斯可夫–皮且尔斯基（Псково-Печерский）修道院（15—17世纪）的大钟塔。皮且尔斯基修道院位于普斯可夫附近，是一个古建筑群，其中遗留下完整无损的，后来改造过的美丽的建筑组。

在诺夫哥罗得保存着著名的索菲亚的钟塔，以巨大的规模而区别于普斯可夫的。后加的装饰多少减少了它的墙面的庄严和平滑。它的五个跨度的原来的齿状装饰，后来被有帽头的两坡顶代替了。

诺夫哥罗得的"查索兹伏尼（Часозвоня）"为古俄罗斯建筑的卓越作品（1443）。在形式上说——这是个向上稍微缩小的、高高的、匀称的八面形钟塔，上面有八个跨度。"查索兹伏尼"是个瞭望用的碉楼。它的上部在16世纪重建过。

诺夫哥罗得和普斯可夫的古代民用建筑遗迹不多，其中最雄伟的建筑物是波冈基内（Поганкиный）大厦——在普斯可夫的波冈基内商人（16—18世纪）的房子，是一个有两公里长的大石块砌成坚强围墙的宫殿城寨。在建筑上也是森严的、平滑的墙面，只有台阶和如图画般地安放着的小小的很像枪眼的窗户，在这背景上点缀着丰富的有花彩的斑点，这些窗户透视地嵌在厚厚的墙上。会所的内部被有侧龛（распалубка）的拱顶覆盖着。

在普斯可夫的苏道次基-雅可夫烈夫（Сутоцкий-Яковлев）大厦，以建筑艺术出众（17世纪），是普斯可夫人独创地改造莫斯科建筑影响的例子。

在普斯可夫的拉比内（Лапиный）大厦的台阶（крыльцо）有特出的效果，这台阶有圆墩子和衬托在平滑的墙面背景上的美丽的券列。

14—16世纪诺夫哥罗得和普斯可夫建筑的成就在以后的俄罗斯，尤其是莫斯科俄罗斯建筑的发展里起着重大的作用。

普斯可夫的波冈基内大厦（16—17世纪）

四、莫斯科俄罗斯建筑
（14 世纪—16 世纪初）

　　虽然鞑靼可汗的政策是要企图利用公国之间的内战来削弱俄罗斯民族的力量，但14世纪初在历史舞台上就耸立起统一的俄罗斯领土的中心——莫斯科公国。莫斯科处于联系俄罗斯领土的商业路线和水运的交点，这样一个地理位置起了重大作用。俄罗斯的旧文化政治中心——符拉季米尔，在金帐汗国掌握了来自东方的商业路线之后，就逐渐地让位给莫斯科了。

　　伊凡·卡立达（Иван Калита, 1325—1341）在14世纪前半叶的有魄力的活动，迅速地把莫斯科变成为俄罗斯的有力的军事和政治的中心，并且使莫斯科王公成为全俄罗斯领土对金帐汗国斗争的领袖。跟鞑靼的武装斗争在德米特里·顿斯基（Дмитрий Донский, 1359—1389）时代展开了。

　　库里科夫（Куликовский）会战（1380），是俄罗斯历史上英雄的一页。在那次会战中鞑靼人遭到了决定性的打击。这个胜利唤醒俄罗斯民族的创造力量，并表现出俄罗斯民族统一的增长。

　　古莫斯科复兴着的艺术的内容，是俄罗斯为自己的独立而斗争中的统一自己土地的思想。早期的莫斯科建筑为这个思想所鼓舞，在从鞑靼的破坏下幸存的符拉季米尔-苏兹达里斯基的12—13世纪建筑的光辉典型的影响下发展。雄伟的建设的第一个尝试在伊凡·卡立达时期。编年史记载着四个石筑庙宇和莫斯科克里姆林的橡木墙（Дубовая стена）（1329）。

当德米特里·顿斯基时，莫斯科克里姆林首次被围在石墙里（1367）。

库里科夫大会战之后，当德米特里·顿斯基的儿子尤里亚·兹维尼各洛次基（Юрия Звенигородский）在位时展开了大规模的建设事业。现在还剩存下来的14—15世纪的建筑名迹：在兹维尼各洛特（Звенигород）的"在小镇上的"乌斯平斯基（Успенский）教堂（1399），它是利用并创造性地改造符拉季米尔-苏兹达里斯基建筑典型的最早例子，因而提供了很大的兴趣；沙维诺-斯达洛仁夫斯基·兹维尼各洛次基（Саввино-Сторожевский Звенигородский）修道院（1405）的教堂，特洛伊次-西尔吉也夫（Троиц-Сергиевская）修道院的特洛伊次（Троицкий）教堂（1422），其中集中了著名的安德列·鲁布列夫（15世纪）和西蒙·乌沙可夫（Симон Ушаков）（17世纪）的古代架上画（станковая живопись）的杰作，最后是亚力山大洛夫斯基（Александровский）教会区的特洛伊次教堂（1428—1434）。这时期的建造技术是砌白石，但以后逐渐被砖代替。

"在小镇上的"乌斯平斯基教堂一眼看出是符拉季米尔-苏兹达里斯基式的重现；小小的，四个墩子的教堂，有一个带钢盔式的圆顶的帽顶。但这仅仅是外表上的相似；本质上，此地产生了无论在形式上或者在它的思想内容上都与以前不同的建筑萌芽。

建筑物在二分之一高度的地方围上了一圈雕花的白石腰带，代替了建筑腰线（архитектурный Фриз），这腰带在神坛的上部和圆顶的鼓形座上也都有。17世纪严格的半圆券被门廊和半圆山墙（закомара）上尖头的券代替了。符拉季米尔-苏兹达里斯基建筑仅仅在尤里也夫-波尔斯基修道院的吉奥尔吉也夫斯基教堂的门廊上给它一个萌芽的状态。倚柱和券门饱满的侧影是浅浅的，和缓的。墙面的倚柱和半圆山墙的券是装饰性的，因为在绝大多数场合它们与内部支柱和拱顶不相符合，不像12—13世纪的建筑那样，是严格地结构上的。

有根据假定，就在这些莫斯科建筑的早期作品中，在屋顶上就已经出现了成列的头饰（кокошник），层层叠叠，直到鼓形座。这上面表现出建筑师努力在建筑中表现新的思想——即用一切手段建立教堂外部形体的统一和它们紧张地向上的意图。建筑师在统一内部空间时追求同一目的，避免用倚柱分割墙面，并应用直通圆顶的阶级形拱顶。

在这个摸索时期（14世纪—15世纪初），形成了预示以帐篷顶和层层的头饰来完成的没有墩子的16—17世纪神庙的构图的思想和形式。

古莫斯科建筑发达过程被尤里亚·兹维尼各洛次基和他的儿子为大王公政权与莫斯科所做的炽烈的斗争打断了。这个封建的内乱延续了二十年，并伴随着鞑靼和立陶宛侵略的再起。

新的大规模建设恢复于15世纪之末，其时俄罗斯领土在莫斯科王公周围的统一过程，不顾还在继续的封建内乱，努力地变成趋向于建立一个强有力的中央集权的俄罗斯国家。这个过程于1480年由俄罗斯历史中的伟大事件——推翻鞑靼束缚而完成。

在拜占庭帝国被土耳其摧毁之后，在拜占庭陷落（1453）和伊凡三世（Иван III）娶拜占庭最后一个皇帝的公主索菲亚·帕列奥洛格（София Палеолог）为妻之后（1472），在俄罗斯国家开始确立转移拜占庭的宗教政治作用到莫斯科，并由莫斯科大王公继承拜占庭皇帝的权力和势力的思想。

俄罗斯的新都——莫斯科——的建筑，在这种情况下，已经不能以它的木房子、木教堂、德米特里·顿斯基时期的平凡的克里姆林来符合俄罗斯国家的伟大、富裕及强盛了。

15世纪末，当伊凡三世时，改建教堂和宫殿以及加固克里姆林的工作开始了。除俄罗斯建筑师之外，还从意大利聘请了能手。意大利这时候文艺复兴的艺术和建筑正极其繁荣。

在1475—1479年间，著名的意大利建筑师、数学家及工程师阿里斯多吉尔·费奥拉伐吉（Аристотель Фиораванти）建造了莫斯科乌斯平斯基教堂。他预先研究了符拉季米尔和诺夫哥罗得的建筑名迹，使得教堂的形式接近于俄罗斯的典型。

在1484—1490年间，俄罗斯建筑师们建造了布拉各维新斯基（Благовещенский）教堂。

在1505—1509年间，意大利建筑师阿列维士·诺维（Алевиз Новый）在克里姆林建造了平面上接近于乌斯平斯基的阿尔罕吉尔斯基（Архангельский）教堂，在那教堂中意大利建筑的特点比第一个表现得更强烈些。

莫斯科克里姆林的乌斯平斯基教堂
（1475—1479）

同时，在克里姆林建造了大王公的新的宫殿（1481—1508），它由新的互相联系的建筑物组成，其中以驰名的一个支柱的"格兰诺维达亚大厦（Грановитая Палата）"

莫斯科克里姆林中的格兰诺维达亚大厦内部（1487—1496）

（1487—1496）特别出色。

在1485年开始建造新的克里姆林围墙和碉楼，在华西里第三（Василий Ⅲ）（1516）时完成了。为完成并统一这个巨大的宫殿城堡建筑群，在克里姆林中心耸立起"伟大的伊凡"塔，它也是在华西里第三（1508）时完成的。它是城堡的岗哨塔。克里姆林的全部建设是在意大利建筑师安东尼·法良新（Антоино Фрязина）、马各·鲁福（Марко Руффо）、彼得洛·索拉里（Пьетро Солари）等参加下进行的。

这时期克里姆林从自己的建筑上看，很像有带雉堞的城墙，雄厚的碉楼，和跨在河上的桥梁的防御性堡寨。碉楼的端正的帐篷顶遗留至今的，只有17世纪修建过的了。

同在16世纪，在正在生长着的莫斯科国家的重要战略据点展开了城堡建筑物的大规模营造——克里姆林、修道院及城堡。在都尔（Тул）（1514）、科洛姆（Коломн）（1525）、查拉斯克（Зарайск）（1531）、莫若斯克（Можайск）（1541）、西尔普霍夫（Серпухов）（1556）等地，都造起了克里姆林。这些建设的典型是莫斯科克里姆林。克里姆林的残址证明了克里姆林建筑物的雄伟。

这时期所有的建设都可看出在俄罗斯建筑中掌握了文艺复兴的高度技巧。必须指出，这个影响并没有排斥俄罗斯建筑的民族形式。它仅仅是使俄罗斯建筑形式更完美、更丰富，加强了它的结构和建筑的逻辑性，并促使高度的营造技术在俄罗斯复兴。

莫斯科克里姆林应该被认为是这时期最好的建筑物，它在以后所有的改变下保持了历史上形成的空间构图组合。三角形的围墙，在中间的教堂和宫殿，以垂直的塔来完成的建筑群，经过了从伊凡·卡立达时期直到现在的逐渐发展的各阶段。因此莫斯科克里姆林虽然广泛地吸收了外国建筑师作为这个精妙的建筑群的各部分的实现者，但它仍是深刻的民族的、俄罗斯的作品。

五、俄罗斯国的建筑
（16 世纪）

16世纪是古俄罗斯和古俄罗斯建筑的辉煌时期。

这时期以俄罗斯领土在华西里第三统治下大统一的完成，和俄罗斯于16世纪下半叶在伊凡雷帝（Иван Грозный）统治下转变为中央集权的和多民族的俄罗斯国家为标志。

在俄罗斯历史中，华西里第三时期，特别是伊凡雷帝时期是革新的、集权的、巩固的国家，是对贵族的封建割据的意图实行严厉镇压的时期。

伊凡雷帝进行了三十年不断的反抗鞑靼政权残余和反对欧洲国家在政治上、经济上及文化上的封锁的解放战争。这些国家被俄罗斯威势的复兴弄得焦急不安，企图破坏日益巩固着的俄罗斯国家。波兰国王西吉士姆德第二（Сигизмунд II）企图扶植英国以反对莫斯科，他写信给英国的伊丽莎白（Елизавег）说："莫斯科皇帝每天以货物的收入来扩大自己的威势，这些货物运到了那尔夫（Нарва）；他们不仅运来商品，而且有他们迄今还不懂得的武器；不仅运来了艺术品，而且请来了艺术家。借助于这些，他获得了战胜一切的可能性。"（《苏联史》，俄文版第一卷，第371页）由于伊凡雷帝的战争的结果，消灭并吞了喀山（Казанский）汗国（1552）、阿斯特拉罕（Астраханский）汗国（1556）、西伯利亚汗国（1555—1600）及奴加（Ногайский）

莫斯科附近科洛敏斯基的伏兹尼谢尼亚教　　科洛敏斯基附近的捷雅可夫教堂（1529—
堂（1532）　　　　　　　　　　　　　　　1547）

汗国（1558）。俄罗斯为了争取波罗的海海岸的"通向欧洲之窗"的
斗争，直到彼得第一时才完成。但当伊凡雷帝时期，已经为了与西
方联系，首先是为了与英国联系而在北海岸形成了阿尔罕吉尔斯基
（Архангельский）城。

　　在民间歌谣中和传说中，还保存着对俄罗斯国家在这个蓬勃和严肃
的时期的威势、强盛、光荣的纪念。这时期的特色是俄罗斯民族的高度
繁荣。

　　在这时期产生了新的建筑思想、建筑类型和形式，好像是把过
去的个别的成就和古俄罗斯建筑的成就重新熔于一炉。16世纪精彩
的作品——在科洛敏斯基（Коломенский）的帐篷顶的伏兹尼谢尼亚
（Вознесение）教堂和捷雅可夫（Дьяков）的多墩式的教堂，以及莫斯
科的波克洛夫斯基教堂、华西里·柏拉仁诺教堂，是这些创造性的摸索
的体现。

在科洛敏斯基的伏兹尼谢尼亚教堂，从它的建筑完美性来说，是这时期的最伟大的纪念碑。那时候的人说："俄罗斯在这以前还没有过这样以高度、美丽及光明使人叹为观止的作品。"这教堂是华西里第三于1532年建造的。编年史没有给我们留下这个教堂的天才的作者的名字。这个教堂的帐篷顶的、墩子式的形状，无疑地是受了俄罗斯北方和俄罗斯本地木构的帐篷顶的庙宇的影响。"伟大的华西里王公在科洛敏斯基村用石头建造了伏兹尼谢尼亚教堂，……上部用的是木头顶。"——编年史这样地证明。

教堂是个大柱墩式的，从基座层挺拔而出，基座层被有三个宽阔的阶梯的敞廊包围着。柱墩的地基平面是十字形的，经过船底形的头饰的过渡而成为八面体了，最后以巨大的有不大的帽头的帐篷顶来结束。

在科洛敏斯基教堂中，在早期莫斯科建筑作品中质朴地、胆怯地表现过的生动的成长和自由飞翔的思想，得到了完善的建筑表现。艺术形象的雄伟、简朴及庄严，外部体形有机的统一，轮廓的生动端正，形式和细部的雅致和绝美的比例，使这个建筑物成为世界建筑的卓越的作品之一。建筑物和自然的统一是惊人的。在河彼岸看来，这建筑物好像是耸立在小丘上的雕刻的纪念塔。教堂因露台上加了顶盖而大大地走了样。

这时期的另一个颇大的建筑物——在科洛敏斯基附近的捷雅可夫村的五墩式教堂，它以自己的形式预告了俄罗斯和全世界建筑中最好的建筑物之一——华西里·柏拉仁诺教堂的出现。捷雅可夫教堂建造的时期，一说是在1529年，即华西里第三在位时期，另一说是在1547年，即伊凡登位的那一年。

伊凡雷帝时期，是俄罗斯历史的动乱时期，在莫斯科的这个在构图上、形式上、装饰的丰富性上及独创性上都不可超越的华西里·柏拉仁诺教堂上得到反映（壕堑边上的波克洛夫斯基教堂）。教堂建于1551—1560年，为了纪念喀山（Казань）的征服，这是俄罗斯对自己有力的危险的敌人——喀山汗国，所做的沉重的斗争的决定性阶段。在这建筑物

红场上的华西里·柏拉仁诺教堂（1555—1560）

莫斯科克里姆林中的伟大的伊凡钟塔（1505—
1508建，1598—1600加高）

的建筑艺术中以绝顶的力量表现了胜利的狂欢，在石头上凝固了使数世纪的敌人遭受了毁灭的人民的雄壮喜悦的歌声。

这教堂是一个安放在基座层之上并由围绕着中央建筑物的柱墩的走廊连接起来的九个柱墩组成的巨大的组合。在整个组合之上，统一着它的是总揽全局的中央八面形柱墩，经过半圆形的头饰引渡到第二层较小的八角形。柱墩以在顶上有装饰性帽头的帐篷顶结束；八个位于帐篷顶星形基座尖角上的帽头已经不存在了。中央帐篷顶被八个柱墩包围着，其中较大的四个在纵横轴上，其他四个较低的在对角线上，所有这些柱墩都以洋葱头的顶结束。建筑物的装饰以形式和细部的无与伦比的多样性使人吃惊。

在向斯巴斯基（Спаский）塔楼的一端有两个大台阶从露台直通回廊。从拥挤的低矮的回廊进入努力向上伸展的白色的、柱墩式的祈祷处的转换，表现出令人激动的强烈的印象。教堂在古时盛期外面有红砖和做装饰品的白石，自然的色彩高贵而统一。教堂后来在17世纪得到了外表的光辉的繁盛和内部的壁画。钟塔和东北角上的侧殿是后加的。

文件把天才建筑师的名字留给我们了——巴尔梅（Бармы）和波斯尼加（Посника）。

如果不算在斯达里扎（Старица）城的也是由伊凡雷帝建造并于19世纪改造的多柱墩式教堂的话，华西里·柏拉仁诺就是俄罗斯建筑史中唯一的例子了。相反地，在科洛敏斯基的帐篷顶的伏兹尼谢尼亚教堂引起了各式各样的模仿和变体。出现了这样一种教堂，它的带着帐篷顶的八角体不仅像伏兹尼谢尼亚教堂那样耸立在十字形平面上，而且还在四方形或八边形平面上。

原始的在十字形基座上的帐篷顶教堂保存在奥斯特洛夫（Остров）村，大概是16世纪的。这教堂在中央柱墩的两侧有两个像是小的无墩教堂的侧殿，有密集的拱头，外面以层层的头饰和帽顶结束。大量的头饰，教堂的八角体和帐篷顶从那儿挺拔而出，如同从壳中出来一般，给人以轻巧娉婷的印象，而与科洛敏斯基教堂的壮丽不同。垂直的意图表现得比科洛敏斯基教堂的弱一些。这建筑物是砖砌的，加以白石的细部。

拉斯比雅次卡亚（Распятская）教堂——亚力山大洛夫斯基教会的钟塔（约1565—1570），是八角形的帐篷顶教堂的典型。经过发展的，有四角形平面的帐篷顶教堂，是莫斯科附近的米特维特科夫（Медведков）的波克洛夫斯基（Покров）教堂（17世纪初）。教堂的两侧有两个侧殿，而且三面被廊子包围着。轮廓的端正和比例的雅致，使这教堂成为这时期的主要建筑物之一。

这个建筑的光辉时期，以克里姆林的伟大的伊凡钟楼的耸立和装饰来完成。

上述的伟大的伊凡钟楼，是于1505—1508年间和克里姆林的围墙同时修建的。从那时留下三层来。钟楼的最上一层是鲍里斯·各都诺夫（Борис Годунов）（1600）时加盖的。

有根据说，伟大的伊凡钟楼最初不是白色的，而是红砖本色加上白石细部。在1574年逃亡到日耳曼的近卫军士兵金利·什达斤（Генрий Штаден）的日记中写道"在克里姆林中间立着一个有圆的红塔楼的教堂；在这个塔楼上悬挂着所有的大钟，这些都是大王公从里夫良吉（Лифляндий）搬来的"。

伟大的伊凡钟楼的宏伟的塔身是克里姆林的建筑垂直钱，在构图上它统一了大建筑群中所有的塔楼、圆顶等等力求向上的建筑艺术。在塔身旁边还有一个1532—1543年间建筑师彼得洛基·马雷（Петрокий Малый）造的钟塔。钟塔北面的帐篷顶的厢房是1624年盖的。在1812年，根据拿破仑的命令，所有的建筑物都被炸毁了；伟大的伊凡钟楼仍然存在，它曾被一直破坏到基础，但后来又被建筑师波末和日良吉按照旧图画恢复起来了。

和帐篷顶柱墩式神庙的新形制发展的同时，16—17世纪还保存着旧的符拉季米尔-苏兹达里斯基形制的影响。按照莫斯科五个圆顶的乌斯平斯基教堂的形制建造了：莫斯科的诺伏吉维赤（Новодевичй）修道院的斯摩棱斯克教堂（1524—1598，侧殿是17世纪加的），特洛伊次-西尔吉也夫修道院的乌斯平斯基教堂（16世纪），还有传说中是鲍里斯·各都诺夫在16世纪末建造的在伐齐梅（Вяземый）的教堂。

作为四柱墩式的变体，产生了二柱墩式、五帽头的教堂形制，它的祭坛后面的两个柱墩和神坛的墙打成了一片。例子为索尔维切各次基（Сольвычегодский）教堂（1560—1579），彼列雅斯拉夫·查列斯基修道院的伊凡雷帝盖的尼基次基（Никитский）教堂（1564）。

特洛伊次-西尔吉也夫高级修道院的都霍夫斯基（Духовский）教堂独特地站立着，在它身上可以见到结合早期莫斯科四柱墩式教堂形制和塔楼式的钟塔的尝试。研究者在高高的屋顶下发现了头饰的方锥体过渡到八面形的、八跨度的钟塔去，而以有帽头的鼓形座结束之。这个原先的建筑物是普斯可夫的匠人盖的。

在16世纪，独柱墩式的大厅（палата）得到广泛的发展，主要是修道院的餐厅。莫斯科克里姆林的独柱墩式格拉诺夫特（Грановатый）大厅（1491）和建造得比它早的诺夫哥罗得的克里姆林的大厅（1433—1442），可以作为它们的例子。

16世纪，勇敢的大胆和天才的创造的世纪给予俄罗斯不仅一系列有世界意义的古典作品，而且拟定了新的结构方法、形制及形式，它们对以后俄罗斯建筑发展有着巨大的影响。

六、17世纪建筑

　　光荣而动乱的16世纪是俄罗斯国家光芒四射的时期。在17世纪初转入了国家政治和经济的衰落时期，这是由于外国武装侵略所引起的；波兰人到了莫斯科，瑞典人到了诺夫哥罗得区域。

　　武装起来的人民，在米宁（Минин）和波扎尔斯基（Пожарский）的领导下，于1612年驱逐了侵略者。侵略的年代里国民经济的崩溃，及1632年对波兰进行的毫无结果的战争，引起建设的暂时的衰落。

　　16世纪宏伟的建筑到17世纪前半叶变成了建造大量的小房子。在这些小小的建筑物中，17世纪的建筑师努力要沿袭过去大建筑物的装饰和形式的丰富性。这就使得建筑形式碎裂，建筑物负担了过重的砖的装饰，使得白色细部和红砖背景之间的配合十分复杂。装饰大样和形式的整套的系统产生了；笨重的帽头和完整的"五帽顶"、帐篷顶、台阶、装饰得过分的墙、像麦穗一样倒挂着的券脚、窗和门楣被用小柱子、框子、砖制的过于富丽的小山花复杂地加工起来了。

　　这种风格没有建立新的建筑类型，但按照自己的方式利用并发展了旧的类型，发明了无数各种各样的构图方法，无论是内部空间的构图，或是立面的装饰物的构图。16世纪雄伟的帐篷式庙宇在17世纪变成了富有装饰的、优雅的及匀称的建筑"玩具"。这样的莫斯科的普金卡（Путинка）的洛日杰斯特伏（Рождество）教堂（1649—1652），是由三帐篷顶教堂、一个帐篷顶侧殿（придел）和帐篷顶的塔有机地组成的一群。其中一切都被装饰起来，甚至它的四个被拱顶从庙宇的内部空间割裂出来的笨重的帽头也被装饰起来。

没有柱子的庙宇类型进一步地发展了，这种想法在16世纪已经产生。这种有统一的内部空间的没有柱子的小庙宇，被密集的拱顶覆盖着，外面以层层的头饰和光亮的帽头结束，附有一个看起来像是独立的紧挨着的祭坛。

顿斯基僧院的教堂（1593）可以作为早先的，同时是发展着的无柱式庙宇类型的例子。侧面的两个侧殿和食堂是在17世纪末添盖的。这个不大的庙宇是在莫斯科遗留下来的16世纪和17世纪之间最美的建筑物之一。

17世纪无柱式庙宇的雏形是在鲁布卓夫（Рубцов）的波克洛伐教堂（1626），它原来的形式就比较高，同时又站在台基上，侧面有侧殿，三面围着敞开的廊子——入口。这些新的要素在以后的教堂建筑中就成为典型的了。

在尼康（Никон）教父禁止帐篷顶教堂的建造后，无柱式的教堂就在俄罗斯建筑中得到广阔的发展。只添加了必需的五帽头、帐篷式钟塔及装饰富丽的台阶。

在莫斯科的尼基脱尼克（Никитник）的特洛伊次教堂（1653），是17世纪建筑作品中较好的之一，内部装饰着湿粉壁画；而在奥斯达金（Останкин，现今的普希金）的特洛伊次教堂（1668）是更典型的一个。在这些古迹中缺乏12、13、16世纪伟大的风格所固有的严格的建造学的逻辑，但它们以优雅的比例、饱满的造形、轮廓的匀称及内部空间的美丽的组合而显得与众不同。

17世纪中叶装饰风格在全俄罗斯得到了广泛的普及。这风格和地方特征相结合，在各地遗留下了深刻的、独特的、艺术上重要的作品和建筑群。

这个时期在雅罗斯拉夫留下了卓越的和独特的建筑古迹。从雄伟的建筑物中遗留给我们五帽顶的四柱墩式的像16世纪莫斯科教堂一样由侧殿和廊子附加而成的15—16世纪庙宇的典型。雅罗斯拉夫的庙宇的五个穹隆顶——光亮、不笨重、未加装饰，与莫斯科无柱式庙宇一样；覆盖的屋顶——没有头饰，内部空间宽畅，这些庙宇的规模都非常宏大。它们的建筑艺术是比较严格的，比较合乎逻辑的。立面的装饰以琉璃砖图案的丰富色彩、装饰壁画和装饰着墙面的砖花为其特色。

在多尔齐可夫（Толчков）的约那·普列基齐（Иоанна Предтечи）教堂（1671—1687），是雅罗斯拉夫的遗迹中雄伟的典型，它有豁亮的廊子、广阔的台阶及三组五帽顶——在两个侧殿和中央。巨大的庙宇群的构图，和匀称的多层的钟塔是十分美丽的（钟塔是后来照莫斯科巴洛克式造的）。在浅红色的墙的背景上，以浅紫色的琉璃砖花纹和15个金色的帽头的结合而产生令人惊异的效果。在半圆祭坛的墙下面的壁画十分别致，庙宇内部墙和拱都被饱满的、光辉的湿粉画所覆盖，效果强烈地结合着浅玫瑰色的砖底子。每一个细部都可爱地加了工。

莫斯科的奥斯达金的特洛伊次教堂（1668）

雅罗斯拉夫的科洛夫尼克的约那·士拉多
乌士达钟塔（1654）

罗斯托夫的克里姆林中的约那·包各斯洛
伐教堂（1683）

另一个雅罗斯拉夫的在科洛夫尼克（Коровник）的约那·士拉多乌士达（Иоанна Златоуста）教堂（1654），以它的五帽顶、帐篷顶侧殿、砖墙和琉璃砖细部光彩的花纹组合而十分驰名。最美妙的是这个庙宇的孤独地耸立着的钟塔。严谨的和匀称的八面形钟塔的柱体以挂钟的连续券和帐篷顶过渡到收敛的上部。

雅罗斯拉夫的伊里亚·普洛洛克（Илья Пророк，1647—1650）和尼古拉·莫克林斯基（Никола Мокринский）两个教堂应该提起，它们以湿粉画和陶质细部而驰名。

在罗斯托夫遗留下17世纪初期卓越的、独具一格的古迹。罗斯托夫的克里姆林（1660—1683）和坐落在离它15公里以外的罗斯托夫-包利索格列布斯基（Ростово-Борисоглебский）僧院，在风格上是一个血统的，是这一时期建筑的完整的博物馆，朴实的城堡群的墙、塔和建立在墙门之上的教堂的丰富装饰的对比，给人以强烈的印象。罗斯托夫克里

罗斯托夫附近的包利索格列布斯基教堂的大门（17世纪）

姆林的约那·包各斯洛伐（Иоанна Богослов, 1683）教堂是这种庙宇美丽的典型。庙宇内部没有柱子；墙面完全覆盖着绝妙的湿粉画。教堂的结构，尤其是包利索格列布斯基僧院，装饰的优美，红砖底子和白色细部的美妙组合，成为17世纪莫斯科巴洛克的风格。

七、17世纪末期建筑
（莫斯科巴洛克）

在17世纪末，开始了俄罗斯建筑新的辉煌的高涨，这是由于国家政治和经济的恢复所规定的，是由于俄罗斯国家实力的巩固所规定的，是由于与欧洲国家、高加索、中国的政治和文化联系的活跃所规定的。

与欧洲的文化联系，那儿在建筑中正流行着巴洛克风格，以及1654年与乌克兰的合并，那儿已经表现出巴洛克的影响，促进了俄罗斯建筑的进一步发展。从乌克兰带来了巴洛克式的神庙，重新唤醒了对16世纪俄罗斯建筑繁荣时期的柱墩式的帐篷顶的多层构图的兴趣。这种建筑形式在"最温和的"阿列克赛·米哈洛维奇（Алексей Михайлович，1645—1676）朝代曾被尼康教父禁止过。在17世纪末，在彼得前的不安静的年代里，它们又复活了。

在莫斯科巴洛克的早期作品中，还明显地混合着传统的俄罗斯形式和乌克兰巴洛克形式（在一直线上的三帽头、多层形式等等）。例如诺伏基维奇（Новодевичьй）修道院的波克洛伐·波各洛基（Покрова Богородицы）教堂（1688）。在同一个僧院中，另一个普列奥布拉仁尼（Преображенье）教堂（1688）除三帽头之外，按莫斯科的方式，顶上有了巴洛克穹隆顶的五帽头。

应该特别指出，对这时期的俄罗斯来说不常见的，同时在世界建筑名迹中也没有相近的例子的在都伯洛维扎（Дубровица）的兹那米尼亚

（Знамения）教堂（1690—1704），它是彼得的叔叔——巴·阿·哥里扎内（Б. А. Голицыный）盖的。

按照外面的体积来看——这个匀称的塔状的八角形柱墩生长在十字形平面的台座上。这种构图在意匠上不是新的。它在科洛敏斯基神庙中已经被见到过了，那儿在十字形底座上耸立起八面形的柱墩，以帐篷顶来结束。但这儿所有的形式都是按巴洛克的风格处理的。十字形平面的台座由从四方面凑起来的正方形组成，好像花瓣一样——每一个突出部分都是曲线的三瓣叶式。整个建筑物用石头覆面，刻满了精细的花纹，装饰是按着欧洲的方式，用不是俄罗斯神庙所固有的巴洛克雕刻，中央柱墩上的穹隆顶以精致的金皇冠来结束。装饰华丽高贵，外面的雕刻和庙宇内部的浮雕简直像用一整块宝石雕琢出来的艺术品一样。神庙并没有引起近似的模仿，但作为对旧形式的勇敢大胆的挑战。它加速了更新形式的成长。

在都伯洛维扎的兹那米尼亚教堂（1690—1704）

莫斯科的卡塔沙的伏兹尼谢尼亚教堂（1687—1713）

莫斯科附近费尔的波克洛伐教堂（1693）

　　兹维尼哥洛次基区乌波拉村（села Уборы Звенигородского района）的教堂（1693），明显地抄袭了都伯洛维扎神庙的平面形式和装饰特征。它的匀称的多层组合，以钟楼为结束，打下了莫斯科附近费尔（Филь）的波克洛伐（Покрово）教堂的雏形的基础。

　　费尔的教堂（1693）是17世纪俄罗斯巴洛克的名迹，在它新的、欢乐的及华丽的形式中，好像是重复了16世纪多层塔状构图的生动的外形。和科洛敏斯基教堂一样，费尔的教堂以广阔的在连续券上的平台和入口与土地紧密地联系着。然后它努力以四面形和八面形的层次向上升起。这些层次以白石的、如同花朵编制的装饰物装饰起来，并最后以穹隆顶结束。神庙形体优美的组合，它的匀称的和轻巧的轮廓，以白色区别于红墙背景的纤细的细部和雕琢的装饰，建筑物和周围绿荫绝妙的结合，都使得这个名迹置身于永垂不朽的建筑作品之列。

　　除十字形平面的多层教堂之外，乌克兰型的教堂发展了，这是平面上分为三部分的，并于上层安置三个帽顶的教堂。匀称的、优雅的，在

莫斯科诺伏基维奇僧院的钟塔（17世纪）

上面有挂钟的、有环形平台的特洛伊次教堂（1708），是这一类型发展了的和完善了的典型。这教堂以外部和内部的雕刻装饰的纤细和丰富而令人吃惊。莫斯科的卡塔沙（Кадаша）的伏兹尼谢尼亚（Вознесение）教堂（1687—1713）也同样以其比例的匀称和体形的总组合而十分出色。这神庙的帐篷顶的钟塔以形式的轻巧和新奇而与众不同，钟塔多层的上部奇特地被做成帐篷顶。

莫斯科17世纪巴洛克的多层塔状建筑物的最好的作品，无疑地，是诺伏基维奇僧院的钟塔。有力地上升的思想体现在与建筑形式的比例，精致地协调的、优雅的细部和装饰上。

这时期建筑的特别类型发展了——僧院的宽大的、光亮的、高爽的、大胆地用拱覆盖的食堂（Трапезная），这种建筑最雄伟的典型之一，是莫斯科西蒙诺夫（Симонов）僧院的食堂（1680）。这种类型的在内部空间和外部建筑上最好的作品为特洛伊次-西尔吉也夫修道院的食堂（1686—1692）。17世纪的这种大厅式的食堂，替换了16世纪建筑中特有的俄罗斯式的独柱式大厅的食堂。莫斯科巴洛克的卓越的作品是苏哈列夫（Сухарев）塔楼（1692—1701），这塔楼现在已经不存在了。顿斯基僧院的塔楼和稍后盖的在墙门上的教堂是这种风格的卓越典型。

莫斯科克鲁基次基（Крутицкий）僧舍的墙门上的"寝楼（Теремок）"，是莫斯科巴洛克的早期名迹，是彩色琉璃的立面装饰、纤细的雕刻装饰、框起窗户来的小柱子等等的壮丽堂皇的典型。寝楼和由宫殿建筑物改成的廊子的残迹、钟塔、教堂组成主教驻节地的灿烂的建筑群的一部分，从此它就叫作"克鲁基次基僧舍"。

17世纪末莫斯科的霍那雷什金（Нарышкинский）巴洛克建筑有很广泛的传布，并对紧接着它的彼得之后的建筑有很大的影响。这时期卓越的名迹为梁赞（Рязань）的教堂（17世纪末）和在下诺夫哥罗得的神庙。

莫斯科西蒙诺夫僧院的食堂（1680）

特洛伊次-西尔吉也夫修道院的食堂（1686—1692）

顿斯基僧院的教堂和墙垣（16—18世纪）

莫斯科克鲁基次基僧舍的寝楼（17世纪）

七、17世纪末期建筑（莫斯科巴洛克）

八、俄罗斯的克里姆林和僧院

　　17世纪是俄罗斯建筑群——克里姆林和僧院的繁荣时期。这种巨大的艺术的传统可追溯到极古的时候。俄罗斯在10—13世纪时已经完善地掌握了城堡营造的艺术，基辅、诺夫哥罗得、普斯可夫、符拉季米尔、梁赞及其他城市的克里姆林，就可以证明这一点；在维许哥罗得（Вышгород）、比尔哥罗德（Белгород），在基辅附近和包各留波夫（Боголюбов）符拉季米尔附近的大王公的官邸和堡垒，也可以证明这一点；僧院建筑群：基辅-皮且尔斯基修道院、维都比次（Выдубецкий）僧院、基辅的基里洛夫修道院等，也证明了这一点。这些名迹可惜没有按最初的面貌保留下来，但它们的残骸，编年史的记载以及考古的发掘，给了我们以关于它们过去的伟大和雄壮的清晰的概念。

　　在由于蒙古的侵略，及继之而来的两个世纪中沉重的抗敌斗争所引起的暂时的衰落之后，这艺术在15—16世纪时又重生了，并在17世纪达到了光辉的顶点，国家政治的和经济的巩固推动了它的发展。

　　在国家的和政治的审慎考虑的指导下，进行了城堡和岗哨的建造。莫斯科公国在这时期内对蒙古束缚的残余和俄罗斯的封建割据所做的顽强的斗争，运用了一切手段：外交的和军事的、刀剑和十字架。从莫斯科公国的中部深入到全国，在北方、东方、西方、南方都进行了有计划的进攻。那些军队达不到的地方，僧侣们盖起僧院；进来了，随着军队就来了建筑师，盖起城堡、克里姆林或者重新加固那些已经盖好了的僧院。

在15—16世纪把国家统一于伊凡三世和伊凡雷帝统治之下的不安定的时期，产生了大量的防御据点：城堡和僧院，在它们的配置中可以见到特定的统一的考虑和战略的部署。这些岗哨的网组成从莫斯科向国家边境扩大的若干同心圈。在中心建造了第一流的城堡——莫斯科克里姆林（15—16世纪）；围绕着它的是整个防御性僧院的网：顿斯基、诺伏斯巴斯基（Новоспасский）、安德洛尼也夫（Андрониев）、诺伏基维奇等等。接着就产生了下列的僧院和克里姆林的防线：在兹维尼各洛特的沙伏斯特洛仁夫斯基（Саввострожевский）修道院、在莫若斯克的约瑟夫-伏洛各拉姆斯基（Иосифо-Волоколамский）僧院、特洛伊次-西尔吉也夫修道院和克里姆林，在科洛姆、查拉斯克、西尔普霍夫、都尔等地的防御性的克里姆林。在北方产生了基里洛-比洛谢尔斯基（Кирилло-Белозерский）、费拉波多夫斯基（Ферапонтовский）防御性僧院，在北方的极边著名的索洛维次基（Соловецкий）僧院是个岗哨。在西方边疆产生了伊凡哥罗德（Иван-Город）城堡，重新加固了伊土波尔斯克（Изборск）、科波里也（Копорье）城堡、诺夫哥罗得和普斯可夫克里姆林，建造了庞大的被称作"俄罗斯项链"的斯摩棱斯克的克里姆林。

15—16世纪是为争取俄罗斯土地在伊凡三世和伊凡雷帝统治下的统一，而对外敌做紧张的斗争的时期，它以克里姆林和僧院，主要的是以有厚实的墙垣和碉楼的森严地建筑的城堡为其特征，而17世纪强大的俄罗斯国家再生时期，扩大它的边疆和巩固它的安全的时期，就以重建和完成旧的，建造新的大量的古俄罗斯建筑群并把它们从城堡转变为城市和居住点的中心为其标志。这个时期紧接着波兰和瑞典的侵略的覆灭（17世纪初）及乌克兰在阿列克赛·米哈洛维奇时的归并（17世纪中）之后。过去的沉重的斗争在西方把俄罗斯土地恢复到10—12世纪时伟大的基辅俄罗斯的边界。

莫斯科克里姆林（15—20世纪）

保存下来的建筑群明显地证明了这些建筑物的雄伟性和完整性，证明了它的艺术所达到的高度。例如：莫斯科克里姆林、特洛伊次-西尔吉也夫修道院、约瑟夫-伏洛各拉姆斯基僧院等等。

莫斯科克里姆林是这时代最好的建筑群。15世纪伊凡三世时把它当作第一级的城堡奠基。克里姆林到17世纪改变了自己的城堡特性，转变为莫斯科雄伟的建筑中心，直到今天，它还保存了那种引人入胜的精美。它的巨大的有雉堞的碉楼具有匀称的、如画的多层的帐篷顶（17世纪），在它的墙里，是1636—1679年间新盖的宫殿——其列姆诺（Теремной）和波其许内（Потешный），在18世纪盖起了阿尔谢纳尔（Арсенал，1702—1737），在19世纪盖起了大克里姆林宫和奥鲁赫谢那雅（Оружейная）大厅（1838—1842）。虽然这些建筑物各有其不同的性格，但这些建筑物并没有减少庞大建筑群艺术的完整性。

克里姆林在莫斯科河方面产生了特别强烈的印象，尤其是它那包括

莫斯科红场（15—20世纪）

古教堂群的中心部分。"伟大的伊凡"钟楼统一并完成了这建筑群。克里姆林从红场这方向看去，印象同样并不稍弱。红场也是最好的建筑群之一。庄严的陵墓美丽地建立在这古老的建筑群中。

　　莫斯科克里姆林的建筑是其他保卫通向莫斯科的进路的战略中心的一系列的克里姆林建筑物的典范。

　　15世纪奠基和16世纪落成的在科洛姆的巨大的克里姆林，还保存下墙和碉楼的残墟。保存下来的部分证明了建筑物的美丽和雄伟。遗留给我们的砖造的碉楼：矩形的、圆的、多角形的，都以高度的匀称和形式的简洁为特色。

　　所谓"马林基那（Маринкина）碉楼"，高达40公尺，是一个精彩的例子。

　　在西尔普霍夫用巨大的砍平了的白石建造起来的克里姆林，只有墙垣的个别片断部分保存下来。

在查拉斯克的16世纪时盖的克里姆林的墙垣和碉楼，完整地遗留给我们了。平面上——这是个严格的矩形，在长边的中间有个入口的碉楼，在转角上有帐篷顶的圆形碉楼。

在都尔的克里姆林也很好地保存下来了，在平面上也是矩形的。这个克里姆林的墙垣和碉楼产生庄严的印象。

16世纪末，当费道尔·约那维奇（Федор Иоаннович）和高都诺夫（Годунов）时建造了斯摩棱斯克克里姆林。它的建造者是俄罗斯匠人费道尔·康，它是16—17世纪时俄罗斯城保建筑的天才作品之一。这个长度达6公里的庞然大物，碉楼数达32个。工程的雄伟，建筑形式的美丽，工作的巨大规模及它施工期限之短，使这建筑物列入那时代的技术奇迹。斯摩棱斯克是通向莫斯科大路上的岗哨。从自己产生的时刻起，它不止一次地完成了这任务。

伟大的诺夫哥罗得著名的克里姆林，除了所有后来的杂品和窜改，它的古建筑的很大一部分遗留给我们。在它的墙里的中心部分，是符拉德奇内（Владычный）院，院内有17世纪盖的金顶的索菲亚碉楼式钟塔，格拉诺维德（Грановитий）大厅，里虎多夫斯基（Лихудовский），尼基次基（Никитский）及约那夫斯基（Иоанновский）大楼，僧正的宫殿和索菲亚钟楼（звонница）。克里姆林被墙围着，在伊凡三世、伊凡雷帝及彼得第一时，这围墙经过多次的翻修。在普斯可夫，克里姆林保存着墙垣和碉楼的残墟，在旧的庙宇的地面上盖起了新的特洛伊次教堂，这个建筑群直到现在还以周围如画的风景令人赞叹。它坐落在普斯可夫河和维里基（Великий）河之间的箭矢状狭地上。

在科波里也，在伊士波尔斯克的城堡和著名的那尔夫附近的伊凡哥罗德的城堡，都保存了墙垣和碉楼的雄伟的残墟。

莫斯科克里姆林是国家政权的中心，因此成为其他的克里姆林和城堡的榜样，防御性的僧院建筑群的蓝本就是在查哥尔斯克（Загорск）的作为教会权力中心的特洛伊次-西尔吉也夫修道院。这个建筑群在14—19世纪时期中建造起来，并保存了在过去五个世纪中所有变易的各个时

科洛姆的克里姆林——马林基那碉楼（16世诺夫哥罗得的克里姆林——墙和碉楼
纪）

普斯可夫的克里姆林

莫斯科近郊的特洛伊次-西尔吉也夫修道院（14—18世纪）

基里洛-比洛谢尔斯基僧院（14—17世纪）

伏洛各拉姆斯基附近的约瑟夫–伏洛各拉姆斯基僧院（14—17世纪）

代的各种风格的建筑形式。它是建筑统一性的完整典型，无论是它本身，或是它与周围环境的结合。修道院的建筑群以18世纪建筑师乌赫多姆斯基所盖的钟塔的垂直体总绾起来。僧院的中心为古教堂群所占据：特洛伊次、乌斯平斯基和宫殿建筑——"且尔多格"（чертог）（这是一种特别华丽的宫殿——译者注）。17世纪盖的食堂是这建筑群重要的组成部分。

　　在这时期产生了像约瑟夫–伏洛各拉姆斯基僧院（14—17世纪）那样精彩的建筑群。在其中综合了建筑形式的严整和装饰的丰富，以及与周围自然和谐的结合。在建筑群之上耸立着优雅的多层的莫斯科巴洛克风格的钟塔，这钟塔在伟大的卫国战争时期被德寇毁坏了。

　　在北方建造起巨大的基里洛–比洛谢尔斯基僧院（14世纪末—17世纪）。建筑群的特性适合于肃穆的北方自然美。它的围墙和碉楼以简洁为特色，绝美地配合着它的庙宇和其他建筑物的匀称的和简单的装饰形式。建筑群没有像莫斯科皇家的建筑群似的以垂直的建筑物来结束；它广阔地伸展在无边的汪洋中和北方自然的辽阔的原野中。整个地说——这建筑群是诺夫哥罗得和莫斯科影响下成功的结合。

在17世纪，几乎整个诺伏基维奇僧院都以莫斯科巴洛克风格盖起来。它的建筑以形式的细致、匀称、优雅及装饰的丰富性为其特色。整个建筑群和它的城堡栅栏、庙宇、食堂及其他建筑物，以匀称的和优雅的钟塔来完成，这钟塔可列入俄罗斯建筑师们最好的作品中。从湖滨这一面看去，僧院倒映在水中，尤其是在夏天，特别的美丽。

17世纪后半叶，在伊斯特尔（Истр）建造了新耶路撒冷（Ново-Иерусалимский）僧院，在它的建筑中综合了构图和形式的大胆的幻想和琉璃砖及五彩装饰的丰富性。僧院是由尼康教父建造的，模仿耶路撒冷庙宇的样子。但是照自己的建筑艺术看来，这僧院纯粹是俄罗斯原式的作品，在其中，精妙的帐篷顶的庙宇统一了整个建筑群。这帐篷顶庙宇的内部以10世纪拉斯特列里（Растрелли）所设计的精妙绝伦的豪华而出众。僧院在1941年被德寇猛烈地毁坏了。

在罗斯托夫–苏兹达里斯基领土上，于17世纪产生了僧院，按照它的建筑艺术来说，无论是个别的建筑物或是整个的构图，乃是俄罗斯僧院的特别的一个支派。罗斯托夫克里姆林是最好的作品，与罗斯托夫近郊的包里索格列布斯基僧院，在建筑艺术上是血亲。这个建筑群的构图特点是向装饰性城堡的转变。它的标志是直接在城堡的墙垣上建造装饰丰富的有敞开的侧柱廊的庙宇，它已经没有丝毫的防御性了。

在苏兹达里的巨大的斯巴索–叶菲姆夫斯基（Спасо-Ефимьевский）僧院同这些建筑物略有不同。这儿丰富的装饰从城门楼上的庙宇移到碉楼上。主要的入口碉楼特别的美丽出色。

在苏兹达里的广阔草原上，保存了克里姆林和12—17世纪的洛日基斯特夕斯基（Рождественский）教堂，14—17世纪的大厅及帐篷顶的钟塔。

无论是罗斯托夫的克里姆林，或者所有其他的罗斯托夫–苏兹达里僧院，都没有垂直的钟塔做结束。它们有普斯可夫和诺夫哥罗得式的别致的钟塔（звонница）。

俄罗斯北方的木建筑和它的教会区，提供了人民创造力的无数成

莫斯科诺伏基维奇僧院（16—17世纪）

例，在其中奠定了建筑群的非常细腻的感觉。毫无疑问地，建筑师从这儿吸收了俄罗斯建筑群的原则和形式。

彼得以后时期的俄罗斯巴洛克建筑，古典和安皮尔（ампир，拿破仑一世时代的建筑样式——译者注）建筑，建造了风格新颖的建筑群的类型，从建筑形式来说，并未减少它的本性和民族特性。列宁格勒近郊的宫廷花园建筑群：彼得宫、普希金城、巴甫洛夫斯克（Павловск）、加特清（Гатчин）等都是的，莫斯科和莫斯科近郊的庄园建筑群，库斯可夫（Кусков）、阿尔罕吉尔斯基（Архангельский）、奥斯达基诺（Останскино）、扎里最诺（Царицыно）、马尔费诺（Марфино）、库齐明基（Кузьминки）等也是。

所有这些名迹，除了巨大的科学-历史兴趣外，还是俄罗斯民族建筑形式和原则的研究源泉，因此成为建筑技艺的学校，它的最高表现是建筑群。

新耶路撒冷僧院，帐篷顶教堂内部（17—18世纪）

新耶路撒冷僧院，帐篷顶教堂（18世纪）

苏兹达里克里姆林（12—17世纪）

九、俄罗斯木建筑

产生在森林的国家里的俄罗斯木建筑，无疑地，比石建筑更要早些。它的作品在自己全部的朴实和独特中显示了俄罗斯民族的创造才能。

在俄罗斯北部的森林中，直到现在还散布着大量的俄罗斯创造力的优秀作品。在有精美的户外楼梯、有雕花的窗子、山花板及梯阶的农民木屋中，在磨坊中，甚至在仓库和小桥中，都可以感觉到艺术家的手在喜悦地完成它。但保存的特别的是木钟塔和教堂——从小小的精致的建筑物，到巨大雄伟而庄严的建筑物

建筑师——北方的木匠——的巧妙的手艺令人惊叹。在这些极美的作品上所有的工作——从砍木头到制板，而且常常有装饰的花纹雕刻，主要是用斧子工作的。

有些木建筑作品从现在来看，还是以大得不得了的体积令人吃惊。庙宇不仅横向里以天篷、户外楼梯、侧殿向外扩大，而且达到了15层楼的巨大的高度（50—70公尺）。编年史上还记载着更高的瞭望塔。

北方肃穆的自然，简陋的技术，唯一的材料（木料），迫使建筑师不仅在装饰和陈设中去寻找形式的艺术表现和建筑物的雄伟性，而且在外部体积的组合，在轮廓的美和匀称，在很好地推敲过的比例，在用斧子砍劈出来的墙面的严肃简朴，在每一个线条、形式或细部中去找，这些都是建筑物结构与功能上所需的，因此这些建筑物就以古典的高贵、

简朴及深刻的真实性为其特征。

俄罗斯雄伟的石建筑和木建筑平行地发展,并从木建筑的纯粹的人民源泉中为自己吸取形式。无疑地,北方的木建筑同样地接受并改造石建筑的形式。

木教堂帽顶和帐篷顶的匀称的轮廓和北方的自然非常调和,简直就像和北方森林中数世纪久粗壮的树木一起生长出来的一样。

教堂内部保存着柱子的、门厅的和门的雕刻装饰。在旧基姆斯基(Кемский)县的维列姆(Вирем)和什仁(Шижен)村的教堂的餐厅里,遗存了雕刻优美的大柱。特别应该指出在普邱格(Пучуго)村的彼得洛巴甫洛夫(Петропавловский)教堂的餐厅。木教堂低矮的局促的内部空间,经常是以规模极大的建筑物的外部尖锐的不相称而使参观者惊讶。这同样也可以用北方肃穆的自然来理解。

北方的木神庙在自己的类型和形式上是极端多样化的。帐篷顶的神庙十分出色。其中最古的有:阿尔罕吉尔斯基省的乌那(Уна)近郊的克里明多夫斯卡亚(Климентовская)教堂,它是1501年盖起来的,以及1600年的阿尔罕吉尔斯基省的潘尼洛夫(Панилов)的教堂,等等。在姆尔曼斯基(Мурманский)省的伐尔苏格(Варзуг)的乌斯平斯基教堂(1674),从形式上说,是与科洛敏斯基村的伏兹尼谢尼亚石神庙十分相近的。

卡列里-芬兰苏维埃社会主义共和国康多波格(Кондопог)地方的乌斯平斯基教堂(1774),是卓越的独特的帐篷式的名迹。被安置在大台基上的四面体过渡到八面体,在上面向外扩展,然后以帐篷顶结束。教堂有两个侧翼(прируб):一个是祭坛,用桶形拱盖着,并有帽头;另一个是西边的大餐厅。教堂的匀称的轮廓,精致的比例,形式的高贵简洁,以及站在河边的绝妙的全貌,使这个名迹列入俄罗斯优秀的木建筑作品中。

阿尔罕吉尔斯基省盖夫洛尔(Кеврол)地方的伏士克列谢斯基(Воскресенская)教堂(1710),是帐篷顶式教堂的奇特的名迹。中

沃洛格达的木屋

央的四方形的体积被帐篷顶覆盖在十字形的有五个帽顶的桶形拱上，它三面被侧殿包围着。其中北面的一个特别有趣，因为它形式上完全重复中间的体积，不过较小罢了。内部还保存着雕刻精彩的"神前帷（иконостас）"。

多帐篷顶的木神庙的典型的例子，是阿尔罕吉尔斯基省尼诺克斯（Ненокс）近郊的特洛次卡亚（Троицкая）五帐篷顶教堂（1727）。

所谓立方体教堂产生极不平常的印象，这个名称是出自它的"立方体"顶子，即大肚子的四

在康多波格的乌斯平斯基教堂（1774）

面坡屋顶。

保留下来的教堂公墓（погост），那儿立方体教堂用许多帽顶来结束，教堂公墓以自己简洁的肃穆的形体和立方体屋顶获得难以磨灭的美景。都尔察索夫（Турчасов）近郊的教堂公墓的普列奥布拉仁斯基（Преображенский）神庙（1786）有十个帽顶，而整个建筑群由两个教堂组成，真是奇特得令人难忘。

木造的多帽头神庙有绝伦的趣味。其中精彩的为：基日斯基（Кижский）教堂公墓的九帽头教堂，未捷哥尔斯基（Вытегорский）郊外的二十帽头神庙，基日（Кижа）的二十二帽头的普列奥布拉仁斯基神庙（都在18世纪初）。最后的一个教堂以由离奇的帽头林结束的成方锥形上升的阶级形状而特别的有趣。

北方的木教堂公墓和村落的建筑群，给参观者以难忘的印象。常常是宏大的、雄伟的、以自己形式的力量和幻想引起庄严的情感，如同在

基日的教会区木教堂（18世纪）

莫斯科附近科洛敏斯基村的宫殿模型（17世纪）

基日斯基教堂公墓区那样，但更较亲切的，以自己建筑物形式的简单引起安谧的感觉，而且总是以自己与周围环境的统一而令人惊叹不已。

木造的宫殿建筑，像教堂和日常生活用的建筑一样，产生在极早的古代。编年史的片断证明，民间歌谣的提示，给了关于这些古宫殿的概念。这些都是高的木楼，有屋顶间、金顶的寝殿、凌空的过道和天篷。它们无疑地都是如画般的美丽，无论在内部或外部都经过精巧的装饰。

17世纪木建筑的精美典型是沙皇阿列克赛·米哈洛维奇在科洛敏斯基的富丽的郊外宫殿（1667—1681）——"世界上第八奇迹"。宫殿在18世纪由于腐朽而被拆掉了。模型和保存下来的绘画，证明了科洛敏斯基宫殿和它美丽的多变化的形式、碉楼、台阶、小屋——是在宫殿建筑中掌握了民间木建筑的成功的尝试。

十、俄罗斯巴洛克建筑
（18 世纪前半叶）

彼得第一的时代开始了俄罗斯历史和俄罗斯艺术的新纪元。当他在位的时候，俄罗斯变成了欧洲列强之一。在二十年（1700—1721）的北伐战争中，彼得第一征服了波罗的海岸，并轻易地在那儿站稳了脚，实现了伊凡雷帝在25年的里房斯基（Ливонский）战争中所追求的愿望（1558—1583）。

18世纪的开始在俄罗斯以积极地学习西方先进的文化为其标志。"彼得促使野蛮的俄罗斯学习西方，不仅仅采用了反野蛮斗争的野蛮手段……"（列宁语）。圣彼得堡成为巨大的实验室，是彼得在1703年5月16日为实现伟大的理想而奠基的——建立新的首都，按彼得的意思，不仅要成为全俄罗斯的先进和欧洲文化的中心，而且要成为世界上最伟大的城市。

起初，彼得第一延聘了外国的营造师和建筑师。同时又遣派了俄罗斯匠人出国学习。他们和他们的学生被指派在以后建造雄伟的北方首都和庞大的建筑群，并在俄罗斯建筑史中创立了新的灿烂时代。

如果认为从彼得开始在俄罗斯盖了"非俄罗斯"的建筑的话，那就是粗浅的错误的认识。仅在初年并且仅仅在彼得堡和它的近郊，巴洛克风格在它的北欧变体中出现了，但仍不可避免俄罗斯形式和建筑传统的影响。在北方首都中这时期遗留下来的名迹不多；其中最大的为彼得洛

彼得宫——小瀑布和宫殿（18世纪）

彼得宫——宫殿（18世纪）

巴甫洛夫斯基（Петропавловский）教堂，它是特列席尼（Трезини）在同名字的城堡中盖的（1714—1725）。

在最初有名的外国建筑师中，必须提到许留特尔（Шлютер）和列布隆（Леблон）。列布隆按照彼得的意思拟定了彼得堡的规划的第一个方案，并参加了彼得的郊外宫殿彼得各发（Петергоф）的营造，这是它在凡尔赛的影响下建造的。

在彼得各发，从彼得时代遗留下来的有：宫殿的中间部分（1716—1719），海边的爱尔弥塔日（Эрмитаж）大厦，水池边上的建筑物"马尔（Марли）"（1721—1725），都是列布隆盖的，还有名为"姆尼列西尔（Монилезир）"的，那儿有彼得的建筑群。

彼得第一之后，当安娜（Анна）和伊利沙维（Елизавет）之时，巴洛克建筑获得了绝顶的豪华，它借助于外部令人吃惊的效果，炫耀排场、隆重的手法。从此宫廷显赫的连套大厅，以镀金、鲜明的色彩、大块的经过装饰和绘画的屏板、图画等等装饰起来。隆重的作风从宫殿的内部转移到花园中来了。这部分地说明了花园艺术的发展，在个别的场合胜过了西方的典型。这时期除彼得各发以外，产生并发展了皇家村（现在的普希金村）的庭园建筑群，和斯特列尔（Стрельне）、加特清、巴甫洛夫斯克等建筑群。

卓越的建筑师拉斯特列里，主要在安娜和伊利沙维塔时工作着，力求在自己的创作中把西欧巴洛克的因素和俄罗斯建筑伟大遗产的面貌，尤其它的最高的黄金时代——17世纪末的莫斯科建筑的面貌结合起来。拉斯特列里一方面浪费装饰，但在决定平面形式和空间组合时仍然很简单。他也参与了几乎所有这个时期的庭园建筑群的建造。

除了在彼得各发改建宫殿中央部分（1747—1752）外，在皇家村拉斯特列里盖起了巨大的宫殿（1752—1756）、爱尔弥塔日大厦（1747）、湖边的岩洞等等。拉斯特列里在彼得堡建造了冬宫（1748—1755）、安尼秋可夫（Аничков）宫（1753）等等。但他创作的出色杰作是斯摩尔内（Смольный）修道院（1748—1755），巨大的构图，意图是辉煌的，但没有完全实现。这个建筑群的模型还保存者。钟塔，以俄罗斯多层构图的形制的新形式体现出来，但没有被盖起来。建成了的教堂以自己体积、比例、浅黑色石墙的背景上的白色装饰和金顶，唤起对17世纪末俄罗斯巴洛克精致形式的回忆。

拉斯特列里在基辅建成了安德列夫斯基（Андреевский）教堂（1747—1761）。在莫斯科附近按照他的设计，建筑师布兰克（Бланк）建造了靠着教堂墙壁的钟塔或教堂顶上的钟塔（часовню-сень），并装修了新耶路撒冷教堂帐篷顶庙宇的内部。庙宇圆顶的内部用粗壮的墩子做装饰，它好像承担了帐篷顶的巨大的光亮的拱顶和向上退缩的老虎窗的环。

拉斯特列里虽然出身异邦并有个外国名字，但仍应将他认为是俄罗斯的建筑巨匠，不仅因为他住在俄罗斯，还因为他只在真正成为他的祖国的俄罗斯盖过房子。

和他同时工作着的卓越的建筑师有：克伐索夫（Квасов），他与拉斯特列里一起建成了在科齐尔次（Козельц）的巨大的五帽顶教堂（1743—1757）和教堂旁边的钟塔（1766—1770）；还有且伐金斯基（Чевакинский），他建造了在彼得堡的伟大的尼古尔斯基（Никольский）海军教堂（1753—1762）和它的匀称雅致的钟塔。

豪华的，以装模作样的官府排场令人厌倦的伊丽莎白巴洛克风格到叶卡捷琳娜二世（Екатерин II）时代，转变为对亲切、雅致及安逸的渴望。一个迷恋于洛可可（Рококо）风格的有力而舒适的房间的小小宫殿和娱乐的亭台，及它们的纤细和精工的短暂时期来临了。

响亮的叫喊似的音调转变为含蓄、明亮而苍白的音调了，装饰浮雕变得柔软而纤细。建筑中的这个时期以里那尔基（Ринальди）的工作为标志，他建造了中国宫（Китайский дворец）和在奥拉尼英巴乌姆（Ораниенбаум）的卡塔尔内（Катальный）小丘。里那尔基的后期作品——大理石宫和加特清斯基（Гатчинский）宫——在自己身上已经有了来临着的建筑新潮流——古典主义的萌芽。

在莫斯科，在北方首都开始建设之前，西方的影响已经浸透进来了。和17世纪末辉煌的莫斯科巴洛克作品同时在莫斯科发展着纯粹外国的建筑形式。例如，彼得时代建造的列福尔德（Лефорт）宫（1692）、加加林（Гагарин）宫（1707—1708）和在科洛维（Коровьей）海滩的巨大的列福尔多夫斯基（лефортовский）宫殿（18世纪初）等等。

莫斯科缅希可夫塔楼（建筑师伊·普·柴鲁得内）

彼得时代精彩的建筑物遗留到现在给我们的，有克里姆林的阿尔谢纳尔，它是在1701年莫斯科大火之后依沙皇的命令建成的。这建筑物是建筑师克里斯道夫·康拉特（Кристоф Конрад）盖的。这是莫斯科伟大的建筑物之一，它的简朴和高贵绝美地与克里姆林古城墙相调和。成对距离颇大的窗子排列着，因而加重了墙垣严肃的力量。这个印象进一步由温柔的白石头的装饰花边所加强了。这建筑物在18世纪由建筑师特·维·乌赫多姆斯基（Д. В. Ухтомский）修理并部分地装修了一次。

17世纪的莫斯科巴洛克传统是如此的有力，以致与这些欧洲式的建筑物同时还继续建造着莫斯科巴洛克风格的像顿斯基僧院里的墙门上的教堂那样精美的建筑物（1713—1714）。

这两个潮流，莫斯科的和欧洲的，互相影响着，汇合成了一个新的风格。它的辉煌的典型是所谓缅希可夫（Меньшиков）塔楼（1705—

巴甫洛夫斯克，从河边看宫殿

1707），这是由伊·普·柴鲁特内（И. П. Зарудный）盖的，他是俄罗斯的卓越的建筑师、画家、雕刻家、镂花匠。这个名迹实际上不是如老百姓所叫的塔楼，而是塔楼形的庙宇。缅希可夫，彼得著名的战友，力求使这个庙宇以美丽和高度胜过全莫斯科的建筑物。实际上，缅希可夫塔楼在它的原样时，连同它的在1723年烧毁了的上部木建筑层和以安琪儿铜像来结束的长长的尖顶，比"伟大的伊凡"还高3公尺，那就是说，它高达83公尺。从自己的外部体积、形式及分段来看，缅希可夫塔楼直接继续了俄罗斯建筑的多层构图传统，尤其是17世纪莫斯科巴洛克的传统。名迹以精选的比例、匀称的外轮廓、绝妙的体积组合及丰富的装饰为其特色。主要入口和它的雄壮的涡卷状石饰及夹在它们中间的秀美的门廊，在构图和臆想上都是精彩的。

彼得在1714年禁止莫斯科和其他城市建造石建筑的命令，是为了在石匠和材料的缺乏中集中所有力量和手段来建设那缓慢地建设着的彼得堡。从此之后，安娜和比隆（Бирон）时期，俄罗斯文化的沉重的时期，导致了莫斯科建筑的暂时的衰落，艺术传统、知识和干部的损失。18世纪前半叶之末，在莫斯科的建设随伊利沙维塔的登位而多多少少地复生起来。莫斯科建筑的新繁荣开始于18世纪的后半叶，与出自拉斯特列里学派的特·维·乌赫多姆斯基的名字联系着。乌赫多姆斯基的许多建筑物之一是"红门"。这个作品，从自己的比例上来看是极美的，以丰富的、典雅的巴洛克装饰——雕像、饰品及柱子为其特色。它建造在同一个建筑师所造的木凯旋门的那个地点。

乌赫多姆斯基改造了特洛伊次–西尔吉也夫修道院出名的钟塔（1742—1770）。这名迹在新的、成熟了的巴洛克形式中，复活了17世纪莫斯科巴洛克的多层的、生动的构图。钟塔的躯干以柱列的轻巧的层次从强有力的层上耸立起来，统一了整个特洛伊次–西尔吉也夫修道院雄伟的建筑群。

如同拉斯特列里在彼得堡一样，乌赫多姆斯基在莫斯科建立了整个的建筑学派，从那儿出来了替换巴洛克的俄罗斯古典的最好的巨师：阿·夫·可可林诺夫（А. Ф. Кокоринов）、姆·夫·卡柴可夫（М. Ф. Казаков）等。

十一、俄罗斯古典主义建筑
（18 世纪后半叶）

巴洛克，尤其是它的后一阶段——洛可可——的建筑的豪华、冗繁和柔弱很快地就不再迎合年轻的、强壮的、刚刚面向广阔的国际舞台的俄罗斯社会的口味和理想了。在艺术问题上，这时期有进步情绪的俄罗斯贵族先进部分的愿望和理想，趋向于法兰西资产阶级的美学思想，他们在这时候正提出古典主义的新艺术学派。努力于形式的严格和简洁，平面的合理安排，古代经典的组合方法，标志了这个新的学派。这学派在西欧起而代替了洛可可的纯粹装饰风格。

在俄罗斯，向古典主义的转变是由像彼得堡艺术科学院的建筑物（1765—1772）和它的宏伟的圆形院落和华丽的内部那样相当巨大的作品来作为标志的，这艺术科学院是可可林诺夫和德拉蒙特（Деламот）盖的。可以作为标志的还有里那尔基盖的大理石宫（1768—1772）。属于早期古典主义作品的还有尼维（Неви）滨河路和著名的夏园（Летный сад）的栏杆，它的建筑师是费尔金（Фельтен）。

古典主义时期第一个成熟的和卓越的作品，是伊·叶·斯达洛维（И. Е. Старовый）在彼得堡的达夫里且斯基（Таврический）宫（1782—1788），这宏伟的建筑物有巨大的壁龛（курдонер），外面有雄壮的柱廊，内部展开着庞大的连列厅；圆形的罗马穹隆顶的门厅，后面是堂皇巨大的有爱奥尼列柱的叶卡捷琳娜厅，最后是花园厅（залсад），它的中间有一个圆亭子支持着拱顶。建筑师的意图在后来的改建中被歪曲了，但在重修了的面貌中，这名迹仍然产生着强烈的印象［现在的乌里茨基（Урицкий）]。

斯达洛维保留下来的第二个作品，是亚力山特洛-尼夫斯基（Александро-невский）修道院的特洛伊次教堂（1776—1790），以及在彼尔（Пелл）的宫殿花园建筑群中的几个亭子。

巴洛克时代建造的巴甫洛夫斯克、皇家村及加特清的辉煌的花园宫殿群，在古典主义能手的工作中得到了进一步的发展。雄伟的巴甫洛夫斯克建筑群，几乎是重新在建筑师卡米隆（Камерон）的参与中建筑的。花园的中心是卡米隆盖的宫殿庄园，从那儿引出通向花园的林荫路和通向河岸的台阶。在花园的各个角落，在河滨池畔，卡米隆建造了友谊庙（Храм Дружбы, 1780）——陶立安柱式的绝美的园亭——和绿荫中的阿波罗庙（храм Аполлона, 1782），三女神亭（1800），这是个爱奥尼柱式的优雅的小庙，塔斯干风格的在天花和穹隆顶上有壁画的"伏尔也尔"（Вольер, 1782），以及一系列娱乐的、装饰的亭子、小桥等等。

在卡米隆之后，建筑师勃列（Бренна）、伏洛尼欣（Воронихин）和罗西（Росси）在这儿工作过，后者在宫殿旁添盖了图书馆和走廊，由孔柴伏（Гонзаго）绘的壁画。

在另一庄园群——皇家村中，卡米隆在宫殿的朝池塘这面建造了建筑组，它包括：悬台花园（террасы-висячий сад），著名的名为"阿加多维亭（Агатовый павильон）"的冷水浴室，花园中宏伟的斜坡（пандус, 1780—1786）和卡米隆走廊，它以爱奥尼列柱和通向池塘的台阶出名。

卡米隆在巴甫洛夫斯克和皇家村宫殿建造了一系列精美绝伦的建筑内部。他在选择形式、材料、色料（大理石、玻璃、瓷）和它们的配合上的技巧和天才真正是令人惊叹的，每一个由他装修的房间，都具有符合于这个房间用途的自己的面貌、自己的建筑语言。在皇家村的宫殿中的卧室、"绿色餐室""穹隆餐室""蓝色小屋"或者所谓"烟盒"，在

皇家村（现在的普希金城），卡米隆走廊（1780—1786）

　　巴甫洛夫斯克的"希腊村"和圆形的"意大利厅"等，所有这些雄伟的作品，它们的精美既不能以照片来传达，也不能以详图来说明，照片和详图从这些建筑物所复制出来的印象太贫乏了。

　　上述名迹中的许多个，由于法西斯匪徒在1941年在巴甫洛夫斯克、普希金加特清以及彼得宫的宫殿和花园中所制造的重大破坏还没有恢复，而且再也不能在我们面前出现了。

　　苏格兰出身的卡米隆，在俄罗斯居住，在俄罗斯创作，并贡献出所有的力量给新的祖国。他的建筑作品以雅致的深刻的高贵热情和亲切为其特色。

　　与卡米隆同时，另有一个大建筑师克伐林吉（Кваренги），在工作着。与亲切的宫殿花园的创造者卡米隆相抗衡。克伐林吉的建筑创作是力量、雄性、冷淡的壮丽和简洁的体现，它更适合于首都彼得堡的建筑。在彼得保和它的郊区，克伐林吉建造了卓越的建筑物：在旧彼得各发的英国宫（1781—1789）和它的科林新门廊；在皇家村的亚力山特洛夫斯基（Александровский）宫（1782—1798）和它的强有

莫斯科的拉苏莫夫斯基大厦（现在的体育学院）（建筑师卡柴可夫，18世纪）

莫斯科附近的女皇宫（建筑师卡柴可夫，18世纪）

莫斯科的彼得宫（现今的空军学院）（建筑师卡柴可夫，1775—1882）

力的列柱；爱尔弥塔日（Эрмитаж）大厦（1782—1785）；纸币发行银行（1782—1788）和彼得堡的科学院大厦（1783—1787）。由巨师建造的巨大的斯摩尔内（Смольный）学校建筑群（1806—1808）和它的日柱大厅，载入了十月革命的史册。在这作品清单中，还必须加入安尼秋可夫（Аничков）宫雄伟的列柱（1804）、各诺秋伐尔基斯

莫斯科的哥里扎斯基医院（建筑师卡柴可夫，1796—1801）

莫斯科的巴什可夫大厦（18世纪）

基（Конногвардейский）练马场（1800—1804）、马尔金斯基（Мальтийский）礼拜堂（1798—1800）。这些只不过是克伐林吉的列入俄罗斯古典主义出色名迹的总数中最主要的建筑物。在伟大的卫国战争时期，1941年法西斯把旧彼得宫的著名的英国宫彻底破坏一直到基础。

正当这时候莫斯科（18世纪末）也有两个最伟大的俄罗斯建筑师工作着，巴仁诺夫（Баженов）和卡柴可夫（Казаков）。

天才的巴仁诺夫的命运是悲惨的。他是艺术学院的学生，但巴仁诺夫被学院保送到国外，光荣地被选为欧洲三个科学院的院士，但巴仁诺夫在死后几乎没有留下什么东西，他的精彩之作——庞大的克里姆林宫的设计，以其规模、灿烂、华丽及庄严胜过所有当时欧洲的著名建筑物，但没有盖起来。按照建筑师的意图，宫殿要造在克里姆林里，并且在它的内部院子中可以宽畅地容下所有古代的克里姆林教堂和宫殿。已经开始了的建造工作，被叶卡捷琳娜二世出乎意外地下令停止了。在巴仁诺夫指导下完成的巨大的模型保存到现在，放在苏联建筑科学院博物馆里。

在巴仁诺夫以所谓为高直的风格盖在莫斯科郊外的巨大的女皇的建筑群（царицынский ансамбль）中，还保存了个别的亭子和小桥。在建筑上有独创性的宫殿被叶卡捷琳娜拆毁了。在巴仁诺夫天才的计划中包括有：风景如画的亭台楼阁中的俄罗斯建筑群的原则，每个建筑物平面的严格的古典主义，高直风格的独创的建筑艺术。他在莫斯科布·奥尔得克（Б. Ордынк）盖的未斯·斯各尔比西（Весь Скорбящий）教堂的钟塔完整地保留下来了。巴仁诺夫和勃列是彼得堡的工程师寨堡（Инженерный замок）的作者。工程师寨堡前面的两个亭子是他建的。巴仁诺夫盖的个别房子，或者根本不存在了，或者完全被改造过了。有很多建筑物缺乏关于巴仁诺夫的著作权的充分证据。

卡柴可夫却大大地走运。可以说，是他亲自建立了莫斯科的古典主义建筑。18世纪末莫斯科的雄伟的建筑物几乎全部都是他建造的。卡柴可夫杰出的作品是莫斯科议院，现今的政府大厦，它绝妙地站立在克里姆林的总平面中。议院的圆形大厅和庄严的柱厅过去是多尔各鲁基（Долгорукий）大厦（现在的苏维埃大厦），它是莫斯科较好的大厅。

卡柴可夫创立了莫斯科宫殿花园的类型。在许多这种类型的建筑中，真正的杰作是在哥洛霍夫（Горохов）的拉苏莫夫斯基大厦（Дом Разумовского）（现今的卡柴可夫街的体育学院），他也创立了郊区花园的类型，它的精美的典型是在彼得洛夫·阿拉比诺（Петровский-Алабино）的庄园。

卡柴可夫的天才没有局限于俄罗斯古典主义的风格，他找到了精通古俄罗斯建筑的道路，并建造了精彩的所谓为高直风格的作品，彼得宫（1775—1782）的华丽的建筑群，现今的空军学院和他在被拆掉了的巴仁诺夫的宫殿旧址上盖起来的女皇宫。

哥里扎斯基（Голицынский）医院（1796—1801），和它的巨大的壁龛、灿烂的门廊、中央的圆形穹隆顶、大厅等，都是卡柴可夫精彩的作品。卡柴可夫所盖的建筑物的数量非常大。他造了莫斯科大学［在大火之后由德·日良吉（Д. Жилярди）恢复］、巴甫洛夫斯基医院、新军部大厦（现在的莫斯科军区大厦）、总司令部大楼（1945年改建前的莫斯科苏维埃）、彼得门附近的加加林（Гагарин）大厦（现今的第一护士学校临床医院）等等。他建造了一系列的杰出的教堂名迹，其中有费力普·米特洛波立顿（Филиппа Митрополита）教堂，它有内部很华丽的圆屋顶。

莫斯科附近的阿尔罕吉尔斯基建筑群——宫殿（18—19世纪）

巴什可夫（Пашков）大厦——现今的旧列宁图书馆，是莫斯科优秀建筑之一。在它的比例上、形式上和总体组合上，都是完整的，它被估计是巴仁诺夫或卡柴可夫的作品。关于著作权的问题暂时没有最后解决。

这同时在莫斯科近郊产生了绝美的庄园建筑群——古斯可夫（Кусково）、阿尔罕吉尔斯基、奥斯达吉诺（Остан кино）。它们主要是由农奴技师营造的：建筑师、雕花匠、画家来完成的。

建筑群包括阿尔罕吉尔斯基和它的宫殿、侧翼的列柱、巨大的风景如画的花园。花园中安置了花坛和草畦，斜向河流，花园中还分布着亭子、花厅及大量的雕刻。这建筑群美极了。宫殿的大厅装饰着壁画、图画及雕刻。

奥斯达吉诺［现今的普希金斯基（Пушкинское）］并不稍为逊色，这也是由卓越的农奴技师建造和装修的。尤其好的是宫殿的连列室和它的戏厅。

莫斯科附近的马尔费诺庄园（18—19世纪）

　　稍晚一些，除庄园宫殿类型之外，开始产生了小的、美丽的庄园，如布拉特次夫（Братцев）和各洛特尼（Городни），它们都是伏洛尼欣建造的。在马尔费诺的庄园是莫斯科郊区的大庄园之一，它是19世纪前半叶以高直的风格建成的。

　　古典主义最成熟的庄园建筑群是古斯可夫。被宽阔的花园包围着的宫殿和装饰上非常丰富的连列厅，成为建筑群的中心。宫殿的前面分布着池塘，后面是由雕像装饰着的花坛。花园中分布着亭榭：爱尔弥塔日、意大利小屋、山洞、各兰次基（Голландский）小屋等等。

十二、俄罗斯古典主义建筑
（19 世纪前半叶）

　　19世纪的开始，以艺术的新潮流和俄罗斯古典主义建筑的新的光辉阶段为标志。在艺术中开始了寻找更庄严更简洁的形式。

　　建筑师探求朴素的、强而有力的构图，力求避免装饰，并在墙面安静、平素的背景上烘托出雄伟的柱身。只在紧要的地方用雕塑的或其他的细部来装饰墙面，这就突出地加强了整体的简朴。

　　建筑师阿·恩·伏洛尼欣（А. Н. Воронихин）开辟了古典主义发展的新阶段（所谓"安皮尔"风格）。他的较好的作品——彼得堡的喀山（Казанский）教堂（1801—1811）——从建筑上说还是接近古典主义。教堂雄伟的柱廊拥抱了半椭圆形的广场，这广场面向尼夫斯基（Невский）大街。已经设计了的建筑物另一面的第二个柱廊没有被实现。

　　伏洛尼欣的另一个作品——哥尔内依（Горный）学校（1806—1811）——从形式上说已是完全属于19世纪的了。在严肃的立面的墙面背景上，巨大的前廊雄壮的陶立安列柱和前廊两边的雕像群十分精彩。

　　这时期的杰出的作品是托马·德·托蒙（Тома де Томон）在华西里夫斯基（Васильевский）岛的尖端上的交易所（1805—1816）。交易所主要的建筑物有古希腊精神的严峻的陶立安柱廊和在它前面的强有力的船首柱，绝妙地与涅瓦肃穆的空旷相结合。

列宁格勒的喀山教堂（建筑师伏洛尼欣，1801—1811）

列宁格勒的哥尔内依学校（建筑师伏洛尼欣，1806—1811）

这时期俄罗斯古典主义建筑的天才作品是海军部（1806—1817），它是贡献给俄罗斯海军力量的纪念碑。它的建造者是阿·德·萨哈洛夫（А. Д. Захаров）。时代的风格和思想在这作品的艺术形象和完美的形式中得到完全的反映。

位于列宁格勒中心的海军部是列宁格勒的建筑核心。海军部的尖顶从柱廊的白冠和建筑物顶层的雕像中耸立起来，从很远就能看到，并成为建筑轴线，城市的三条主要马路向它奔来，尼夫斯基大街、捷尔任斯基街及马依洛夫（Майоров）街；海军部的两个侧立面展开在皇宫广场和议院广场。海军部向着涅瓦河的立面以敞厅的柱廊和交易所的建筑物的柱廊相呼应。海军部的内部，尤其是它的入门阶台和列柱的门厅以严肃和富丽为特色。

这个组合的丰富真正是惊人的，其中雄伟的形式与墙面柔软的、严峻的平静相结合，与雅致的装饰相结合。这个杰作可作为建筑和雕刻高度统一的绝好典范。海军部的雕刻，尤其是它的浮雕的技巧是最高级的，塔楼上的浮雕是捷列平尼夫（Теребенев）做的。背负着地球的海洋女神的雄伟的群体和塔楼上层的所有雕像，都是谢德林（Щедрин）做的。从思想上，海军部庞大的雕像组合形式与建筑联系着。与雕刻相结合着的建筑创立了有巨大的艺术力量的形象。除这个作品之外，萨哈洛夫建造得很少。保存着的还有：在喀琅施塔德（Кронштадт）的安德烈夫斯基（Андреевский）教堂（1806—1811）及钟塔，这种塔的瞭望楼令人想起海军部的尖顶，此外还有在亚力山特洛夫斯基村的教堂，和在加特清的农庄。

萨哈洛夫之后的大建筑师是斯大索夫（Стасов），他是巴仁诺夫和卡柴可夫的学生。他的较好作品为：在格鲁欣诺（Грузино）村的秀美的钟塔（1815），它保持着严峻的形式；在彼得堡的凯旋门（1833—1838），它的沉重森严的陶立安柱式产生了雄伟和力量的印象，和巴甫洛夫斯基兵团的营房（1817—1819）——在这个建筑物中已经感触到一些新的东西了：其中较少严肃，而多华丽，尤其是它的饰有雕像的檐上

列宁格勒的交易所（1805—1816）

壁。这个特点成为古典主义新阶段的特征，在罗西的作品中得到最光辉的成就。

在俄罗斯人民对拿破仑军队的决定性的胜利之后，在建筑中倾心于欢庆、胜利的形式。

俄罗斯古典主义时期最后的一个大人物，是卡·普·罗西（К. И. Росси），他的作品好像是俄罗斯古典建筑的前一阶段的总结。罗西在对某一个没有实现的设计所做的解释中特征性的表白："我所拟定的设计的规模超过了罗马人认为对自己的杰作已足够了的规模。难道我们害怕在华丽上超过他们吗？"

罗西建造了大量的个别建筑物和许多建筑群。在他早期的彼得堡的较好的作品中，有米哈依洛夫斯基（Михайловский）宫，即现今的俄罗斯博物馆（1819—1823）。这是灿烂的建筑物，恰当地立在花园中，有巨大的门前院落，主要立面上绝美的克林新前廊和花园立面上巨大的敞廊。内部房间的装饰是豪华的，尤其是有壁画并有爱奥尼柱式的内部列

列宁格勒的海军部（建筑师萨哈洛夫，1806—1817）

柱门厅的入门的阶台特别好。

罗西卓越的作品是总司令部的房屋和大券门。司令部房屋半环形地拥抱着皇宫广场。著名的双重券门联系着广场和街道。这建筑群以意匠的大胆和工程的完善而成为巨师较好的作品。

罗西的建筑群是空前绝后的，它包括两个广场——且尔内雪夫（Чернышв）广场和阿·恩·奥斯特洛夫斯基（А. Н. Островский）广场——和与它们相邻接的戏院街，即现今的建筑师罗西街（1827—1832）。整个组合的中心是以前的亚力山特林斯基（Александринский）戏院。在这儿，当总司令部的房屋建造时所产生的建筑群思想，得到了最后的完成（用过道来联系两个建筑空间）。罗西大街的高层房屋上层的陶立安柱廊从且尔内雪夫广场直引到亚力山特林斯基广场。罗西大街的庄重的陶立安柱在广场上转而成为克林新前廊和亚力山特林斯基戏院敞廊的豪华。亚力山特林斯基戏院位于包围着它的建筑物的中心，这些建筑物为：公共图书馆和安尼秋可夫宫（现今的少年先锋宫）的精致的敞厅，这些也都是这个建筑师盖的。在戏院之前有安置着叶卡捷琳娜纪念碑的花园。广场建筑群以戏院的主要立面朝向尼夫斯基大街。且尔内雪夫广场没有被罗西完成，因此有点破坏了建筑群组合的整体性。拥抱着广场左翼和中央的圆形教堂建筑物没有盖起来。

罗西最后的大建筑物是议院和宗教会议大厦（1829—1834），中央巨大的券门打开了通向克拉斯内（Красный）街的过道，这券门被看作联系两个单独建筑物（议院和宗教会议大厦）的构图中心，它被华贵的克林新柱式神气地、庄严地解决了。券门冠戴着檐上壁上的雕刻。

罗西结束了俄罗斯古典主义建筑的繁荣时期。在他之后降临了"夕阳西下的黄昏"，风格逐渐衰退，在降临着的苍茫暮色中产生了对新建筑道路的摸索。

还有些人对这时代的风格保持着忠诚。其中有普拉伏夫（Плавов），他遗留下两个绝美的作品：监护人（Опекунский）会议的严峻的入门阶台（1835），奥步霍维斯基（Обуховеский）医院的庄严而华丽的阶台（1835—1836）。

大多数建筑师，如阿·布留洛夫（А. Брюллов），在庞贝和早期文艺复兴的母题中寻找灵感，或者像蒙非兰（Монферан）那样在后期文艺复兴中吸收自己的母题——成熟的、豪华的及烦琐的。蒙非兰最大的建筑物伊萨基也夫斯基（Исаакиевский）教堂，倒还是古典主义的风格（1817—1857）。其中最好的是前廊巨大的列柱。冬宫前著名的亚力山特洛夫斯基柱也是这个建筑师造的。

19世纪初的莫斯科古典主义建筑，和彼得堡的建筑一样，在这时期经历了辉煌的繁荣，被同样的思想所鼓舞，并建造了许多大的建筑物，所谓"莫斯科安皮尔"。

彼得堡建筑宏伟的风格，和它的尺度、伟大及线条冷漠的和谐，在莫斯科改变为热情、线条形式及装饰的精致。莫斯科的庄园营造就是这样的，那伊金诺夫（Найденов）大厦是它们的典型——"现在沿契加洛夫（Чкалов）街的'高山'疗养院"。但在莫斯科安皮尔建筑的行政建筑物中仍浸透着同样冷漠的严峻和威力（粮食仓库、赛马场）。

莫斯科安皮尔的第一个大师是卡柴可夫门下的建筑师奥·伊·波未（О. И. Бове）。波未较好的作品是加加林（Гагарин）公爵的府第（1813），战前的全苏书业协会，在莫斯科诺文斯基（Новинский）林荫道，1941年毁于法西斯的空袭。在这建筑物和开阔地伸展的两翼中有

"券敞廊"的中心和两侧的柱子群特别精彩，它上面有飞翔着的"光荣"浮雕。在大厦的建筑艺术中可以感触到卡柴可夫的古典主义有力的影响。

在赛马场（1817）和它雄壮、简洁的形体，以及围绕这巨大的建筑物周围的陶立安半柱的安定的节奏中，已经明显地表现出建筑物的新特征。冷漠和官样文章的严峻的痕迹存在于这建筑物的建筑艺术中，强调了它的作用。

同一个大师的格拉次基（Градский）医院建筑物（1823），位于卡卢日斯基（Калужский）大街而与卡柴可夫的哥里扎斯基医院相邻，在类型上说来，这是有前院的庄园的变体；在建筑艺术上说来，以形式的稍呈臃肿为特色。

在1821—1824年间，波未建造了戏院广场建筑群（后来经过改造），它包括中央的大戏院，右边的小戏院及周围一系列的建筑物。整个建筑群由围绕广场一周的券廊联结在一起。这券廊的遗迹保存在小戏院的最下层上。在建筑物之间它是联结的走廊。广场的中间装饰着雕刻家维大尔（Виталь）做的保存到现在的喷泉群。和波未同时有两个莫斯科安皮尔大师工作着，德·日良吉和阿·斯·格里高里也夫（А. С. Григорьев）。这两位建筑师的大量作品中有俄罗斯建筑的第一流名迹。

卡柴可夫建造的在拿破仑的侵略中被烧毁的旧的大学校舍，在1817年被日良吉在保存卡柴可夫所定的庄园型总构图的原则下，以莫斯科安皮尔风格恢复了。大学的半圆大厅和绝美的安皮尔壁画及支持着挑台的精致的白柱廊是精美绝伦的。在外面，比例庄严的陶立安前廊适合着它，这前廊加重了建筑物的中心和立面墙面平静的安定，这被丰富的浮雕和玫瑰形花饰所点缀着的立面，是所有莫斯科安皮尔的典型。

在1821年由日良吉和格里高里也夫所修建的那依金诺夫（Найденов）田庄，也是这时期莫斯科的优秀作品之一。它由一个面向大街的爱奥尼前廊的大楼，从花园通向第二层楼的雄伟敞阔的阶台，和有亭台楼阁的花园所组成，在花园的亭台楼阁中最秀丽的是音乐厅。

列宁格勒的总司令部的券门（1819—1829）

列宁格勒的议院和宗教会议大厦的券门（1829—1834）

主要建筑物的大厅装饰着绝美的安皮尔壁画。整个建筑物是精美而高贵的作品。

这时期相当大的名迹是在索良克（Солянк）的监护人会议厅［1823—1825，现今的全苏总工会（Вцспс）大厦］。建筑物由于以后的增建有点走样。它最初的样子是由三个个别独立的体积组成的：有着很像那依金诺夫大厦前廊的绝美的爱奥尼前廊的中央建筑，和两个侧敞

莫斯科大学（18—19世纪）

莫斯科尼基次基林荫道上的国家银行大厦（19世纪）

厅。巨大的栅栏和装饰着狮子的门，联结着这些环节。现在这个间隙被增建到和两侧敞厅同样高度了。

在尼基次基（Никитский）林荫道的旧国家银行大厦（1819年莫斯科省艺术学院大厦），在组合上和建筑上都出类拔萃。它同样也是由用绝美的柱廊装饰起来的中央建筑物和两个不一样的侧敞厅所组成的，这两个侧敞厅中，右面的小小的精致的守护神别墅那叫一个特别漂亮。

莫斯科的粮食仓库（建筑师斯大索夫）

莫斯科近郊的古士明吉田庄（19世纪）

在波伐尔斯基（Поварский）的国家育马场大厦［在伏洛夫斯基（Воровский）街的高尔基博物馆］，以有华丽的安皮尔壁画的内部而闻名。院士伊·埃·格拉巴良（И. Э. Грабаря）的研究确定，这房子是波未造的，不是如以前所估计的由日良吉造的。

日良吉建造了莫斯科郊区优秀的田庄之一——古士明吉田庄（Кузьминки）。古士明吉建筑物中第一个是"养马院"。养马院的中央部分特别的好。这是个在形式上简朴的有巨大的券廊过道（арка-экседра）的敞厅，在券廊过道中精致的柱廊和冠戴于其上的雕像群，统一在完整的构图中。这个对比的构图所产生的印象很大，它被后来在敞厅两侧盖起来的克洛特（Клодт）的养马建筑群加强了。在水池旁边的风景如画的花园中，安置着建筑师奇妙的创作——柱门（пропилей）、宫殿的在侧屋、生铁的栅栏、埃及风格的办公厅和有狮子的船埠。

在古士明吉之外，日良吉和格里高里也夫建造了不大的苏哈诺夫（Суханово）和奥特拉都（Отраду）田庄。

莫斯科安皮尔的卓越作品是莫斯科的粮食仓库。从这简单的排成一列的体积中可以看出巨大的力量来。这个组合的建筑形式的严谨和冷漠的灿烂好像预报18世纪30年代古典主义的官场风格。

苏联建筑科学院的研究确定，这房子不是日良吉盖的。有斯大索夫著作权的某些证据。

莫斯科安皮尔的最后一个名迹是叶·德·究林内（Е. Д. Тюриный）建造的大学校的教堂，半圆厅（1837），在它身上已可感觉到形式的臃肿和向古典主义建筑袭来的衰落。

十三、19世纪后半叶和20世纪初期建筑

　　随着反动政治的加强和资本主义剥削的增长，在追逐利润的情况下，出现了专为牟利的房子和商人的私邸，在19世纪后半叶之末，显露了建筑的普遍衰落。古典主义风格的没落伴随着对俄罗斯民族风格的摸索，做了向后转的尝试，转向对彼得以前11—17世纪古俄罗斯建筑形式的研究和利用，拒绝建筑中一切"非俄罗斯的"东西，其中也拒绝俄罗斯古典主义的一切辉煌成就。

　　这时期一直延长到20世纪之初，没有出现什么大的建筑作品。这种摸索的恶劣特征，是对11—17世纪古俄罗斯建筑形式肤浅表面的、纯粹外表的模仿和利用。这种恶劣的特征由于不了解古俄罗斯建筑作品中内容和形式不可分割的有机的统一而更加糟糕了。

　　但这些摸索加速了对俄罗斯建筑的研究过程，并为考古学的发展、俄罗斯建筑的历史和科学问题的探讨，及保存和修复建筑名迹建立了便利的条件。

　　在这个摸索时期中（19世纪前半叶之末和后半叶），可以分为若干阶段。在第一个阶段（19世纪中期），建筑师卡·阿·东（К. А. Тон）建立了所谓官派的"俄罗斯风格"。他的主要作品为救世主基督庙和大克里姆林宫（1838—1849），这是一个最大限度地在形式上重复了17世纪克里姆林寝殿，并加以"拜占庭式的"装饰因素的尝试。献给俄罗斯军事勋章

的宫殿大厅的内部，以巨大的欢乐和灿烂而出色，但外部却不能符合于宫殿的建筑艺术。

19世纪第二个四分之一和整个第三个四分之一，在为俄罗斯建筑的特性而斗争中度过。

被认为俄罗斯艺术天才最好的作品和作为抄袭的典范的，是所谓17世纪装饰风格的典型：在莫斯科的普金可夫斯基（Путинковский）教堂和奥斯达基诺的教堂。迷恋于琐碎的砖装饰和16世纪的装饰形式——大台阶、帐篷顶、头饰等等的时期来到了。在这个精神中工作的建筑师为列柴诺夫（Резанов）（城市杜马的设计）、哥尔诺斯大也夫（Горностаев）等等。

同时有另一个集团——洛比特（ропет）和加尔特曼（Гартман）——应用北方的木建筑形式于小屋和别墅的营造之中，过多地吞噬了"俄罗斯风格"的装饰母题。列宾说："民族的装饰，在这时候开始被公鸡（петуха）、斧钺（топор）、袖套（рукавица）等等玷污了。"这种建筑的典型例子为莫斯科的波各金斯基（Погодинский）小屋［建筑师尼基丁（Никитин），19世纪50年代］。这时代的特征为平面和轮廓的复杂和美丽，追求装饰效果，不考虑历史的确切性和建筑的逻辑。

与这种油头粉面的"俄罗斯风格"相对抗，在19世纪的最后四分之一学院派发展了，在选择古俄罗斯建筑形式时追求精确性。这个学究式的伪俄罗斯的集仿主义时代，以莫斯科城市杜马大厦的一系列设计竞赛为开端。从建筑的逻辑和组合来看，戈多夫（Котов）和普列奥柏拉仁斯基（Преображенский）的设计是最好的。城市杜马（现在革命广场上的列宁博物馆）是按照契卡洛夫（Чичагов）的最柔弱的设计建造的，是这时期作品的典型之一。

莫斯科的历史博物馆（1875—1883），是按照艺术家谢尔无得（Шервуд）的设计盖起来的，它大概称得上是这时期的最成功的建筑物，在体积的组合上和整体比例上尚不乏秀气（建筑物预定以彩色玻璃砖饰面）。

建筑师波米朗采夫（Померанцев）在莫斯科红场上的一系列商业建筑（过去的莫斯科国立百货商店）（1892—1893），是这时伪俄罗斯风格的典型坏例子。19世纪巨大的商业建筑物以17世纪砖建筑的石头砍琢出来的细部装饰起来。

以石头和铁模仿木建筑形式的伪俄罗斯风格的明显例子，为莫斯科过去的伊古蒙夫（Игумнов）大厦［19世纪末建筑师波士德涅夫（Позднев）的设计］，其中尚不无幻想和建造的技巧。

20世纪的开始以建筑创造的复活为特征，出现了各种潮流，在它们之间掀起了创作斗争。

与波米朗采夫和苏尔达诺夫（Султанов）的死气沉沉的学院派的伪俄罗斯的集仿主义相对抗，产生了20世纪浪漫主义的生气勃勃的奔流。建造在巴黎的博览会中的所谓"俄罗斯村"，在这儿起着出色的作用，它反映出转向俄罗斯农村理想的建筑形式的研究。这时期伊·埃·格拉巴良（И. Э. Грабаря）出版的《俄罗斯艺术史》起了重大的作用。20世纪浪漫主义光辉的代表，将巨大的艺术天才、技艺及对俄罗斯建筑的深刻的知识集于一身的阿·维·舒舍夫（А. В. Щусев）院士，在自己的作品中从来不抄袭形式，而是积极地、新颖地、创造性地改造它们，使之能运用到自己的时代来。他早期活动的特征是醉心于12—14世纪普斯可夫和诺夫哥罗得的古俄罗斯建筑，并以这种风格建造了一系列建筑物。他的成熟的作品——莫斯科的喀山（Казанский）车站——是俄罗斯风格的摸索时期最好的作品。在平面中和在统一在多层的塔楼之下的巨大建筑群的形体的美丽的构图中，可以感觉到被巨师深刻地掌握了的俄罗斯建筑的形式和原则。无疑地，尤其是表现出科洛敏斯基宫殿的美丽的构图的影响。在装饰着美丽的窗框和饰物的大而平滑的表面的建筑艺术中，明显地有混合着17世纪莫斯科巴洛克装饰母题的普斯可夫建筑的影响。阿·维·舒舍夫好像是以自己的工作完成了19世纪俄罗斯风格的摸索时期并使它结束。

和阿·维·舒舍夫同时，在同一方向下还有建筑师波克洛夫斯基（Покровский）和艺术家华士涅卓夫（Васнецов）在工作着，他们重要的作品是特列捷雅可夫斯基（Третьяковский）画廊。

20世纪之初，在俄罗斯建筑中从西方渗入了摩登主义的影响。这个风格的本来面目反映出西方建筑革新的潮流，这是被新材料、新的钢筋混凝土技术的出现所引起的。这个风格的特征是线条和形式的相对的严格，倾心于大的玻璃的表面。

但在这时期的俄罗斯建筑中得到广泛传播的是摩登主义堕落的潮流。

这个风格的特征为图案性、装饰性、追求错落变化。为了装饰建筑物的立面，利用了植物母题、蓬头散发的女人头、阳台上的胡思乱想的拧成螺旋形的栏杆、房檐和窗格的稀奇古怪的弯弯扭扭的曲线等等。

摩登主义风格并不是唯我独尊地发展的。和这时期俄罗斯建筑的主导潮流——浪漫主义和新古典主义联袂发展着的摩登主义在这些风格的千形万状的摩登化了的变体中铸造出来。

这个风格的代表人为建筑师谢赫特尔（Шехтель），他建造了在小尼基次卡亚（Малая Никитская）街的旧良布新斯基（Рябушинский）大厦（1911—1912），它的形体是错综变化的，有摩赛克的花边和描画过于繁冗的细部和饰物；此外还有在格拉斯哥（Глазко）博览会的摩登化了的伪俄罗斯风格的陈列厅，以及莫斯科的雅洛斯拉夫斯基（Ярославский）车站。

20世纪初在俄罗斯建筑中古典主义的潮流又加强了，这些潮流都总称为新古典主义。这个派别在希腊、罗马的伟大的古代艺术中，在文艺复兴建筑中，吸取自己的形式和原则，同时也在18—19世纪的法兰西和俄罗斯古典建筑中吸取。

对摸索俄罗斯风格的普遍不满和俄罗斯的新的社会情况在这个变革中起着巨大的作用。这新的社会情况是由俄罗斯皇家对日作战的失败和即将来到的1905年的革命的影响下新思想的传播所引起的。

艺术学院在新古典主义发展中也起着不小的作用，学院中所有的教学，包括创作任务在内，都主要地建立在对古代和文艺复兴名迹的研究、分析及测绘上。

新古典主义风格没有获得俄罗斯古典主义伟大的风格所固有的艺术形式和思想内容的有机的统一。古典主义所固有的时代风格统一的原则，到新古典主义时期转变而为每一个作者为自己心爱的房子随意选出一个风格，这选择决定于个人的口味或者业主的口味。只有"风格的纯粹"的原则是必须的了。在一个建筑作品中混合着各种建筑风格的形式是建筑常识的贫乏和恶劣口味的标志。

在俄罗斯建筑中对新古典主义的确立起着重大作用的巨师有：伊·维·茹尔多夫斯基（И. В. Жолтовский）、伊·阿·福明（И. А. Фомин）、维·阿·舒科（В. А. Щуко）、姆·姆·皮列加特各维奇（М. М. Перетяткович）、夫·伊·里德伏尔（Ф. И. Лидваль）、斯·姆·良谢维奇（С. М. Ляшевич）、格·伊·戈多夫（Г. И. Котов）、里·阿·伊立英（Л. А. Ильин）、阿·伊·塔马尼扬（А. И. Таманян）、里·恩·别奴阿（Л. Н. Бенуа）等等。确立向新古典主的转变的主要巨师是伊·维·茹尔多夫斯基、伊·阿·福明、维·阿·舒科。

第一个把注意力转向古典主义遗产的作品是莫斯科的赛马协会大厦，它是伊·维·茹尔多夫斯基建造的，它的建筑艺术反映出作者对意大利文艺复兴的爱好。稍晚一些，伊·维·茹尔多夫斯基建造了莫斯科斯皮里多诺夫（Спиридонов）的塔拉索夫（Тарасов）大厦，这是私邸的新类型，是在16世纪文艺复兴时期维清寨（Виченц）的私邸的影响下建造的。封闭的、没有显赫的大门，立面以有力的、经过加工的方石块来装饰，在大门之后建造了用列柱支持着拱顶的安逸的小院，以代替显赫的大门。

伊·阿·福明以俄罗斯古典主义风格在彼得堡的石岛上建造的波洛夫采夫（Половцев）宫殿大厦，在建筑的新方向的发展上有着巨大的影响。这个在古典主义时司空见惯的私邸以绝妙的技巧完成。宫殿的中心和两翼用比例优美的爱奥尼柱廊装饰。内部建筑以高贵的简朴的古典主义风格的细部的秀美而出色。

同一巨师的在莫依克（Мойк）阿巴米列克-拉柴列夫（Абамелек-Лазарев）的外面被檐上壁和花瓶弄坏了，这是照业主的要求加上的，但它的内部仍是精彩的，跟波洛夫采夫大厦一样。

在这时候，维·阿·舒科在彼得堡石岛大街建造的两座大厦，用的是晚期古典主义帕拉第奥（Палладио）文艺复兴的风格。它的主要立面被立在基座层而为直通檐下的巨大的柱子所分割。

同时维·阿·舒科以俄罗斯古典主义风格在罗马建造了博览会陈列厅，以莫斯科安皮尔（古士明吉的券过道）风格在巴黎建造了陈列厅。

稍晚一些，维斯宁（Веснин）兄弟开始了他们的活动，他们崇拜新古典主义。他们在这时期建造的一系列建物中，莫斯科安皮尔风格的西洛特金（Сироткин）大厦（1913—1916）和基涅什梅（Кинешмый）附近的都达也夫-古洛奇金（Тутаев-Курочкин）大厦（1916）有极大的趣味。

姆·姆·皮列加特各维奇也是这时期出色的大师，在列宁格勒的торский、过去的工商银行的大厦是他造的，这是与帕拉第奥私邸的风格有联系的、以粗石为面的底层。

虽然有大量的作品，各种各样的色彩风格和创作派别，但必须指出，俄罗斯建筑从19世纪后半叶到20世纪第一个四分之一的末期，并没有达到俄罗斯建筑以前伟大的光辉的繁荣时期的水平。

在20世纪中，俄罗斯人民的天才建立了伟大的民族建筑，并爱护地保存着大量的精美绝伦的名迹，这些名迹中有许多都是世界建筑的骄傲，俄罗斯伟大的十月革命和苏联大规模的社会主义建设为建筑的新生创造了史无前例的条件。

苏维埃建筑已经得到的成就，意味着社会主义辉煌的建筑的新繁荣时期的来临。

建築藝術

蘇聯大百科全書選譯

建築工程出版社

建筑是为了满足人类社会的社会生活和思想艺术的需要而营造房屋与其他建筑物及它们的群体的艺术。反映着各种社会形态的社会本质的建筑，在阶级对抗的社会里，首先是为统治阶级的利益服务的，是他们的物质与精神的统治武器之一；在消灭了人剥削人的社会主义制度下，建筑从阶级局限性中解放出来，第一次与全民的真正的物质与思想的要求相适应。

在建筑作品中实际功用任务的解决，不可分割地与艺术创作——建立反映一定的思想、艺术内容的建筑形象相结合。作为社会物质文化的一部分，建筑作品同时也是艺术作品，在它的形式中反映出社会意识来。

建筑，作为人类创造性活动的一个重要现象来说，不能把它和营造事业混同起来，但是如果把它仅仅当作艺术现象，同样也是不正确的。

在社会发展的所有阶段中，建筑依赖于生产力的水平，依赖于生产关系的形式及阶级斗争；它反映由这个斗争所产生的思想意识，及每一时代该民族的文化特征。建筑的发展密切地结合着科学与技术的进步，这些决定了建筑的现实的可能性；而在建筑这一方面，由于在科学与技术面前提出了新的实际任务，就刺激了许多种类知识的发展（建筑力学、建筑材料学、建筑热力学、卫生学、声学等等）。

建筑在人类社会的最早发展阶段就出现了。原始人被生存的困难和对自然斗争的艰苦弄得筋疲力尽，把自己的建筑物造成仅仅是一个防御破坏性的自然力的工具（掩蔽所、窝棚、其他的原始房屋与水上房屋等等），因此，在建筑刚刚开始的时候，无疑地只具有实用的一方面。但在稍微高级一点的野蛮时代，已经有了"把建筑当作艺术的萌芽"（《马恩全集》，十六卷第一章，13 页）。建筑物的营造已经开始不仅要求实用，而且要求美观。在奴隶社会中，建筑得到广泛的发展。那时候产生出许多种类型的公共与居住房屋来，这些建筑物反映了劳动的分工和奴隶制度的阶级构成。那时候也形成了建筑活动的技术与艺术手法和资料的广阔范围。

　　处在对统治阶级直接倚赖的情况下，而这阶级又是按照自己的利益来处理营造生产的资料和人类精神文化成就的，因此在阶级对抗的社会中的建筑，就主要地以自己最好的作品为社会的剥削阶级服务。宫殿、堡垒、别墅、华美的住宅、庄园以及为从思想上及政治上统治的巩固而服务的公共建筑物——教堂、寺院、防寨、市政厅、胜利碑等等就成了过去建筑的最具特征性的典型。在那时候为人民大众修建的住房，绝大多数不仅是没有艺术性的，甚至连使用上最需要的起码质量都没有（古代东方帝国奴隶的居所、古罗马小市民的居所、封建欧洲的农奴的茅棚和地窖、现代资本主义国家城市中劳动人民居住的窝棚和贫民窟）。这种存在于社会上富有的统治阶级所使用的质量很高的建筑物，与被剥削群众所使用的在建筑艺术上毫无价值的建筑物之间的矛盾，是建筑在阶级对抗的社会条件下发展的基本特征。

　　但是，正如列宁所说（在《论民族自决权》中），在任何一个民族的文化中，都应该分清两种文化：劳动群众的民主性的文化和统治阶级的文化。在建筑中也如同在其他的创作领域一样，除统治阶级的文化外，还出现了民主性的文化，因为建筑作品的创造者归根到底是人民自己。在最好的建筑作品中，不仅是当权阶级，而且是整个社会在其中刻下了自己的理想与期望，使自己历史中最重大的事件得以永存下去。其实在古时候，人民的建筑就产生了自己的建筑类型、营造方法、营造经验和反映现实生活方式与人民大众的艺术口味的特点与传统的艺术形式。人民的建筑对统治阶级的建筑有极大的影响，统治阶级建筑在自己最好的典型中应用了民间的题材与造型。

　　在各种社会结构的进步发展时期，同样地也在为民族独立而战斗的时期，在这种全民高涨的时期中，事物的客观发展使统治阶级来解决不仅是狭隘的阶级的任务，而且是具有全民性的使命。这意义也在这时代的建筑上找到自己的反映：它努力以自己的作品去满足社会的现实需要，并努力正确地在建筑造型上表现自己时代的先进思想。在这种历史时期，建筑常常具有现实主义的原则。在人民的历史中，越富有反抗阶级压迫的和反抗外族侵略的解放斗争，他们的进步的、革命的和爱国主义的传统就越有力、越深刻。许多俄罗斯建筑作品光辉地证明了这一点，在它们的外貌上，具有我们自己的根深蒂固的特征，反映出俄罗斯民族为自己的独立而进行的伟大斗争。

相反地，某一社会制度的堕落与腐朽，它的统治阶级向反动的转变，在建筑上就不可避免地要导致思想的贫乏与衰退，以趋向于反现实主义的、反人民的，以及敌视社会发展的原则来排斥现实主义的原则。在建筑中的进步的、现实主义的倾向对反动的、反现实主义的倾向的斗争中，我们可以看到阶级斗争和民族解放斗争的反映。

在自己整个历史发展的过程中，建筑建立了在类型上与艺术表现手法的资料上的丰富多样性。这多样性被铭记在无穷尽的古迹中——各时代与各民族的建筑遗产中。

这些类型与形式的多样性反映出各个民族的文化与生活的特点和传统的差别，技术水平、自然条件，尤其是气候条件的各不相同，和所掌握的材料的区别，等等。

建筑物和建筑群的类型随着社会发展，随着它的生产力，它的社会关系，它的文化的发展而变化。在某一个特定的社会结构中，我们不仅观察到建筑类型和形式的多样性，而且可以看到在某一个特定的类型中的尖锐的差别，这差别首先决定于阶级分化，及各个阶级的生活方式的区别。

建筑物的基本类型有：各种居住建筑，公共使用的场所如国家政权机关的建筑物、会议厅、戏院、博物馆、学校、运动场、医院、国防工事、工业和运输构筑物、商业市场及宗教建筑等。因此，人类为自己的需要而建造起来的每一座建筑物，都是某一个建筑群如居民区、城市、寨堡等的一部分。在建筑的任务中，不仅包含着盖起单个的房子，而且还要包含这种建筑群或其部分如城市的街区、广场、街道、花园等等的设计与施工。目的在于建造这种建筑群的建筑事业，把建筑和城市规划联系起来了，这是对建筑这个词广义理解的最复杂的一方面。

所以在建筑作品中，不仅是社会的物质需要，而且还使社会各个阶级的先进思想都能得到自己的表现——我们谈到了体现这些思想的建筑形象。因此，在庞大雄厚的古埃及的金字塔和神庙中，被奴隶的暴君统治阶级所培养出来的，自然权力"神圣"与不可动摇的概念得到了形象化的表现。

与埃及建筑所不同的，在希腊古典神庙的形式中，古代奴隶制的民主主义社会理想得到了表现，这是以开畅的、对所有市民都可亲近的列柱与和谐的比例取得的。古俄罗斯人民为民族独立与国家统一而斗争的思想在莫斯科克里姆林的雄伟的外形上得到光辉的表现。在宏壮的"伟大的伊凡"钟塔上，在"华西里·柏拉仁诺"教堂——建立巩固统一的俄罗斯国家时期的建筑名迹——的变化多端的外貌上表现出来。在另一方面，帝国主义时代资产阶级文化的贫乏与腐朽显著地反映在形式主义的、反艺术的、丑恶地丧失了个性的、思想败坏的建筑的独占式的流行上，这种建筑忽视人民生活的一切特殊形式和所有的民族传统。

苏联在社会主义制度胜利的条件下，消灭了在建筑发展上的障碍。生产资料和土地私有制的废除，国家的工业化，集体农庄制度的胜利，人民计划经济的一帆风顺的发展，确立了现有城市的重建和新城市的创建及集体农庄村落兴建的无限可能性。建筑创造被列宁—斯大林时代伟大的思想繁荣所鼓舞，获得了本质上崭新的、最深刻的内容。苏维埃建筑不是为少数有特权的人服务的，而是为了广大人民群众。在历史上初次实现了营造庞大的建筑群如集体农庄村落、乡镇、城市，甚至在统一的城市规划中的整个区域。消灭了成为过去许多世纪的建筑发展的特征的个别建筑物和大规模建设之间的矛盾。在苏维埃人民的建筑创造中，新的社会主义的建筑内容在民族的形式中发展着。苏维埃建筑的主要指导思想是斯大林对人的关怀。苏维埃建筑依靠着社会主义经济的巨大的物质与技术力量，创造性地改造了过去遗产中最好的和进步的因素。在自己的作品中形象地表现了社会主义制度的最深刻的内容，并创立了建筑物与城市的新类型和新艺术形象。

为了营造一个建筑物或一个建筑群，必须具备一整套完全的物质条件，首先是要有营造的地区，必需的营造材料与工具以及营造劳动的直接实践者——工人、技师、各种专门工程师。建筑物的作者——建筑师（或主任建筑师）——不仅要制定这个建筑物的设计（相当的草图、平面图、大样群图直到施工详图），而且要领导把这设计变成实物的营造的实践。因此，建筑创造的对象就是整个建筑物（或建筑群）的总体，建筑物（或建筑群）在地区中的分布（总平面图），建筑物内部空间各部分的配置（个别建筑物的平面），整个建筑物的外观和每一个立面的外观，每一个房间的布置和装饰（建筑物内部），以及建筑物在营造过程中结构技术上的各个方面。

建筑，运用了多种多样的组合和造型手段，解决向它提出的社会生活、营造技术和思想－艺术的任务。

组合和造型手段中最重要的是：个别建筑物的总构图或建筑物的组合（建筑群），建筑物各部分的尺寸之间及各部分与整体之间的和谐的组织（比例），以及适合于该建筑物的特征和它在其他建筑物之间的作用的总尺度，进一步是体积、墙面等等的划分，建筑物各部分和细部的塑形加工，有各种效果和质地的装饰材料的运用，建筑物内部和外部所用颜料色彩的选择，装饰品和其他装饰要素的使用，建筑艺术和雕刻、绘画及工艺品的综合。建筑运用了营造技术所提供给它的可能性，使用所有上述的建筑组合手法。在营造技术的创造性改革的基础上也形成一定的建筑形式，例如柱子、券、拱、穹隆、帐篷顶等等建筑形式。同时建筑创作也引起了新的结构和新的营造技术的出现。

苏维埃建筑在社会主义现实主义创作方法的基础上运用所有的建筑艺术表现手法。这方法——苏维埃艺术的主要创作方法——就是现实在它的革命发展中的深刻而真实的反映。苏维埃建筑师创造性地理解了每一个任务的思想内容，尽一切努力更全面地满足苏维埃人物质与精神的需要。建筑彻底地、深刻地反映着苏维埃的现实，有着改造现实的作用，它创造了对人们的劳动、生活与文化发展最有利的条件。苏维埃建筑的每一个任务都努力和整个城市、整个州、整个国家的总任务联系起来。苏维埃建筑的思想艺术内容反映出沿着共产主义大道前进的苏维埃国家生活的总的思想方向。

苏维埃建筑师们认识到要在一定的具体条件下运用最先进的营造方法，他们利用当地的材料，使用当地的营造传统。建筑师们小心翼翼地研究适合于当地气候、风俗和艺术要求的民间建筑形式，苏维埃建筑师们把大胆的革新和建筑遗产进步因素的创造性运用相结合，并力求形式和内容的统一。因此，所有的建筑手段都促进人民物质需求最大限度的满足和建筑作品思想内容的表现。

苏维埃建筑在和各种各样的形式主义——没落的资产阶级文化的产物——的不可调和的斗争中循着社会主义现实主义的道路发展着。形式主义的建筑，或者否认建筑的思想性的造型任务，代之以所谓材料与结构的合理的组合（结构主义），或者企图在未经批判就接受了的和庸俗化了的过去时代里的伟大建筑形式的外衣下，来掩饰彻头彻尾的贫乏的思想内容（集仿主义）。在各种场合下，帝国主义时代文化的精神上的根本贫乏，都可以被我们从建筑形式中看出来。否认创造性地运用民族建筑中进步因素的必要性，表现出形式主义建筑的帝国主义世界主义的阴谋，企图消灭民族的国家尊严，特别是企图以此来大大削弱他们为自己民族独立所做的反抗。

苏维埃建筑反对现代资产阶级建筑堕落极深的潮流，倾注自己全部的创造力，为在共产主义社会建设斗争中的人民的需要和利益而服务。

各个历史时期中建筑的发展

　　在阶级社会以前的社会中，建筑还没有分化成为人类活动中独立的一个项目。原始社会时，人们仅仅做出建筑类型的一点萌芽。主要的是居住处所。在蒙昧时期，这就是山洞、圆穴、风障、草棚和土窟。在野蛮时期的初期与中期，蓬勃地成长起来的血族集团引起了巨大的、成群居住场所和血族聚居地的出现。由分布在以空场为中心的同心圆周上，大的（70—140平方公尺）和小的（20—30平方公尺）住房所组成的特里波里斯基文化（Трипольская культура）的聚居地可以作为例子。由大石块或大石板堆垒而成的原始的巨石建筑（Мегилитический）在高加索和若干欧洲国家都分布着，如：单石（Менгер，竖立在地面上的大块柱状石头）；石台或石室（Дольмен，几块经过加工的石头垂直立着，上面再盖以石板），主要是埋葬用的建筑物；石栏（Кромлех，由一圈或数圈单石所形成的环形的栅栏）则好像是为了宗教目的用的。

　　奴隶社会的建筑　远在野蛮时期的最高阶段，就创造了新的建筑类型：用围墙和堑壕防卫起来的村落和"有雉堞与碉楼的城市"（《马恩全集》，一—六卷第一章，13页），反映了阶级分化的建筑物类型（居住的和公用的）之间尖锐差别的则是它们的特征［例如格鲁吉亚共和国姆希特（Мухеты）附近的阿尔马齐（Армази）的城市建筑群］。技术和艺术方法及建筑手段的广阔的领域产生了。奴隶国家——古代东方的帝

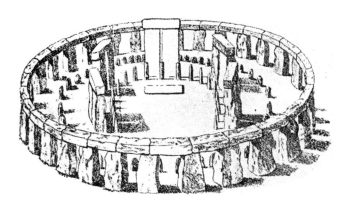

英国斯东罕其的石栏（约公元前1500）

国——在那时候拥有大量的物质资料，把全部需要有复杂的统一灌溉系统的土地集中到自己手中来。这种国家手中财富的集中和大量奴隶劳动的可能性，使得除了住宅以外，又出现了庞大的建筑物，这些建筑物以自己的规模与建筑艺术的特点，成为统治阶级手中对被剥削群众做最有力的思想影响的工具。华丽的宫殿和宗教建筑物被建造起来了——神庙、金字塔、陵墓和有雕像的纪念碑——唤起人们对权力的最高代表者的崇拜和礼颂，无论在他们的生前或死后。

法国卡那克上古的单石

法国耶得文的石台

　　古埃及建筑　在埃及极古时期（公元前40世纪）就产生了居住建筑的类型，并形成了埃及建筑的独特形式。在古代王国时期（公元前3000），创造了无论从形式上或组合上看都是从民居演化出来的"长方墓"（Мастаба）。在沙卡拉（Сакара）

古埃及的长方墓（公元前3000）

沙卡拉的古埃及法老昭西拉的阶级形金字塔陵墓（建筑师伊姆何且普，公元前2770）

的法老昭西拉（Джосера）的陵墓建筑群中［建筑师伊姆何且普СИмхотеп）］第一次出现了阶级形的金字塔和一束圆草梗状的3/4倚柱。不久以后，作为埃及的象征的标志——基在（Гиз）的巨大金字塔——第四王朝的法老的陵墓被建立起来了［最大的希奥普斯（Хеопс）金字塔原高146.4公尺］。中古王朝（公元前3000年初到前2000年）的建筑规模比较小了一点。出现了开敞的柱廊［基尔·爱尔-巴哈利（Дейр эль-бахар）的缅都何金（Ментухотеи）神庙］和多角形断面的所谓雏形陶立克柱［在伯尼-哈撒（Бени-Хасан）的崖墓］。同时，植物形的柱子得到发展。这时期的城市——卡宏

古埃及基在的金字塔，第四王朝法老的陵墓（公元前3000）

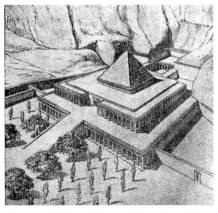

古埃及的基尔·爱尔-巴哈利地方的法老明都何金神庙（公元前3000）

古埃及卡那克的神庙（公元前13世纪）

（Какун）已经有了近似长方形的设计。在新王国时代（公元前20世纪中叶开始），社会的不平等加深了，对奴隶和下层居民的劳动的剥削加强了。宫殿的营造得到更大的发展，建造了庞大的神庙群。神庙，等于是法老的宫殿（照埃及人的观念，法老是"人化的神"），它可以分为三个主要部分：被列柱围绕着的长院子、接待厅和内室。神庙的各部分都安置在一个中心线上，这中心线是由顺着人面狮身像的夹道，穿过雄厚的牌楼门，直到神庙院子

古埃及鲁克索尔的神庙（公元前15—前13世纪）

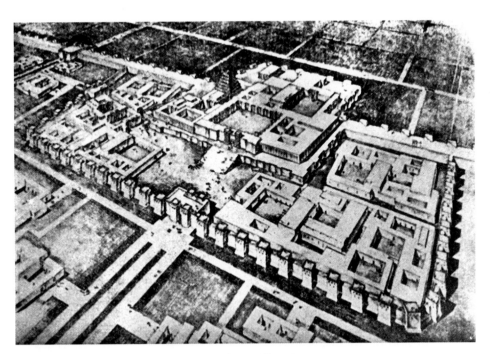

亚述的都尔-沙鲁金地方的萨艮皇宫（公元前711—前707）

巴比伦城的庙宇区及其观象台

中的拜神的运动过程所形成的［鲁克索尔（Луксора）的神庙，公元前15—13世纪；卡那克（Карнак）的巨大的神庙群，它的柱厅，是公元前13世纪埃及最伟大的建筑物之一］。

庞大的建筑群的营造，柱子类型的多样性，建筑艺术、雕刻和绘画的综合性的配合，永久性，形式的简洁性和几何性，对称和节奏的精确性——决定了埃及建筑对以后建筑发展的意义。

两河流域　在古代两河流域的国家中，主要的建筑物类型是居住建筑、灌溉沟渠、宫殿、庙宇和观象台——宗教用的阶级形塔状建筑物。苏马达（Шумерриский）文化的雄伟的建筑典型是爱尔奥比基（Эль-Обейд）的庙宇（约公元前3100），在那里初次出现了独立着的柱子。乌尔城（Ур）及其堡垒可作为城市的例子（公元前3000），其中有行政建筑、宫殿、小神殿和高耸在一切之上的观象台。公元前4000年的最初的石拱出现了，这是在乌尔城的坟墓里发现的。

在小亚细亚和中亚细亚的古国里，尤其是黑茨基（Хеттский）(公元前2000），也有宏大的建筑物——庙宇、宫殿、灌溉沟渠等被建造起来。

在亚述的第二次繁荣时期（公元前9—前7世纪），大城市产生了［卡拉赫（Калах），都尔-沙鲁金（Дур-шаррукин）］。在高大的台基上建造了巨大的宫殿［萨艮（Сарган）的宫殿，在都尔-沙鲁金，公元前711—前707］。在尼尼微（ниневий）的新那黑里布水道（Синехериб）是自来水工程的杰出典型（公元前7世纪初）。

在公元前7—前6世纪兴起的新巴比伦王国的国都叫巴比伦，这是个庞大的城市，以自己富丽的宫殿和庙宇而驰名。亚述和巴比伦（军事专政）的城市具有坚固的军事营垒的特征，这些营垒四面八方被自由散布着的居住区域所包围。城市中和宫殿并肩耸立着神庙和观象台，使城市外貌反映出皇权和神权的汇合。

波斯　作为游牧部落阿希明尼达（Ахеменид）统治时期（公元前6—前4世纪）的特征的是新型的城市。在这些城市中，强固的堡垒占着主要地位；广场紧挨着它，广场中矗立着宫殿，由矮墙保护着；墙外有牧民和农民的居住区。在宫殿建筑物中［如百泄波利（Персеполь）］，叫作阿帕特纳（Ападана）的皇帝的接待厅和它的间距相当大的细高的柱子和木质房顶，有很重要的意义。

爱琴文化的繁荣时期（公元前3000年末到2000年初），在克里地岛上初期阶级社会的条件下，在诺斯（Кносс）和非斯特（фест）建造了庞大的宫殿，这些宫殿以内部空间的自由布置和高明的施工质量为其特色。狮子门（公元前14世纪）和穿隆式的地下陵墓［阿特列（Атрей）的陵墓］是迈西尼（Микенский）文化的最主要的建筑名迹。产生在克里地-迈西尼时期的许多建筑形式和系统，如正室（Мегарон）、门廊、被柱子围绕着的内部院落等等，在以后的希腊建筑中得到了更进一步的发展。

古希腊的建筑是建筑发展中的最重要的阶段之一。希腊城邦和希腊人社会生活的发展影响到新建筑类型的形成，这些类型是

阿希明尼达时代波斯百泄波利的阿帕特纳的柱子

迈西尼的狮子门（公元前14世纪）

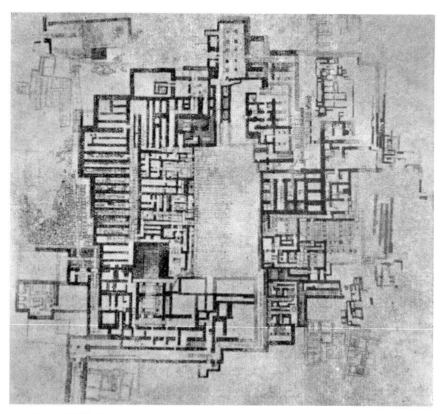

克里地岛上的诺斯皇宫的平面

过去的建筑所没有的。它们是：会议厅、戏院、体育场、竞技场、角力场、学校等。献给神——城市公社的庇护者——的希腊神庙，不是封闭的、神秘的，如同在古埃及那样的圣堂，而是一身兼有宗教建筑与公共生活建筑两种功用的。古希腊建筑的艺术思想内容反映出古代人文主义的面貌，它特别明显地表现在与雅典奴隶主的民主制度繁荣时期（公元前5世纪）相联系的、所谓希腊建筑发展的古典时期中。在整个古希腊艺术的注意力的集中之处，蕴含着奴隶制国家的自由民的现实兴趣，他们的思想意识，他们的生活方式和需求，这些就决定了与自发的唯物主义世界观同时增强起来的现实主义倾向在这些艺术中所具有的意义。力求在建筑形式中表现建筑物的每一部分的意义的希腊建筑师们的思想的具体而形象的现实主义特征，光辉地表现在柱式系统的建立上，这是古希腊建筑的最重要的成就之一。主要的柱式是：严峻的、雄性的陶立安，秀丽的爱奥尼和精致的克林斯，它们的形式、比例和细部的区别都服务于思想任务。柱式的列柱（Колонада）成为古希腊建筑的基本要素了。它被用来给予公共建筑物和神庙以在视觉上和在空间上与周围的自然联系起来的、开朗的性格。列柱也应用在古希腊的住宅组合上，在它们最普通的类型中，卧室都集中在被列柱所围绕的内部院落的周围。

陶立安柱头

爱奥尼柱头

"双柱式"神庙（Храм в антах）是从民居的建筑格式中发展出来的希腊神庙的雏形，这是一种在纵向的墙的前端突出部分之间竖立两根柱子的建筑物，从这种格式，发展出了古希腊神庙建筑的主要格式，围柱式的（Периптер），即四周被列柱包围的长方形神庙。

除柱式系统之外，建筑物各部分和谐的统一性的建立，也是古典的古希腊建筑主要的成就，

克林斯柱头

它表现在建筑比例的运用的理论
与实践中。希腊人建立了建筑物
部分和部分间及部分和整体间的
和谐的适合于建筑物艺术思想内
容的相互关系，并决定了这种关
系的统一。

　　古希腊的建筑史可分为几个
重要时期：（一）上古时期（公
元前7世纪到公元前5世纪的前四
分之一），陶立安柱式在那时候
形成了，并建成了最早的围柱式
典型［在费尔姆（Ферм）的阿波
罗（Аполлон）神庙，在奥林比
亚（Олимпльл）的基拉（Гера）
神庙——这神庙最初是木造的，
等等］，同时也有了早期的爱奥
尼建筑［爱费斯（Эфес）的阿尔
基姆达（Артемда）神庙等等］。
（二）古典时期（公元前5—前4
世纪）——在战胜波斯帝国以后
的希腊极盛时期，这时期以雅典
的大规模的建设为标志；在这时

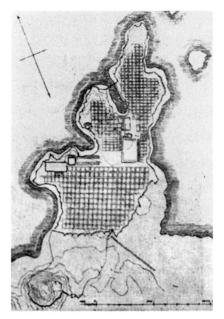

米列特城的平面

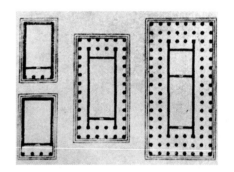

希腊庙宇的典型平面

期中雅典山城上的辉煌的建筑群被建造起来了，其中包括最完美的陶
立安围柱式典型——帕非农（Парфенон）和爱奥尼神庙——爱列克吉
宏（Эрехтейон）。在公元前479年改建了米列特城（милет），建筑师吉
帕达姆（Гиппэдом）发展了它的经验，在希腊城市彼列衣（Пирей）
和富立（Фурия）实现了以长方形网格的街道为基础的“规则的”
（Регулярный）平面设计。古希腊民居的样式在古典时期也得到了充分的发展。（三）希腊普化时期（公元前4世纪的末四分之一到公元前1世纪）——在马其顿的亚历山大进军之后，世界帝国的缔造、垮台和东方诸希腊普化帝国的建立时代，在这些帝国中，城邦自由民失去了自己的作用。在这时期的希腊建筑中开始有了浸透着东方装饰因素的痕迹。扩大着的社会阶级分化，导致了居住房屋样式差别的增加。另一方面，希腊建筑的因素也远远地渗透到了国境之外。在埃及、小亚细亚、叙利亚及其他国家，糅合了当地传统和希腊样式的具有强烈特性的建筑出现了；许多规则的平面设计的城市矗立起来了；柱式被应用到多柱的前廊（Портик）和周围柱廊（Перистиль）的建造上，并且柱式的组合变得更程式化了。

古希腊的建筑（如同所有古代的艺术一样）具有社会组织的痕迹：古代奴隶社会的民主制度仅仅是自由民的民主制度，和瑰丽的建筑物同时存在着又小又破的作坊监狱（Эртастерия），奴隶们就在其中工作。

虽然如此，饱含着现实主义精神的，建立了优秀的艺术技巧典范的古希腊建筑遗产，对以后全世界的建筑发展都表现出进步的影响。马克思主义的经典作家们对希腊艺术的意义给予了极高的评价。

古罗马建筑，起初在伊殊士干人（Этруск，公元前1000年初住在意大利的一个民族）的文化基础上形成起来。作为古希腊建筑的继承者，共和的与帝国的罗马给柱式系统和"规则的"城市设计带来了许多新东西，并改造了希腊民居的样式。庞大的奴隶主国家和它的巨大的城市的公共需要，比起古希腊来要复杂得多了，同时又由于巨量的财富集中在国家与贵族手中，所以引起了新的建筑物类型的产生，新的结构方法和新的材料的运用。"罗马混凝土"的出现，券拱结构和穹隆顶技术的完善与普遍应用，允许了建造大跨度的顶子，这为罗马建筑师敞开了建筑组合的前所未有的可能性。罗马营造师的工程技术的高度水平表现在各种不同类型的复杂建筑物上：地面上的输水道，是雄伟的上面敷设着自来水渠的连续券，宏大的半圆剧场和马戏场［可容5万观众的科里齐（Колитей）斗兽场，公元1世纪］，戏院［马尔茨拉（Марцелла）戏

雅典的帕非农神庙（公元前447—前432）

比斯东的波赛顿神庙（公元前6世纪）

雅典的埃列克基宏神庙（公元前421—前406）

罗马的潘泰翁庙（2世纪）

罗马的科里齐斗兽场（1世纪）

院，公元前1世纪末］，具有许多被拱顶覆盖着的宽敞的大厅的其尔姆［公共浴室和运动中心，如卡立卡拉其尔姆（Термакаракалы），公元3世纪的前四分之一］，罢齐理卡［用十字相交拱的马克辛奇罢齐理卡（Базилика Максенция），4世纪］，穹隆顶的神庙［潘泰翁（Пантеон），2世纪的前四分之一］，许多凯旋门［罗马城内有：梯达（Тита）、西维拉（Севера）、康士坦丁（Константин）等凯旋门，都在1—4世纪；其他如在安康（Анкон）、比尼文多（Беневинто）等城的凯旋门］，皇帝的有花园的广阔宫殿［1世纪在巴拉丁的杜米先的宫殿（Дворец домициана на палатине），3世纪末4

罗马的梯达凯旋门

庞贝的住宅的内院（1世纪）

世纪初的戴克利新（Диоклитиан）的防御性宫殿］，以及其他许多东西。广场是建筑组合杰出的典型，它是政府的、宗教的、公用的建筑物在城市中心的组合［罗马纳广场（Хорум романум）、图拉扬广场

罗马纳广场（2世纪）

法国的加特桥式水道（2世纪）

（Форум траяна）等等］。内部装饰及处理受到特别的重视。罗马军事国家威力的思想，反映在帝国的雄伟的建筑物的强有力的、奢华的特征上，反映在巨大的柱式的柱子（Оордерная колонна）的普遍应用上，反映在个别建筑物和它的细部的过分夸张的巨大尺度上。深刻的阶级矛盾，腐烂着的奴隶制社会，导致居住建筑范围内的尖锐的对比。与富豪们的华丽的别墅与宫殿的营造及周围廊式的住宅发达的同时，在罗马生长着整区整区的穷人居住的贫民窟。罗马建筑的遗迹不是仅仅保存在本城里，而是在帝国的所有省份里都有［法国的加特桥式水道（Гардскиймост-акведук）、叙利亚的巴阿立比克（Баальбек）的庞大的神庙群等等］。在殖民地按"规则的"设计建造了许多大城市：梯姆加特（Тимгад）、巴立其拉（Пальтира）等等（2—3世纪），在这些城市中出现了周围有雄丽的列柱的街道。罗马的建筑在其最优良的作品中得到最大的表现能力和技术上的完美之后，就经常趋向于装腔作势的热情和肤浅的、单纯外表的效果。集仿主义的痕迹和罗马建筑衰落的其他征象，远在罗马帝国颠覆之前就表现出来了，这意味着奴隶制度的完结，接它而来的是新的社会结构——封建制度。

和新社会关系在旧社会内部生长的同时，在罗马帝国就造起初期基督教的建筑来了，开始改造并发展旧的建筑物类型并把它运用到新的需要上来。

封建社会的建筑艺术产生了极具特征的建筑类型。大封建主的防御性田庄和城市里封建贵族的宫殿，尖锐地和农民手工业者和小商人的简陋的住宅相区别。在封建社会里，宗教是思想意识中的统治方面，而教会则是"存在着的封建制度的最高综揽者与权威"（恩格斯：《德国农民战争》）。因此，宗教建筑在这时期的建筑中具有最突出的意义：在西欧有教堂、教会、修道院，在奇异的回教东方有清真寺、回教塔等等。在早期封建主义时期陷于衰落的城市与城市文化，从12世纪起又开始发展了。

君士坦丁堡的索菲亚教堂的内部（532—537）

　　封建制度的建筑的早期名迹——有大跨度的穹隆和拱顶以及箭镞形发券的宫殿，在萨珊尼得（Сасанид）的波斯国家里（3—6世纪）建造起来。

　　拜占庭建筑是建筑发展的重要阶段。在东罗马帝国的首都——君士坦丁堡，为了加强新国家的威信和宣扬国家宗教——即基督教——修建了巨大的工程：神庙、宫殿、城堡等等。拜占庭建筑在公元6世纪尤斯金尼挨（Юстиниан）时达到繁荣的顶点。精通过去建筑遗产的拜占庭建筑师们使穹隆顶建筑物的建造技术更加完善了，并在雄丽的教堂建筑

中建立了雄伟独特的建筑风格，
这些教堂中最大的是在君士坦
丁堡的索菲亚（София）教堂，
这教堂被31.4公尺跨度的穹隆顶
覆盖着［建筑师为特拉尔的安
费米（Анфимий из тралл）和
米利特的依西都尔（Исидо из
милито）］。小亚细亚、叙利亚
等地的东方建筑遗产的加工改
造，在拜占庭建筑中起着重大的
作用。在柱子上的连续券（券
脚立在柱头的垫石上）得到发
展。8世纪时，可能是在高加索
式样的基础上，产生了十字形平

拉未纳的圣味大立教堂内部（526—547）

面穹隆顶（Крестово-купольный）的神庙形制，并获得很大的传播。在
意大利也建有拜占庭建筑的名迹：拉未纳（Равенна）的圣味大立（Сан-
витле）和6世纪的其他的教堂。

  南斯拉夫诸国家的建筑 在第一保加利亚王朝（679—1018）时期很
多建筑物在首都普利斯克（Плиска）建造起来了（大大小小的宫殿，罢
齐理卡等）。第二保加利亚王朝（1185—1396）有独特的建筑作品，可以
作为例子的是在米西姆夫里（Миссемврия）的圣伊凡（св. Иван）教堂，
这雄伟的石建筑物在自己的结构与装饰手法上，显露出和巴尔干半岛的
其他斯拉夫民族的建筑及俄罗斯建筑的亲密的血缘关系。而较晚的保加
利亚木建筑的形象则更接近于俄罗斯的、乌克兰的和其他斯拉夫民族的
木建筑［哥普里夫奇（Копривштиц）、普洛夫奇夫（Пловдив）、得尔诺
夫（Тырново）等城市的住宅］。在由于优越的位置而发达起来的商业城
市大尔马奇（Дармаций）建造起许多有趣的建筑物：在柴达尔的圣多那
打教堂（св. Доната в задре）等等。大尔马奇建筑形式对早期威尼斯文艺

大马士革的奥玛达清真寺的宫廷（703）

卡尔多夫的清真寺的内部（785）

格朗纳德的阿里加巴尔宫（13—14世纪）

复兴建筑有重大的影响。

在封建的近东国家里。当7世纪时，在阿剌伯侵占的区域内形成了民居、神庙和宫殿的独特的模式，在建筑的外貌和形式上（马蹄形券、丰富的装饰雕刻、壁龛、穹隆等等），反映出这些国家的民族文化的特点与回教崇拜的影响［清真寺、坟墓、宫殿、大马士革的旅舍、耶路撒冷、开罗（Каир）、比路打（Бейруд）等地的行商客栈］。这个时期中在西班牙建造了有独特

特征的建筑［所谓马夫里打士基建筑（Мавританская А.）：在卡尔多夫（Кордов）的清真寺，8—10世纪；在格朗纳德（Гранад）的阿里加巴尔宫（Альгамбр），13—14世纪；等等］。

东亚与南亚诸民族的建筑既大而又有深刻的特性。

印度在公元前1000年就产生了佛教与婆罗门教的宗教建筑物的独特的形式：斯堵波（Ступа）［庞大的半球，在它的顶上有存放遗物处，例如：在沙基（Санчи）的斯堵波］；崖洞里的和平地上的神庙［查杰稚（Чайтья）——椭圆形建筑物，内部被两排柱子分开，有船底形的顶子；维哈拉（Вихара）——修道院；到以后又有高的塔形神庙——什克哈拉（Шикхара）和味马那（Вимана）——有顶子和层层收缩的台基］。巨大的建筑群也建造起来了。印度建筑以构图的丰富，饱满的形式，雕刻、装饰的非凡丰富为其特征［尤其是从12世纪到13世纪；约公元1000年左右在卡殊拉何（Каджурахо）的神庙，14世纪在马照尔（Маджор）的神庙，等等］。

在印度尼西亚建造了与印度建筑相接近的精彩的名迹。其中最大的

印度沙基的斯堵波（公元前3—前1世纪）

印度阿占达地方的一个崖窟庙的入口（约 550）

印度的卡殊拉何的神庙（约950—1050）

北京故宫太和殿（15世纪）

是爪哇（Ява）岛上的波罗布度尔（Боробудура）地方的大斯堵波。

　　中国建筑除宗教的及宫殿建筑之外，还修造了最大的防御工程（长城，初建于公元前3世纪）、桥梁和道路。雄伟的建筑的主要类型为：表彰用的门（所谓牌楼），是为纪念重大的事件而修建的；塔（宗教用的建筑物），是由许多有屋檐的相同层次重叠而成的（如嵩山嵩岳寺塔）；神庙。在世俗的建筑中皇宫有重大的意义，皇宫由许多通常是对称地放在高高的、逐层收缩的、被富丽的石栏杆所环绕的台基上的建筑物组成。宫殿建筑的卓越典型是北京的故宫（15世纪）。中国建筑师能巧妙地利用自然地形并且常常巧妙地创造地形。中国花园中精心地处理过的不规则地散置着的水池、拱桥、人造的山洞、假山、亭子、如画的树丛和草地，对那种18世纪时流行于欧洲的所谓英国式庭园风格的形成有极大的影响。中国民间的木建筑也有无上的趣味，以独特的特征和极高的艺术完整性而出类拔萃。

中国的长城

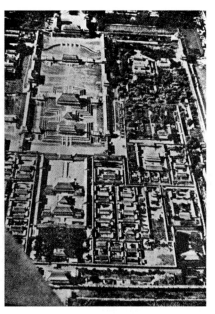

北京故宫

中国河南登封县嵩岳寺塔（523）

西欧诸国的封建制度（10—11世纪形成的）决定了特殊的民用与宗教建筑类型的出现：有坚固的墙垣和碉堡的城寨；市政厅（也有碉堡）、城市、教堂、修道院或僧院。

正当10—11世纪封建分裂的时期在各个欧洲国家里，在地方条件的基础上形成了特殊的所谓罗蔓（Романский стиль）建筑，在它的形成过程中利用了后期罗马的营造传统和早期基督教及拜占庭建筑的成就，也利用了巴尔干半岛上的斯拉夫民族的建

法国克留尼城修道院的旧礼拜寺（修复的西面）

吉利其斯吉姆的米哈依尔教堂内部（约1180）

筑成就（尤其是早期保加利亚的建筑成就）。外高加索诸民族的建筑风格对罗蔓建筑的形成有巨大的影响：在阿尔美尼亚与格鲁吉亚首先形成了在中欧与西欧大大普及的神庙建筑的主要类型与手法，阿尔美尼亚的营造家，很早就因他们对石建筑的精通而经常被聘请到欧洲诸国去，这件事产生了尽人皆知的作用。

罗蔓建筑的最大派别，在法兰西为：伯根第（Бургундская）、亚克维达（Аквитанская）和诺曼第（Нормандская）［克留尼（Клюнь）僧院的教堂、在卡尼（Кань）的圣斯蒂芬教堂（св. Сефана）、都鲁兹（Тулуз）的圣西尔宁（Сен-сернен）教堂］。在日耳曼，撒克逊（Саксонский）学派建造了巨大的罗蔓建筑物［吉利其斯吉姆（Гильдесчейм）的米哈依尔（Михаил）和哥其哈尔达（Годехард）教堂］。在意大利建造了大量的、多种多样的罗蔓建筑物。其中最大的是：比萨（Пиза）的大教堂、佛罗棱斯的圣米尼亚托（Сан-Миниато）教堂。被柱式的连续券包围着的封

比萨大教堂

爱敏教堂的构架与平面（1218）

闭的院子是罗蔓修道院的特征。拱顶建筑物和券，最初是沉重而臃肿的，随后就全变得轻巧了。随着城市居民的增加，这些教堂的内部就愈来愈宽敞，愈来愈高了。

　　11世纪末至12世纪初在法兰西形成了新的风格——高直风格——的因素，高直风格发展成为中古西欧的最大的建筑系统。营造家运用新的

里姆斯教堂的内部（1210—1241）

结构方法——通过飞墩把拱顶的横向推力传到立在建筑物外面的墩子上去——获得了覆盖大跨度的可能性，并极度地减轻了建筑物的墙垣。中古建筑师建立了各式各样的高耸的构图，以无比的智慧在高直教堂建筑中表现了向上飞升、"超脱"尘世的幻觉，这符合于封建国家和教会以宗教的观念从精神上影响群众的要求。恩格斯说"希腊建筑表现了明朗和愉快的情绪，回教建筑——忧郁，高直建筑——神圣的忘我；希腊的建筑如灿烂的、阳光照耀的白昼，回

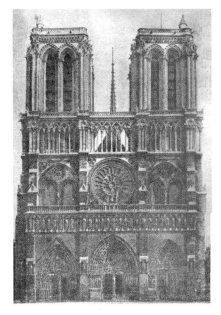

巴黎圣母院西立面（1215—1235）

乌尔姆教堂（14世纪）

各个历史时期中建筑的发展　　**123**

弗罗棱斯的圣玛丽亚教堂穹隆顶（1420—1436）

弗罗棱斯的教养院（建筑师伯鲁尼列斯基，1421）

教建筑如星光闪烁的黄昏，高直建筑则像是朝霞"（《马恩全集》二卷，63页）。高直建筑建立了装饰细部的丰富的武库，其中表现出石头加工的高度技巧。最好的高直作品以其特有的现实主义的面貌为其特征，尤其是描述生活舞台和历史事件的各种雕刻。高直教堂的卓越名迹于12—14世纪建造在法兰西［巴黎的圣母院（Нотр-дам）和圣沙皮里（Сен-шапель）、沙尔特尔（Шартр）、里姆斯（Реймс）、爱敏（Амьене）等地的教堂和圣金（Сен-день）修道院的教堂等等］。高直风格在这时期也成为其他西欧国家的主导风格，如在日耳曼［科伦（кёльн）、乌尔姆（Ульм）等地的教堂、英吉利［林肯（Линкольн）教堂］、意大利［米兰（Милан）教堂等］，而且在每一个国家里，高直风格都获得了民族的特征，在建筑上表现出一系列的形式和手法的地方特性。

意大利的文艺复兴建筑　意大利西部城市经济的高涨，在14世纪末产生了新的力量——发动对封建制度及其意识形态的抗争的资产阶级。城市资产阶级在精神上和俗务上对封建主义的战斗标志着文艺复兴的开始。照恩格斯的说法，文艺复兴是"人类所经历过的最壮丽的进步的变革"（《马恩全集》，十四卷，476页）。人文主义运动是这场战斗的思想武器，它依靠着被复活了的古代文化遗产，宣布了在发展着的资本主义关系范围内的人性自由，人性摆脱封建权力和教会束缚而独立，以此来破坏中世纪宗教、道德与权力的形式。新建筑的探索浸透了在新基础上"复活"古代的形式与原则的努力。这个过程很容易完成，因为古代罗马的传统并没有在意大利的建筑上中断过。

早期文艺复兴（1419—15世纪末）的中心是意大利西部的城市和托斯干（Тоскан）的城市。在这些城市中，弗罗棱斯担任着最先进的角色。这时期出现的进步的建筑类型，不再是封建主和大主教的坚固堡垒，而是城市中富有居民的住宅和郊区的别墅，以及各种公共的与行政的建筑物——市政厅、医院、学校和宗教的建筑。它们的形式与结构和高直的不同了。伯鲁尼列斯基（Брунеллески）掀起了文艺复兴的开端，他以穹隆顶（1420—1436）赢得了弗罗棱斯的圣玛丽亚

乌尔比诺的宫院（建筑师鲁克洋，1468）

罗马梵蒂冈的大马士革式宫廷（建筑师伯拉孟得，1514）

弗罗棱斯的未基阿府邸（1298—1314）　　弗罗棱斯的米第奇府邸（建筑师米开罗
　　　　　　　　　　　　　　　　　　佐，1444—1460）

弗罗棱斯的潘道非尼府邸（1517）

（Санта-Мария）教堂的设计竞
赛，但在那穹隆顶上仍然有高直
传统的痕迹。他建造了圣劳伦佐
（Сан-Лоренцо）和圣斯普里多
（Сан-Спирито）教堂以及派齐
（Пацци）礼拜堂，它们那开朗而
生动活泼的形式，明显地表现出
弗罗棱斯人文主义者的意图。伯
鲁尼列斯基也创造了公共建筑的
新类型，他盖了一所教养院，采
用了在柱子上做连续券的结构方
法，这种方法在文艺复兴中得到
很大的发展。米第奇·吕卡尔得
（Медичи-Риккарди）的府邸［建
筑师米开罗佐（Микелоццо）］
是弗罗棱斯大资产阶级宫院的典
型。虽然还有若干高直的特征，
但它的立面仍旧是新的建筑形
式；它那被连续券廊所包围的院
子是早期文艺复兴风格建筑的特
征。当时的大理论家建筑师阿尔
伯第（Л. Б. Альберти）在1446
年开始建造鲁奇兰（Ручеллай）
的府邸。它的被柱式的倚柱和水
平的线脚所分割的立面，是后来
一系列宫院立面的典范。阿尔伯
第和他的追随者创造了明朗的、
和谐的构图，截然区别于高直

罗马圣彼得大教堂及柱廊（建筑师伯拉孟得、米盖朗
琪罗、伯尔尼尼，16—17世纪）

罗马卡比多广场上的市政厅（建筑师米盖朗琪罗，
1546）

罗马捷也苏教堂（建筑师维尼奥拉，1568—1584）

的紊乱的复杂性。在乌尔比诺（Урбино）的宫院［1468年建筑师达尔马奇人鲁克洋（Лукоян）建造］对进入到高级文艺复兴期建筑有重大的意义，它的被连续券廊包围着的院子距离中世纪的高直建筑形式更远了。

15世纪末到16世纪初，和意大利西部商业城市没落与教皇国家兴起的同时，建筑事业的中心转移到了罗马城。教皇政权利用在15世纪形成的人文主义的文化艺术来提高自己的统治。高级文艺复兴时期（16世纪前半）的大建筑师伯拉孟得（Д. Браманте）在罗马盖了一所叫德皮依多（Темпьетто）的小教堂和梵蒂冈（Ватикан）华丽的宫殿。稍后又设计了宏大的圣彼得（св. Петр）教堂，他没有来得及亲自把它造起来，按他的设计进行施工的后继者是拉斐尔（Рафаэль），他也曾建造过新式的宫院和别墅［如：马达马（Мадама）别墅、潘道菲尼（Пандольфини）府邸等等］。

16世纪的第二个四分之一，由于世界商业路线改变及外国的侵略所引起的意大利城市共和国政治和经济的危机与解体，也都表现到艺术上面来了。米开朗琪罗（Микельанджело）的创作对后期文艺复兴（16世纪后半）建筑的形成有无上的意义。他是在与教皇影响的束缚做斗争中成长起来的。米开朗琪罗从古典规范中大踏步走出来，并创造了造型富有感情的、力量和动态十分紧张的新的形式——圣彼得教堂的设计（接近于伯拉孟得的意向，但有新的见解，在他之前，教堂已造到圆顶，这圆顶后来照他的图样造成）、罗马市政厅等等。米开朗琪罗的创造奠定了新建筑发展的道路。但新建筑已经有了全然不同的思想基础。米开朗琪罗的一个门徒维尼奥拉（Виньола）在罗马造了一个捷也苏（Джезу）教堂，在建筑上，它明显地表现出从人文主义思想退却而转向天主教的反动，但在他的民用建筑里［卡普拉洛拉（Капрарола）的别墅，教皇尤利亚三世（Юлия Ⅲ）的别墅］，维尼奥拉仍继续发展着文艺复兴建筑的古典原则。他所写的论文《五种建筑柱式典范》在以后传播很广。在这同时，意大利西部的建筑师与理论家伯拉第奥（А. Палладио）和他的

维清寨的洛东达别墅（建筑师帕拉第奥，1550—1553）

布拉格的卡尔洛瓦桥及火药塔

法国罗亚尔—舍尔省的香艳堡垒（1523—1533）

学派继续发展着严格的古典形式与构图，给予城市宫院与郊区别墅以装腔作势的、威风凛凛的华丽的外衣〔洛东达（Ротоида）别墅、克依里卡第（Кьерикати）府邸等等〕。帕拉第奥写过一本关于建筑的论文（"论建筑之四书"），总结了晚期文艺复兴的成就，建立了一套建筑构图的标准布置，他的书对以后时期中的建筑实践起了极大的影响。

意大利文艺建筑典型的肯定生活的特征、古典构图方法与形式的创造性的改造、新的进步的营造术、各种艺术的综合的广阔的发展，这些都是文艺复兴时期建筑的成就。

在欧洲诸斯拉夫国家中首先是捷克、波兰、大尔马奇的建筑有深刻的独特的根子，在这基础上改造并克服了中世纪高直形式的传统，并制定了民用建筑的新类型。文艺复兴时期的建筑名迹，在斯拉夫国家中展开了在这些国家的民族传统基础上形成新建筑语言的复杂过程。特别富有名迹的城市为：布拉格（Плаг，捷克）、克拉可夫（Краков，波兰）、杜波罗夫尼克（Добловник，大尔马奇）和什比尼克（Шибеник，大尔马奇）等等。在长时期的过程中，具有自己深刻的特征的布拉格——欧洲最美丽的城市之一——的城市建筑群形成了，它包括优秀

克拉可夫的市场、市政厅塔楼与布市

马德里附近的爱斯可里阿尔城堡（建筑师爱里拉，1563—1584）

的中世纪城堡式建筑的典型［布拉格克里姆林——格拉得昌内（Градчаньк）、驰名的塔楼——卡尔洛瓦桥（Карлова）、波罗何瓦桥（Порохозая）等等］、高直的宗教建筑［圣维达（св. Вита）教堂等等］，最后，还有保存着光辉的民族特色的捷克文艺复兴和巴洛克（Барокко）的建筑物。克拉可夫的建筑群也具有卓越的价值，它铭记了15—17世纪波兰民族建筑的繁荣。

16世纪西班牙建筑有独特的民族特征，在那儿文艺复兴文化紧跟着国家统一和广袤的西班牙帝国的建立过程。文艺复兴在这儿没有足够深刻的社会根基，因为人文主义思想的传布，被天主教会有力的枷锁和宗教裁判所的恐怖束缚住了。当地民族艺术的传统和形式跟意大利文艺复兴建筑成就相结合，而在这里创立了自成一家的形式［在布尔奇斯的卡沙·吉·米拉得（Kaca де мираде в Бургесе）, 在多里多的阿里克沙拉（Алькасар в Тоедо），等等］。西班牙专制政体的最大的、最雄伟的建筑物，是在格拉那得（Гранад）的卡尔拉第五（Карла V）的宫殿，和马德里附近的巨大的爱斯可里阿尔（Эскориар）城堡［建筑师赫·爱里拉（X. Эррера）］。

在法国，建筑活动的复兴发生于政权集中和帝制专政形成之前。文艺复兴时期法兰西的封建田庄失去了防御性寨堡的特征而转变为田园式的离宫别馆，因此，遗留下来的岗哨塔楼、防御性围墙、炮楼等等就只具有装饰的意义了。在城市里形成了"奥齐尔"（отель）建筑类型，这是贵族和资产阶级在城市里的府邸。在法国的文艺复兴建筑发展中，作为封建时期所有法国建筑特征的民族的高直传统表现出相对的稳定性来。

在英吉利的建筑中，16世纪是高直建筑的晚期［所谓丢特尔式（Тюдоровский стиль）］；古典"复活"的思想在这里到17—18世纪才有回响。17世纪英吉利古典主义最重要的作品是大宴会厅（Банкетная Палата）［建筑师伊尼优·詹斯（Нниго Джонс）］和伦敦的圣保罗教堂（св. Павла）［建筑师克里斯多菲尔·林（Кристофер Рен）］。

16世纪后半叶，意大利封建贵族和教皇政权对人民群众与资产阶级的勃兴在思想意义上和政治上的进攻也表现在建筑上，建筑的主要题材和目的也不再是行政宫殿、医院和其他公共建筑物，而变成为郊区的花园宫殿和宗教建筑物了。文艺复兴时期人文主义的理想和形式，被"与世俗的罪恶做斗争"的天主教会所培养出来的宗教思想与概念从艺术中排挤出去了。另一方面，统治阶级力图使艺术服务于新的中央集权国家的形成，取消中世纪城市分散的存在。

在艺术中存在着这种互相矛盾的原则的对立，在这种对立中，进步的政治思想和现实主义力量对宗教和神秘主义的逆流做着斗争，并且常常和它奇异地错综交织着，这种进步的政治思想和现实主义力量产生了在后来得名为"巴洛克"的风格。在建筑中，古典的组合，它的均衡、对称、比例和分划的简朴与精确，形式的严格的逻辑的一贯性，和

罗马的圣安得烈教堂的立面（建筑师伯尔尼尼，1678）

罗马的圣卡尔教堂（建筑师波罗米尼，1638—1667）

建筑物的视觉上的轻巧等等规律，一股脑儿被建筑形象的过分造作和装饰的繁冗、太多的细部、尖锐的对比、强烈的尺度效果、"巨柱式"的普遍应用、出奇制胜的透视组合、色彩和光线的效果等等取而代之了。"与世俗的罪恶做斗争"的教会，力图运用这些艺术手法来达到颂扬自己的权力和强加影响于人民群众的意识之中的目的。除了雄伟的宗教建筑——教堂和修道院——外，世俗建筑物的复杂的组合群也得到广泛的发展：被花园包围着的宫殿、气魄宏伟的城市广场等。

在意大利最典型的巴洛克建筑名迹建造在罗马，17世纪时这种风格的代表者里·伯尔尼尼 [Л. Бернини，圣彼得教堂的柱廊、圣安得烈（Сант-Андреа）教堂的作者] 和佛·波罗米尼 [Ф. Борромини，圣卡尔（Сан-Карло）教堂、巴尔皮里尼（Барберини）府第等的作者] 在那里工作过，在意大利北部的城市中也有巴洛克建筑名迹 [都灵的卡林雅诺府第（Палаццо Кариньяно в Турине），建筑师格·格瓦里尼

都灵的卡林雅诺府第（建筑师格瓦里尼，1680）

都灵的斯都平尼几寨堡（建筑师尤伐拉，1729—1755）

（Г. Гварини）；同地的斯都平尼几寨堡（Замок Ступиниджи），建筑师弗·尤伐拉（Ф. Ювара）〕。

在日耳曼、奥地利、波兰、捷克、荷兰的建筑，反映出这些国家中的每一个社会的历史发展的特点，建立了建筑物类型和结构方法的巨大的多样性。在这基础上于17—18世纪形成了民族的建筑风格。由于上面描述过的构图和造型手法的显著共同性，而于一定程度上可归入"巴洛克"的概念之内。

凡尔赛宫（建筑师列伏、曼沙尔、立那特尔，1668）

17世纪的法兰西建筑，在解决中央集权的专制国家所提出的任务时，饱含着理性主义和力求严格的几何形图样和平面的意图，因而逐渐地导向古典主义。新风格的典型为大的宫廷建筑群〔凡尔赛（Версаль）和它的"规则的"花园，建筑师里·列伏（Л. Лево）、日·阿·曼沙尔（Ж. А. Мансар）、阿·立那特尔（А. Ленатр）等〕，个别的大建筑物〔鲁佛尔宫（Лувр）的东立面，建筑师克·比洛（К. Перро）等〕，几何地精确的巴黎的广场〔胜利广场、梵顿姆（Вандом）广场，两者的建筑师为曼沙尔〕，等等。

凡尔赛宫的中部

巴黎鲁佛尔宫东立面（建筑师比洛，1667—1674）

17世纪末开始的专制政体的没落，导致了和它相联系的风格的衰败。贵族思想意识所宣传的，为体现国家"理性"

巴黎梵顿姆广场（建筑师曼沙尔，1685—1708）

柏林的宪兵广场上的剧院（1818—1821）

巴黎的圣秀利皮斯的立面（建筑师西凡道尼，1731）

巴黎的潘泰翁（建筑师苏夫洛，1755—1789）

的君主尽忠的思想，让位给轻松的、无忧无虑地在沙龙里打发时间的生活哲学。这时期（18世纪初）形成了虚饰的、装潢过分的"洛可可"（Рококо）风格，这风格的特征是建筑形象的堕落［巴黎的苏比士（Субиз）豪富住宅等等］。这种风格在建筑中比较短暂的统治之后，大部分的西欧国家面临着新的、深刻的资产阶级力量所控制的急转弯。在法国资产阶级革命以前的年代里，在法国，以及稍后在英国、日耳曼等其他国家里的统治潮流是古典主义。上升着的资产阶级把古代的艺术理想和颓废的贵族艺术相比较，就企图在古典的古代的"全人类的""永恒的"形式中减轻资产阶级趣味和内容的局限性。在公共建筑物和宗教建筑物中出现了严肃的、庄重的前廊，雄伟的列柱，敞柱廊（Лоджия），精密的半球圆顶［在巴黎：圣秀利皮斯（Сен-Сюлинис）教堂，建筑师西凡道尼（Д. Н. Сервандони）；什尼维维（Женевьевы）教堂；以后——潘泰翁（Пантеон），建筑师苏夫洛（Ж. Суфло）；奥

凡尔赛的小特里阿农（建筑师加伯里洛，1762—1764）

奇翁（Одеон）戏院，建筑师日·比尔和什·基伐龙（Ж. Пелхр，Ш. девалон）；等等〕。18世纪中叶在巴黎建造了索格拉西（Согласие）广场建筑群，这是首都露天广场的新类型，它被平行的街道所贯穿。宫殿建筑物按照资产阶级府第的样子建造起来〔凡尔赛的小特里阿农（Малый Трианон），建筑师日·加伯里洛（Ж. Габриель）〕。18世纪担任着一定的进步角色的古典主义（制定了城市建筑群的新式样和资产阶级居住建筑的新式样，并抛弃了洛可可装饰的冗脂余粉），这时候很大程度地披上了不合身的外衣。古典的、新的、"复兴"的技艺上的特点，特别明显地表现在19世纪初古典主义发展的晚期中〔所谓帝国式（Ампир）风格〕。这时期只把古代的、主要是罗马的、建筑手法的表面的、装门面的方面提到第一位，用来颂扬拿破仑帝国的军事力量：模仿罗马的凯旋门、柱子、军事标志以及埃及的牌楼、方尖石碑等等的雄厚的特别强调威严的形式。同时，在新贵族和日进万金的资产阶级的宫廷装饰中则混合着各种牛唇不对马嘴的风格。

资本主义社会在19世纪的进一步发展，导致了建筑的衰败，城市混乱的扩建和土地与房产的私有，在资本主义竞争变本加厉的情况下，危害性地影响了城市设计的发展，并使整体性的建筑群的建设变成不可能。市中心的"老爷"区和城市郊区劳动人民的贫民窟之间的矛盾，在19世纪下半叶和20世纪前半叶在所有资本主义国家，尤其是在美国随着大城市成长的规模而变得更尖锐起来了。这时期缺乏崇高社会理想的资产阶级建筑的特征是思想艺术内容的贫乏，造型原则的败坏和缺损，与人民创造性的完全脱离。形形色色的集仿主义的抄袭，占据了完整的建筑风格的地位。19世纪末到20世纪初的建筑潮流，趋向于建立"新颖的""现代化的"风格，产生了思想上和艺术上都空空如也的"摩登主义"在资本主义城市发展过程中形成的建筑物新类型（多层的牟利的大厦、银行和商业建筑物、车站、商场、百货店、工业建筑物等等），在建筑面前提出了许多复杂的任务。钢筋混凝土、钢架、新的施工方法和新的建筑材料在建设实践中的使用，导致了营造学的技术可能性的扩充。但资产阶级艺术，遭受了与腐朽着的资本主义制度下一切艺术同样的命运，不能够以创造性地改造与运用这些新技术的有力手段，去建立有艺术价值的建筑形象。从作为结构主义的基础的赤身露体的结构出发，尝试建立"新颖的"建筑，只能反映出帝国主义时期资产阶级建筑思想上的彻底祸害性，这时期建筑的衰颓非常尖锐地暴露出来了。五花八门的形式主义潮流，矢口否认建筑物的艺术任务（功能主义）以及最粗野的集仿，是阶级对立社会中建筑发展的最后阶段的特征。功能主义和结构主义都清清楚楚地表现出资产阶级文化崩溃和衰败的过程。在现代资本主义社会条件下，无论是在城市的规划或扩建方面，大量居住和公共建筑物的营造方面，或是在新的艺术形象的建立方面，以现代的建筑来解决主要的生活问题已经是不可能的了。

只有在实现了社会主义革命的俄罗斯，才为建筑的发展创立了完全新的、社会的和思想艺术的基础，开辟了建筑创造的、新的、前所未有的繁荣的纪元。建筑创造摆脱了资本主义奴隶制的羁绊而自由

巴黎苏伸兹大厦的椭圆客厅（1738—1740）

一个北美洲大都市的混乱建筑

了，并倚靠着社会主义社会经济的、思想艺术的和技术的无限可能性。

第二次世界大战之后，欧洲和亚洲的许多国家建立了新的国家制度——人民民主制度，并开始走上了社会主义建设的道路，在这些国家里开始了毅然决然地肃清帝国主义时代建筑的堕落性影响的过程。在动手为广大的人民群众的利益而重建自己的城市和乡村时，这些国家都遵循着苏联的社会主义城市建设的丰富经验。华沙、伏洛其拉夫（Вроцлав，波兰大城）、布拉格、布达佩斯、索菲亚、布加勒斯特、地拉那和其他波兰、捷克、匈牙利、保加利亚、罗马尼亚、阿尔巴尼亚等国城市的恢复和建设工作，已经以极快的速度实现了。工人阶级的乡村和城市被扩建了，并建立了新的（保加利亚的季米特洛夫城等等）。为人民而建设的巨大任务，破天荒地第一次提到中国建筑的面前。在多方面的建设事业中，这些国家形成了自己新的建筑的基础——形式是民族的，内容是社会主义的。

苏联各民族的建筑

在我们祖国辽阔的土地上，居住着许多早在最古的时候就已经达到了文化发展很高阶段的民族，在数千年的时间中，建造了许多有辉煌的艺术价值的建筑作品。高加索诸民族建造了卓越的、具有深刻特性的不朽的作品，它的建筑的源泉可以一直追溯到最古的文化上去。在封建时代，高加索和中亚各民族的建筑师们，在许多方面超过了西欧封建国家建筑的发展。俄罗斯民族的建筑有伟大的世界性意义，在数千年过程中的每一个发展阶段上，都建造了杰出的雄伟的建筑物，这就证明了俄罗斯民族强大的创造力量。民族建筑的创造，灿烂的艺术成就丰富了乌克兰、白俄罗斯、拉脱维亚、立陶宛、爱沙尼亚、摩尔达维亚、卡列里-芬兰等社会主义自治共和国的建筑史。

苏联疆域内最古的国家乌拉尔都（Урарт，公元前1000）就已经有了极高的营造技术，乌拉尔都建筑中著名的是庙宇（刻在都尔-沙鲁金的萨艮的宫殿的浮雕中）、摩崖建筑［在梵（Ван）］、灌溉渠［梵附近的直到现在还利用着的米奴埃（Менуа）渠］、堡垒［梵附近的多普拉克·卡里（Топрак-кале），公元前8世纪］和宫殿［例如，埃里温（Ереван）附近的卡尔米尔·布鲁尔（Кармир-биуре）的宫殿（公元前8世纪到公元前6世纪之初，是乌拉尔都总督的防御良好的乡村堡垒的典型）］。

许多上古时代的建筑遗迹保存在俄罗斯的南部——在北普里契尔诺莫里亚（Причерноморья）及高加索。19世纪俄罗斯考古学家的发掘，和苏维埃考古学家在得尼泊罗夫斯克·布格斯克（Днепровско-Бугский）海湾的河口，在克里木（Крым）河流域，在塔曼（Таман），在顿河口等地的调查和发现，显示了在这些地方的从公元前7世纪到公元前6世纪初的上古的城市发展的图画，这些城市已经达到了文化、艺术、营造技术的高度水平。

在潘奇卡丕（Пантикапей）、番那高里（Фанатория）、奥尔维亚（Ольвия）、希尔沙尼斯（Харсанес）的建筑物中，除了古代艺术的一般特征外，还有当地部落创造力的影响痕迹。外高加索疆域内的古代遗迹——加尔尼（Гарни）神庙（埃里温附近，2世纪初）全部结构上和装饰上都具有地方特性的特征。

照古代历史家的证明，在1世纪时，阿尔明尼亚继承了乌拉尔都的建筑传统而建造了许多成熟了的建筑作品。阿尔明尼亚建筑的进一步形成，决定于基督教和封建关系的发展。在5—6世纪阿尔明尼亚的罢齐理卡的基础上，建造了这样的建筑，如在爱奇米阿得辛（Эчмиадзин）的里普西米（рипсиме，618）和加雅尼（Гаяне，630）的十字形穹隆顶的教堂，和集中式建筑物——奥姆巴得（Лмбата，7世纪）教堂和马斯打雷（Мастры，7世纪）教堂，以及以结构的大胆而令人惊叹的圆形的士伐尔特诺次（Звартноц，640—661）神庙，这神庙可作为10到13世纪阿尔明尼亚圆形神庙的先型。在这时期的民用建筑中应该提出得维那（Двина，6世纪）和爱奇米阿得辛（7世纪）的宫殿来。7世纪时阿尔明尼亚建筑的统一风格形成了，这风格立足于营造技术的先进成就上，以高度完美的形式和结构的空间处理为其特色。在阿剌伯的哈里发崩溃和自由独立的民族政权确立之后，从10世纪开始，阿尔明尼亚建筑的新生时期到来了。安尼（Ани）城堡变成了阿尔明尼亚的都城；建造了宫殿［巴格拉其道夫（Багратидов）宫殿，10世纪］，旅馆、堡垒［第格尼斯（Тигнисл），9至10世纪］，许多集中式的神庙［阿部加姆林茨（Абугамремси）教堂］和包括有优秀的僧院群的十字形穹隆顶的神庙［达其夫（Татев）教堂，9至10世纪，等等］。在12—14世纪，民用建筑获得了首要的意义并表现出对宗教建筑的有力影响。除了宫殿［在安尼的巴洛那（Парона）宫，12—13世纪，姆列尼（Мрена）宫，14世纪］、旅馆［在西里姆（Силиме）和索尔（Зope）］、桥梁（安尼）之外还建造了大量的学校、图书馆、书库、食堂和教堂的大门。聚集在修道院附近的民用建筑物使它们成为巨大的建筑群，如：沙那英（Санаин，10—13世纪）、阿罕帕提（Ахпат，10—13世纪）、高夏伐克（Гошаванк，10—13世纪）、诺拉伐克（Нораванк，13世纪）等等。15—18世纪时，阿尔明尼亚建筑的发展衰落了，建造起来的建筑物（多数是宗教的）常常只能重复旧的建筑形式。

　　建造于公元前1000年的格鲁吉亚古代遗迹——山洞城乌帕里斯·奇希（Уплисцихе）和巴格尼其（Багнети）的山城证明了高度的营造文化。波尔尼斯基·西翁（Болнисский сион）三通廊式的罢齐理卡（5世纪末）是早期基督教的作品。在第一个光辉的繁荣时期（6—7世纪），建造了古典的严格而和谐的杰作：母其次基民族的捷伐里（Мухетский джвари，6世纪末—7世纪初）——十字形穹隆顶式的庙宇，和有一个立在四个墩子上的穹隆顶的次罗其（Цроги，7世纪）。在巴那（Бана）乡村有着深刻的特征的圆形神庙（7世纪）在建筑上和结构上都是十分出色的杰作。第二个繁荣时期（10—13世纪）正是驱逐外国侵略者，和为把四分五裂的格鲁吉亚土邦，统一成一个统一的民族国家而斗争的时期。建造了多神坛的，有戴着圆顶的多边形的鼓座和帐篷顶的神庙［卡乌西（Каухи）教堂等］，以及后来的长方形的神庙。这种神庙以自己的沉重的，有高高的穹隆顶在中间的十字形形成了后来最流行的建筑形制。新形制的最重要的代表作是一些巨大的建筑物：在古大西（Кутаиси）的巴格拉大（Баграта，1003）教堂和斯维提·卓维里（Свети. цховели）的母其次基人的教堂（1010—1029）和在卡罕其（Кахетий）的阿拉维尔次基教堂（Алавердский，11世纪前半叶）。12世纪时有在吉拉提（Гелати）的卓越的僧院建筑群。除宗教建筑之外，这时期也建造了旅馆、医院、学校、宫殿（例如：古大西附近的吉古斯基（Гегутский）宫，12世纪）和雄伟的券桥。铁木耳的侵入（14世纪末）扼杀了格鲁吉亚建筑的发展。从16世纪开始，城寨和设防的堡垒的营造发展了，在这些营造中，格鲁吉亚的建筑师们表现出把建筑物和自然地形以及周围环境协调起来的巨大才能［例如：普沙末第（Пшавети）的城砦等］。封建主义后期杰出的建筑群（16—17世纪）是在安那奴里（Ананури）住人用的碉楼及神庙的城堡。

早在6—7世纪的建筑物中以已经表现出来的深刻地与众不同的特征为标志的阿塞拜疆建筑，在封建时期建造了一系列卓越的城堡建筑的典型——独特的墓塔类型和宫殿。12世纪时在那希奇伐尼（Нахичевани）建造了把纪念性和装饰的丰富性结合在一起的陵墓［莫米涅·哈都（Момине-хатун）和古赛尔的儿子约苏法（Юсуфа сына кусейира）的陵墓］。在因蒙古人侵入所引起的间歇之后，从14世纪起又开始了建筑的新高涨。在巴库有美丽的"基文-哈尼"（Диван хане），什尔文沙霍夫（Ширваншахов）宫殿建造起来了（15世纪）。16世纪时重新建造了冈乍（Ганджа）城和许多其他的城；建造了许多旅馆、陵墓等等。

中央亚细亚各民族的建筑有巴克特里（Бактрия）、沙格几安那（Согдиана）和强盛的花拉子模（Хорезмский）国文化的丰富传统。苏维埃考古学家所发掘的花拉子模城给恢复建筑物的古代式样供给了充分的材料，其中最具特征的是居住的城堡。同时也应指出别致的营造方法和结构的形成。这时期的艺术成就也是很重大的。在被阿剌伯征服的时期（8世纪），除了城堡建筑之外，宗教建筑也得到很大的意义。建筑物的主要种类有：清真寺，通常是穹隆顶的建筑物，有时增建敞开的四周被连续券围着的院子；高级宗教学校以及陵墓，照例，这些也都是穹隆顶的建筑物。中亚封建城市的样式很早就产生了，但直到11世纪才完全

符拉季米尔附近的尼尔里河岸的波克洛伐
教堂（12世纪）

莫斯科附近的科洛敏斯基村的伏兹尼谢尼
亚教堂（1532）

形成，这个样式反映了社会的阶级构成。它是由包括宫殿和行政建筑
的堡垒、城区和住着手工业者和农奴的郊区组成的。居住区域按照职
业的标志住着人，每区有自己的水池和清真寺。用没有装饰的砖所建
造的建筑物在10—12世纪时特别地发展起来。这时期的优秀的建筑典型
是：在布哈里（Бухаре）的沙马尼道夫（Саманидов）的墓（10世纪），
在这座墓身上运用了阿剌伯时期以前营造技术的全部卓越成就，和在
米尔夫（Мерво）的珊乍拉（Санджара）苏丹的墓（12世纪）。在乌士
金特（Узгент）（11—12世纪）、古涅-乌尔金其（Куня-ургенче）（12—
14世纪）、马撒里-什里夫（Мазари-шериф）（14世纪）等地的坟墓也是
十分有趣的。14世纪末，开始了沙马尔冈达（Самарканд）的巨大建筑
名迹的建造：皮皮-赫内（Биби-Ханый）清真寺、古尔-爱米尔（Гур-
эмир）墓和沙赫-依-辛达（Шах-и-зинд）墓群。15—17世纪有列吉斯坦

莫斯科的华西里·柏拉仁诺教堂（1555—1560）

（Регестан）的建筑群。在这些建筑物中大量应用了五彩的、闪光的、涂了釉的有浮雕的陶质板状表面覆盖物。16世纪时，在布哈里建造了许多有趣的建筑物。具有深刻特征的中亚建筑对所有回教国家建筑的发展都有着巨大的影响。中亚的奇特的、雄伟的建筑中主要的建筑物，通常是它的民族的建筑师和艺术家的杰作，这些卓越的技巧在新的基础上，在苏维埃建筑作品中被大量运用。

俄罗斯建筑在世界建筑遗产中占着重要的位置。数百年以来，俄罗斯民族建立了一系列的深刻地具有特征的建筑学派和系统，给予世界建筑宝库以光辉的民族建筑典型和巨大的贡献。

俄罗斯建筑的源泉可以追溯到古代住在俄罗斯领土南部、中部和西北部的斯拉夫民族的建筑。古俄罗斯艺术与建筑保留着许多偶像崇拜的宗教痕迹，以生命的欢悦，完全没有中世纪西方建筑所特具的忧郁为其特色。农民住宅的传统样式（以历经改变的面貌留给我们的），给我们以关于古代匠人的技巧的概念。其后又有木构的宗教建筑——10—12世纪俄罗斯北部古迹的教堂、坟场、钟塔证明俄罗斯木造建筑技术与艺术的高度成熟。封建的基辅俄罗斯是俄罗斯、乌克兰和白俄罗斯诸民族的摇篮，它从古代就以自己的城市闻名（外国人因此给它一个名字：城市的国家——Гардарика）。城市的众多，它们巨大的规模、设备、手工业和艺术的发达——所有这些也为建筑上民族传统的确立创立了基础。在古基辅——中古欧洲的以城市文化和设备高度水平而出色的巨大的文

莫斯科克里姆林

化、商业和政治的中心，在11世纪建造了卓越的建筑典型，其中最著名的是索菲亚（София）教堂。

　　这时候无论在拜占庭或是在西方都没有大量穹隆顶的神庙，但基辅的索菲亚教堂却有13个帽子。这些帽子照金字塔的样子叠置起来，形成了建筑物雄伟的轮廓，这建筑物是用来铭记国家的威势和独立的思想的。五通廊式的、十字形穹隆顶神庙的基辅索菲亚教堂的新见解，大概是从俄罗斯木建筑的传统中演变出来的［989年诺夫哥罗得（Новгород）城的第一个木建索菲亚教堂也有13个帽子］。精确的形体是11—12世纪诺夫哥罗得神庙的特征［索菲亚教堂，11世纪中叶；斯巴沙·尼列基茨（Спаса. Нередицы），12世纪；等等］。它们外表上的严肃简洁和绘满了壁画的内部的富丽相结合。和古基辅相同，诺夫哥罗得以城市设备的高度水平而出众：例如：在11世纪已经有了镶砌路面，而在封建的欧洲城市，第一个镶砌路面在12世纪末才出现（在巴黎）。在封建分裂时代（12—15世纪），除诺夫哥罗得之外，在普斯可夫、符拉季米尔、苏士达尔、波洛次克（Псков，Владимир，Суздл，Полоцк）及其他中心城市也形成了建筑的各具特征的风格。摆脱鞑靼人的统治，保持着自己的独立，并以骑兵勇士给鞑靼以致命打击的诺夫哥罗得，它的营造建设在13世纪末到14世纪初达到了新的繁荣［尼古拉·那·林普尼（Никола на липне）、弗道拉·斯托拉其拉达（Федора стратилата）、斯巴沙·那·伊林（Спаса на Ильине）等教堂］。

西北俄罗斯的另一个大中心普斯可夫的建筑，它的标志性的特征接近于诺夫哥罗得的建筑［12—14世纪的斯尼多哥尔斯基和米洛日斯基（Снетогорский и мирожский）修道院的建筑群］，它建造了雄伟的防御工程的组合——基金尼次（Детинец）。作为这时期典型的是普斯可夫的民用建筑，例如，16—17世纪的阔佬们的石造住宅［波冈金内（Поганкины）神学院、拉皮那（Лапина）大厦等］。

在符拉季米尔——苏士达尔公国盖起了卓越的建筑杰作：尼尔（Нерли）河岸的波克洛伐（Покрова）教堂，季米特里夫斯基（Дмитриевский）和乌斯平斯基（Успенский）教堂，等等，它们都在符拉季米尔，是12世纪的建筑物。符拉季米尔的建筑物都有神气十足的首都建设的特征。乌斯平斯基和季米特里夫斯基教堂从它们的规模、复杂的结构、丰富的造型加工等看来是莫斯科雄伟的神庙的直接先驱。外墙上的雕刻、小连续券的腰带等等是符拉季米尔庙宇优秀的特点。符拉季米尔的庙宇和民用建筑（其中包括黄金门），以及包各留波夫（Боголюбов）附近的宫殿群，是中世纪雄伟的建筑光辉的一页。

俄罗斯建筑的发展在13世纪时被蒙古人的侵入和鞑靼人的枷锁扼杀了，但到了15世纪又进入了新的高涨。其时，建设的中心转移到了莫斯科，这地方，"过去是而且将始终是在俄罗斯建立统一的国家的基础和倡导者"（斯大林在莫斯科八百年纪念时的祝词）。14—16世纪时建造了新的克里姆林——是防御工程（围墙和碉楼），现在苏维埃政权的驻节处，和以乌斯平斯基教堂为首的庙宇等雄伟的建筑群——是最伟大的建筑群之一，以非凡的力量和艺术的深刻性体现了民族独立和莫斯科公国的政治威力。16世纪初开始着手建造"伟大的伊凡"（Иван великий）钟塔（1600完工），这是多层的塔（80公尺高），是克里姆林建筑群的主要垂直轴线和全城最高的建筑物。1532年在莫斯科附近的科洛敏斯基（Коломенский）村里，建造了最美的俄罗斯建筑物之一——墩状的以高耸的石头的帐篷顶结束的伏兹尼谢尼亚（Вознесения）教堂。这种从俄罗斯木教堂的帐篷结构发展出来的完美的建筑形式，是莫斯科建筑的特征之一。1555—1560年间为纪念伊凡第四征服了喀山（Казань），在莫斯科红场上矗立起"城壕边上的庇护教堂"，以后又定名为华西里·柏拉仁诺（Василий Блаженный），这是俄罗斯建筑的天才纪念碑，建筑师为巴尔莫（Бармай）和波斯特尼克（Постник）。

15—16世纪间在莫斯科城成长和巩固时期所形成的莫斯科建筑的雄伟风格，到17世纪转变成新的，反映着新的社会阶层——商人的要求和口味的形式。教堂里出现了丰富地装饰着的门廊、阶台和其他部分，这些都是民用建筑的特征。使得教堂的轮廓变得奇形怪状复杂化了的结构，多层"头饰"（Кокошник）的采用，对绘画式效果的努力，教堂、官邸、塔等建筑物外表装饰的丰富性，等等，都是在17世纪发展起来的，有强大的绝对威力的莫斯科国家建筑的特征。在这时期建造了（或改造了）设防的修道院和城市克里姆林的大规模的建筑群〔诺伏基维奇（Новодевичий）和顿斯基（Донской）修道院——在莫斯科，特洛伊次·西尔吉也夫（Троице-Сергиева）修道院——在莫斯科郊外，克里姆林——在罗斯托夫、雅洛斯拉夫斯基、都尔、科洛姆、斯摩棱斯克（Ростов，Ярославский，Тул，Коломне，Смоленск）等等〕。这些都是俄罗斯建筑群卓越的范例，它们有开朗的、美丽如画的、聚集在一起的个别建筑物，这些建筑物与周围自然间有深厚的、有机的联系。莫斯科近郊的科洛敏斯基村里，有座木构的大教堂，在它自由的、不规则的结构和丰富的外表装饰中，综合了俄罗斯木建筑和装饰艺术的手法。17世纪末在莫斯科盛行多层教堂的营造，以复杂的外表装饰和红砖与白石的细部——如雕花的窗桄、有花彩的门廊、柱子、"雕梁画

列宁格勒的冬宫（建筑师拉斯特列里，1754—1762）

栋"等等——的特征性的结合为标志［莫斯科附近费良赫（Филях）的教堂、特洛伊次·西尔吉也夫修道院的餐厅等等］。这些同样也是这时期的民用建筑的特征［莫斯科克里次基（Критцкий）塔楼］。在雅洛斯洛夫（Ярословле）建造了17世纪建筑卓越的典型。那里形成了自成一家的建筑学派［约那·普列奇（Иоанна предтечи）教堂、伊里·普洛洛加（Ильи Пророка）教堂］，同样地，在整个莫斯科国家的领土上，无论南方、北方、东方的其他城市里也都有卓越的典型被建造起来。这时期最光辉的具有个性的建筑物分布在梁赞（Рязань）、喀山、各斯特洛马（Кострома）、沃洛格达（Вологда）、索里卡姆斯克（Соликамск）、阿斯特拉罕（Астрахань）等等许多城市。

在16—18世纪的整个过程中，继承并发展了在古代优秀的宗教建筑、居住建筑、防御建筑和经济建筑中创立的俄罗斯木构建筑的传统（尤其在富有森林的北方和中部地区）。木匠建筑师的作品基本上具有以圆木搭起来的木框架的原始结构，获得了建筑艺术的高度表现力。"八角形"和"四角形"（八面形或四面形的形体）的特征性形式，钟

莫斯科参议院大厦的柱厅（建筑师卡萨可夫，1784）

莫斯科列宁图书馆旧厦（建筑师巴仁诺夫，18世纪末）

列宁格勒的海军部（建筑师萨哈洛夫，1806—1817）

塔的帐篷顶，教堂的许多帽顶，阶台的千变万化的装饰形式，阁楼、窗棂、浮雕花饰，等等，证明了民族艺术无穷尽的形象思想的丰富性，对建筑材料的熟练掌握，和对家乡自然与生活的深刻知识。在遗留下来的较好的木建筑作品中［康多波格（Кондопог）、基沙（Кижа）、伐尔苏格（Варзуг）等地的教堂，雅古次基（Якутский）、伊里姆（Илим）等地及其他西伯利亚城市的城堡建筑——"Острог"（监狱），柴奥尼日雅、阿尔汗吉尔斯基、伏洛哥次基、哥尔可夫斯基（Заонежья，Архангельский，Вологодский，Горьковский）以及其他地区的木房子］，严谨质朴和结构的明了，结合着建筑物有表情的轮廓和有花彩的装饰细部，表现出对木结构的深刻知识，及把建筑物与周围环境和谐地联系起来的才能。

　　17世纪末开始了俄罗斯及其文化史的新时代。彼得第一的改革，莫斯科城向强大的俄罗斯帝国的转变给予民用建筑的发展以有力的推动。建造起行政的与公共的建筑物，工业与港埠工程，城市宫殿与郊区官邸、花园，等等。彼得堡（1703）的形成在18世纪俄罗斯建筑发展史中担任着重大的角色，这是俄罗斯城市的新样式，它把"规则的"（平行线的）设计原则和自然界生气勃勃的情感，及俄罗斯建筑所固有的巨大的空间构图的自由与雄健结合起来。18世纪30—40年代在彼得堡的设计中，普·姆·叶洛普金（П. М. Еропкин）、姆·格·席姆卓夫（М. Г. Земцов）、伊·卡·各洛波夫（И. К. Коробов）等俄罗斯建筑师起着重大的作用。早在18世纪中叶，彼得堡就以自己中心部分的组织性超过了欧洲所有的其他城市。

彼得时代建筑形式的严肃性，到18世纪30—50年代转变为华丽的、装饰得光彩夺目的风格，即所谓俄罗斯巴洛克，17世纪俄罗斯建筑的装饰传统复活了。18世纪中叶富有特征的俄罗斯建筑，深刻地区别于西欧有神秘主义色彩的巴洛克；甚至在宗教建筑中，俄罗斯建筑师们仍采用了世俗的题材。建筑装饰的丰富性是这时期俄罗斯建筑的特征，这特征导致建立外表上庄严华美、生动欢乐的宫殿建筑及其群体。这时期最有名的建筑师是：凡·凡·拉斯特里立（В. В. Растрелии）［皇家村（普希金城）、叶卡捷琳娜（Екатерининский）宫的改建，花园建筑——斯脱洛冈诺夫（Строганов）大厦、冬宫、斯摩尔内（Смольный）修道院，等等，都在彼得堡］，斯·伊·且凡金斯基（С. И. Чевакинский）［皇家村的一些建筑物，尼古尔斯基·莫尔斯基（Никольский Морский）教堂——在彼得堡］。这种作为彼得第一的第一个后继者在位时贵族独裁时期的特征性风格已不能满足贵族社会中更广泛的阶层的要求和新的国家任务。改造旧城市，在南俄新建一批新城市，进一步建造首都，最后，18世纪下半叶和19世纪初期，建造大量地主庄园，都在新的建筑基础上实现了。这种崭新的，主要的建筑方向——俄罗斯古典主义的创始者：凡·伊·巴仁诺夫（В. И. Баженов）、伊·也·斯大索夫（И. Е. Стасов）、阿·夫·可可林诺夫（А. Ф. Кокоринов）等人，努力要把古代建筑的古典原则和俄罗斯建筑遗产的改造与发展结合起来。建筑大师巴仁诺夫的创造力中渗透了爱国主义思想和大胆的智谋，他是俄罗斯古典新形象语言的重要创造者之一［莫斯科克里姆林的改建计划，列宁图书馆的旧建筑物，莫斯科附近柴里最诺（Царицыно）宫殿群，等等］，卓越的建筑师姆·夫·卡柴可夫（М. Ф. Казаков）建造了（主要在莫斯科）大量的行政与公共建筑物：宫殿、住宅、城里城外的庄园、教堂等等。以极大的自由和令人惊异的技巧创造性地改造了古典的题材和形式［克里姆林里的莫斯科参议院——现在是苏联政府的拉苏莫夫斯基（Разумовский）公馆，彼得（Петровский）宫，哥里扎斯基（Гольцыский）医院，彼得洛夫·阿拉比诺（Петровский Алапино）庄园，等等］。18世纪下半叶建造了大量的庄园群，其中有阿尔罕吉尔斯基（Архангельский）、古斯基（Куский）、奥斯达吉诺（Останкино）；农奴出身的建筑师在这时期的建设中担任了杰出的角色［夫·普·阿尔古诺夫（Ф. Л. Аргуновы）、姆·米洛诺夫（М. Миронов）、格·吉古达（Г. Дикутан）等等］。

作为主要建筑方向的俄罗斯古典主义的发展延续到19世纪的前三分之一。彼得堡的雄壮的建筑群的建造，卓越的莫斯科的建筑物，以及外省广大的城市和庄园的兴建，标志着古典主义的成熟阶段（通常被不正确地称为"俄罗斯帝国形式"）。19世纪的大建筑师阿·德·萨哈洛夫（А. Д. Захаров）、阿·恩·伏洛尼欣（А. Н. Воронихин）等人在彼得堡盖了许多建筑物，这些就成为组成城市中心部分的重要角色。海军部的建筑构图（萨哈洛夫）和它的堂皇富丽的雕刻装饰体现了俄罗斯海军权威的思想，象征着它的北方首都——彼得堡的使命。耸立在华西里夫斯基（Васильевский）岛尖端上的交易所［建筑师托马·托蒙（Т. Томон）］也体现了同样的思想。喀山（Казаиский）教堂（伏洛尼欣）具有建筑群的雄伟的特征，以柱廊形成了庄严的与尼夫斯基（Невский）大街相邻的广场。俄罗斯民族在1812年卫国战争中历史性的胜利反映在凯旋式的建筑形式上。19世纪20—30年代中，建造了彼得堡巨大雄伟的建筑物和建筑群［宫殿广场和它的参谋本部的券门，亚力山大戏院和罗西（Росси）街，议院和宗教会议大厦——建筑师卡·普·罗西（К. И. Росси）、巴甫洛夫斯基兵营——建筑师卡·普·斯大索夫（В. П. Стасов）等]。

1812年的战火之后，莫斯科大兴土木，建造了大批贵族和商人的宅邸、城市庄园、公用建筑，其中包括大戏院、大学校、商场、第一市立医院、跑马场等等。莫斯科在这时期的名建筑师为波未（О. Н. Бове）、日良吉（Д. И. Жиллярди）、格里高里也夫（А. С. Григорьев）。新颖的建筑要素的综合：墙面和门廊、"规格化"雕刻细部的运用、建筑物形体的几何准确性、双色的立面——这些都是19世纪前三分之一时莫斯科古典主义的特点。

从建筑构图的多样性和丰富性，从巨大的城市建筑群的规模和价值，从建筑形式的思想表现能力等各方面来说，18世纪下半叶到19世纪初期的俄罗斯建筑，在全世界的建筑中占着重要的地位。

俄罗斯工业资本主义的发展，导致了作为完整的建筑风格的俄罗斯古典主义的衰落。在尼古拉的反动时期，培养了虚假的民族建筑的形式的成长，模仿拜占庭的建筑［卡·阿·东（К. А. Тон）的作品］和拼凑各种不同的形式和风格。住宅营造的资本主义剥削、大城市里工人区和"贫民窟"，在资本主义的土地和房屋出租条件下的城市建筑的混乱，加深了19世纪后半叶建筑的凋敝。这时期的资产阶级建筑不会利用俄罗斯营造技术在大工业和运输工程、桥梁等的营造上所已经获得的巨大成就。18世纪70—80年代先进的俄罗斯建筑师努力于在建筑中复活俄罗斯建筑的装饰题材［未·阿·加尔特曼（В. А. Гартман）、恩·伊·波士吉也夫（Н. И. Поздеев）等人]。在上述基础上，从民族的建筑传统创造性的改造和发展的进步思想出发的大多数尝试都失败了，只有对民族的艺术做了充分而深入的研究才建立了风格［特·普·契加哥夫（Д. П. Читатов）、阿·恩·波姆兰且夫（А. Н. Померанчев）的作品]。20世纪初，俄罗斯建筑饱含着上层的工业与商业资产阶级所培植的摩登风格的影响。只有少数的个别建筑师对古俄罗斯与俄罗斯古典主义遗产的更深刻的、创造性的改造与研究在抵抗着剽窃的、颓废的、没有人性的1900—1917年间的建筑［阿·维·舒舍夫（А. В. Щусев）、伊·阿·福明（И. А. Фомин）、伊·维·茹尔多夫斯基（И. В. Жолтовский）、维·阿·波克洛夫斯基（В. А. Покровский）、维·阿·舒科（В. А. Щуко）等等〕。

　　乌克兰的建筑在14世纪鞑靼侵略之后，四分五裂的古俄罗斯领土——伏里（Волынь）、基辅新（Киевшин）、且尔尼哥夫新（Чернитовшин）、彼里雅斯洛夫新（Переяславшин）、波多里亚（Подолия）——被强大的立陶宛（Литоский）公国侵占，加里次亚（Гальция）——被波兰，柴卡尔派且（Закарпатье）——被匈牙利，波各维那（Буковииа）——被华拉西亚（Валахия）所侵占。在艰苦的反对封建枷锁和外国奴役者的战争情况下，形成了乌克兰的民族性，它的艺术和建筑。这时期的营造具有明显的防御特点。用砖〔如鲁次克（Луцк）〕、石〔如加米尼次（Коменец），克列米尼次（Кременец）〕、木〔如基辅奥夫鲁区（Овруи），加涅夫（Канев），且尔卡塞（Иеркасав），维尼扎（Винница）等〕等建造了国家的城堡、封建主的城堡和修道院的防寨〔奥斯特洛格（Острог）、席姆诺（Зимно）、鲁次克（Луцк）、苏特可夫扎（Сутковцы）等〕，这些建筑物的一般形式起源于古俄罗斯建筑的传统。乌克兰建筑特有的特点表现在奥斯特洛格和鲁次克等地防寨的细部上，尤其清楚地表现在木建筑上。在14—16世纪中已经形成了三座或五座式多穹隆顶的木神庙的样式。发展了的木建筑对石建筑的形式发生了影响〔例如在席姆诺的教堂，15世纪；里佛尔（Львол）的三圣者神堂，16世纪；鲁次克的伯拉次基（Братский）教堂，17世纪〕。这影响在17—18世纪的乌克兰建筑发展中尤其明显。乌克兰人民为自己的独立，为乌克兰和俄罗斯的合并而进行的解放斗争，促进了人民创造力的觉醒。这时期乌克兰建筑史以新的民族构图手法的建立，和俄罗斯建筑影响的加强，民间建筑的繁荣为标志。在这时候形成了如此辉煌的建筑群：如基辅-皮且尔斯基（Киево-Печерская）修道院、索菲亚教堂的僧舍、维都皮次基（Выдубецкий）修道院、基辅的波道尔（Подол）、索洛清乍（Сорочииа）的教堂、且尔尼哥夫（Чернигов）、斯达洛都布（Стародуб）等地的教堂；基辅、且尔尼哥夫、哥西尔次（Козелц）的民用建筑；等等。

为统治阶级和教会的利益而修建的雄伟的石建筑广泛地采用了民间木建筑的构图手法，并反过来影响民间建筑的发展。

18世纪40—80年代以新的木建筑手法的发展为特征［洛伊那、赫道洛夫、诺伐、莫斯科夫斯克（Роиниа，Ходоров，Иово，Московск）等地的教堂］，木建筑加强了俄罗斯建筑师的创造对乌克兰建筑的影响［未·未·拉斯特列里（В. В. Растрелли）、伊·米邱林（И. Мичурин）］，在建筑中出现了新的潮流——俄罗斯古典主义。

在白俄罗斯还保留着基辅俄罗斯的遗迹：在波洛次克的索菲亚教堂的残址和斯巴索–叶夫洛西尼也夫斯基（Сиасо-Евфросиниевский）教堂建筑物，在维捷布斯克（Витебск）的布拉各维新斯基（Блатовещенский）教堂，在格洛达诺（Гродно）的各洛日斯卡亚（Коложская）教堂，等等。在12—14世纪间建立了地方性的封建公国，在城市里石头的防御建筑和宗教建筑的营造发展起来了。斯摩棱斯克、维捷布斯克、波洛次克等城市建造了具有特征的"六墩形"（шестистолииый）教堂。和德国十字军所进行的长期持续的战争刺激了城堡建筑的发展［如诺伐格鲁特卡（Новогрудка）的防寨］。连教堂也接受了防御的特点：15世纪末到16世纪初，在马洛莫日可夫（Маломожеков）、苏帕拉斯洛（Супрасле）等地建造了教堂防寨。白俄罗斯建筑的特征最明显地表现在民间建筑中，尤其主要的是在木建筑中，有奇特屋顶系统（三面坡的、帐篷式的、穹隆式的）的教堂，有各种各样雕饰的住宅。17—18世纪的白俄罗斯建筑与17世纪下半叶的莫斯科建筑和18世纪的彼得堡建筑有共同的特点，从18世纪—19世纪初建造了一系列古典风格的建筑物［在莫吉留夫（Момллев）的约斯福夫斯基（Иосифовский）教堂，建筑师恩·阿·立沃夫（Н. А. Аьвов）；在高米尔（Гомел）的彼得洛巴夫洛夫斯基（Петропавловский）大礼堂；等等］。

格鲁吉亚共和国的捷伐里教堂（6世纪末—7世纪初）

阿尔明尼亚共和国的沙那美修道院（10—13世纪）

阿塞拜疆共和国的什尔文沙霍夫宫（15—16世纪）

乌兹别克共和国的沙马尔冈达的列吉斯坦广场（15—17世纪）

　　立陶宛、拉脱维亚和爱沙尼亚诸民族的建筑，在波罗的海沿岸诸民族对德意志骑士的延续了数百年之久的残酷战争中建立起来。这个战争在这些民族的政治和经济生活中打下了烙印，当然，这烙印也打在发展中的建筑身上。在12—15世纪中防御性建筑得到了决定性的优势。

　　立陶宛在13—16世纪间建造了大量房屋，在维立纽斯（Вильнюс）的吉捷米（Гедимин）防寨（14—15世纪），具有防御特征的古神庙，例如皮尔那尔金斯基（Бернардинский）天主教堂（16世纪）。16世纪中期建造了圣安娜（св. Анна）天主教堂，别致地把高直形式和当地的形式结合起来了。16世纪末，以文艺复兴风格建造了一所大学校。17世纪在卡乌那司（Каунас）的巨大的市政厅，它的装饰细部饱含着民族的题材。18世纪末，古典主义时期最大的建筑物，都是由立陶宛建筑师斯都奥卡-古次未求司（Л. Стуока Гуцевичус）设计的（天主堂的改造、维立纽斯的市政厅等）。

拉脱维亚最大的建筑名迹是：里加（Рига）的彼得教堂（建筑师鲁米少其尔（Румешотель）（15世纪），且尔诺哥洛维（Черногловий）同业行会大厦，多姆斯基（Домский）教堂（13—15世纪），以及里加一系列的房屋［17世纪末的达尼失其尔纳（Данненштерна）大厦］。里加在古典主义时期建造了彼得洛巴夫洛夫斯基（Петропавловский）教堂［建筑师哈皮尔兰德（Крхаберлаид）］和雄伟的亚力山大洛夫斯基（Александровский）大门［建筑师伊·特·高特夫里德（И. Д. Готфрид）］。19世纪时建筑师雅·夫·巴乌马尼斯（Я. Ф. Бауманис）的工作有极大的意义。按照他的设计在里加建造了大量的房屋（区法院、音乐院、马戏院等等）。1860—1863年在里加用古典形式盖了一座大型的歌剧和芭蕾舞戏院。

在爱沙尼亚，达灵那（Таллина）的维许哥罗德（Вышгород）建筑群有杰出的趣味，这是个防御的、宗教的、中世纪城市公用的和居住的建筑物群体。波罗的海沿岸每个共和国的民族的、独特的建筑都包含在深刻地具有特色的民间建筑和民间艺术中。

卡列里-芬兰共和国建造了卓越的木建筑的典型。莫尔达夫斯基共和国的民间建筑以自成一家的特点和形式的丰富为其特色。以它的民间住宅、经济建筑、宗教建筑等样式与它的建筑装饰的各式各样外貌为其特色。

在殖民地政治和民族枷锁压迫的情况下，在19—20世纪俄罗斯沙皇的暴政下，乌克兰、白俄罗斯、波罗的海沿岸、中亚细亚、高加索的民族建筑几乎只能在原有的民间建筑形式中发展（农村建筑和民间住宅的传统样式）。至于在城市的居住和公共建筑中，这时期民族的建筑创造力就没有得到自由发展的可能。但是，由于和俄罗斯的文化有关系，尤其是和俄罗斯城市建设的方法和思想有联系，俄罗斯对这些地区的城市建设有着良好的影响。城市有规则的建设和设计的改良开始了，而这影响尤其明显地表现在这些城市的建筑面貌上，如：巴库、塔什干、阿尔马-阿塔〔Алма-Ата，旧未尔内（Вериый）〕、伏龙芝〔фрунз，旧比许比克（Пишпек）〕等等。

伟大的十月社会主义革命结束了民族压迫，实现了列宁—斯大林发展文化的思想，即民族形式、社会主义内容，这为祖国所有各民族人民的创造力的发展创造了条件。

苏维埃建筑

苏联建筑的发展是伟大的社会主义建设的一部分，它鲜明地反映着由于伟大的十月社会主义革命所引起的祖国的政治、经济、文化生活方面的革命性的改造。

苏维埃建筑标志着世界建筑史的崭新的阶段。随着剥削阶级的消灭，在为作为统治者的"上等人"而建造的建筑作品和平民的居住及公用建筑的营造中间的矛盾也消灭了。在苏维埃建筑的基础上，有着按照社会主义方式来理解的人道主义原则——斯大林对人类的关怀。

建筑事业的这种人民性和它的社会主义内容，决定了建筑创造力在苏联的繁荣和进步的发展。在城市的建设和改造的基础中破天荒第一次有了科学的社会主义的规划。在建造完整的建筑群时，建筑获得了使所有的建筑物和它们的群体服从于统一的考虑的可能性。

为一切苏维埃民族的民族建筑的发展开辟了最广阔的前途。标志着苏维埃建筑的本质上崭新的特征，引起建筑创造的基础和手法的全面改造。农业的俄罗斯向强大的社会主义工业和集体化农业国家的转变，在建筑面前提出了历史上前所未有的大规模的和富有社会意义的任务。

苏维埃政权在居住事务和建设方面的第一个措施，是为了城市无产阶级生活条件的改善和城市贫民窟的消灭，以及和工人居住区的不卫生与拥挤现象做斗争。在国内战争最困难的情况下开始建造了许多劳动人民居住区和新村，这些是苏维埃建筑除工业建筑物外第一个最大的目标〔莫斯科都伯洛夫加（Дубловка）的加乌埃洛夫卡（Дангауэровка）住宅区，列宁格勒的斯达且克（Стачек）街，巴库的阿尔明尼金特（Арменикеид）街，等等〕。苏维埃建筑的特点在社会主义工业的初生儿的建造中已经清楚地表现出来了——如沃尔霍夫斯特雷（Волховстрой）水电站、杰莫·阿夫查里斯基（Загэс）水电站等等，而尤其在庞大的第聂泊水电站表现得特别清楚〔在院士维·阿·维斯宁（В. А. Веснин）的领导下和恩·雅·高立（Н. Я. Колли）等人的参加下建造的〕。耸立在第聂泊河水上体积庞大的电站和堤坝的庄严、雄伟的形式，表现着苏维埃人们征服自然的自发力量的斗争和胜利，表现着非凡的创造魄力和成就。

在营造技术中采取了工业化的方法，建立了完善的结构的新技术，掌握了新的建筑材料，机械化的施工，运用了快速作业法，来完成设计工作的国家任务——它们以强有力的先进的苏维埃技术和组织手段武装了苏维埃建筑。

在苏维埃建筑发展过程中，现代西方的资产阶级建筑的形式主义潮流（结构主义等等）曾对个别建筑师和建筑集团发生过恶劣的影响。布尔什维克党在给这些错误以批评并揭穿建筑中的荒谬观念时，对建筑的创作的主要问题做了指导性的指示。党帮助苏维埃建筑师战胜了过去的形式主义荼毒，并沿着社会主义现实主义的道路引导苏维埃建筑创作。这就是说，使深刻的思想性与建筑形象的真实性和建筑物对自己真正的人民委托的最大限度满足相结合。

在国内战争结束后的第一年，就已经建造了饱含着新思想、新内容的巨大的建筑作品。1923年在莫斯科建造了第一次全俄罗斯农业展览会的建筑群〔展览会的总平面组合是伊·维·茹尔多夫斯基设计的〕；在展览会的建造中创造性地利用了俄罗斯和世界古典主义的传统，并运用了独特的技术方法（尤其是木结构）。

莫斯科的列宁墓（建筑师舒舍夫，1924—1926）

按照院士阿·维·舒舍夫的设计，在1924年造起来的弗·伊·列宁的墓是苏维埃建筑的杰出作品（起初是木的，后来是红色与黑色花岗石的）。陵墓的构图以庄严肃穆的简洁和形式的严正性——有节奏地升起的，结晶体式地精确的面和阶层为特色。劳动人民伟大领袖的陵墓纪念碑，同时又是苏联首都历史性的主要广场的全民节日的检阅台。被安置在克里姆林宫墙前的弗·伊·列宁墓有机地参加到红场的建筑群中去。

在1931年6月苏共（布）中央全体会议的决议中，给了改建旧城市与建设新城市工作以广泛的纲领，并给解决这个庞杂的问题拟定了实践的道路。苏维埃宫建设委员会在1932年通过的决议有着深刻的原则性意义，"不预定一种风格——在这个决议中说，——建设委员会认为，探讨必须向着既利用新的，又利用古典建筑的优秀手法的方向进行，并立足于现代建筑营造技术的成就之上"（"关于莫斯科城的共和国联盟苏维埃宫设计最后拟定的组织工作"，在《苏维埃宫》书中，1933年莫斯科版，56页）。

1932年依照苏共（布）党中央关于改造文学艺术组织工作的决议所施行的统一全国的建筑力量于一个苏维埃建筑师创作协会，并取消以前的集团和会社的措施，大大地促进了苏维埃建筑创造性的生长。1934年成立了苏联建筑科学院。

在为人民、为满足人民的最繁杂多样的物质与精神需要而建造建筑物与居住中心的苏维埃建筑面前，提出了铭记共产主义建设时代的精神力量和伟大的任务。苏维埃建筑师们在努力于在现实主义的生活形象中表现这个深刻思想内容时，立足于世界的，尤其是祖国的建筑的伟大遗产之上，苏维埃建筑发展并改造了它们优秀的进步的传统。

苏维埃文化的社会主义的、人民的特性，引起了大量新类型的公共建筑物的大规模营造（工人俱乐部、文化宫、少年儿童宫、休养所等等）。这些新建筑类型反映了铭记于斯大林宪法中的苏维埃人民的伟大成就：每个劳动者的休息权，广大的人民群众受教育并提高到文化与知识的高峰之权。文化宫和文化大厦是彻底的新型建筑物，它们被建造在苏联的多数城市里，是剧场、专业学习室、休息厅和房间、展览廊、图书阅览室、运动场等等的特殊的结合。莫斯科斯大林工厂的文化宫可以作为例子［建筑师阿·阿，维·阿和勒·阿·维斯宁（А. А., В. А., Л. А. Веснин）］。第比利斯的马克思、恩格斯、列宁学院（建筑师舒舍夫获1941年斯大林奖金）是大型公共建筑的卓越的范例，它结合了严肃的古典形式的雄伟性和人民艺术家以格鲁吉亚建筑传统所制作的建筑装饰细部的雅致。巨大的公共建筑物如莫斯科以弗·伊·列宁为名的苏联国家图书馆［建筑师维·特·格里夫列哈（В. Т. Гельфрейх）和维·阿·舒科］及为大量苏维埃观众而建造的无数巨大的剧院［新西伯利亚的新剧院，建筑师阿·兹·格林布尔格（А. З. Гринборг）和姆·伊·古里尔可（М. И-Курилко）；顿河上的罗斯托夫的剧院，建筑师格里夫列哈和舒科；塔什干的剧院，建筑师舒舍夫（获1948年斯大林奖金）；埃里温的剧院，建筑师阿·伊·塔玛尼扬（А. И. Таманян）］等等都是本质上崭新的建筑物，在巨大的公共建筑物中还有庞大的运动场——莫斯科的可容八万观众的"基那摩"［建筑师里·兹·且尔尼哥未尔（Л. З. Иерниковер）］、基辅的［建筑师姆·伊·格列奇（М. И. Гречин）］、第比利斯的［建筑师阿·特·古尔其阿尼（А. Т. Курдиани）］、列宁格勒的［建筑师阿·斯·尼古尔斯基（А. С. Никольский）］运动场等等。疗养院、休养所和其他的休养区建筑物获得空前规模的建设，高加索、克里米亚、中俄罗斯的休养区成了人民的休养区——在自己的规划和建筑面貌上都是地地道道的新东西。

耸立在加盟共和国首都的雄伟的政府大厦，以自己的建筑鲜明地表现出苏维埃国家独立和苏联各民族的民族文化自由发展的思想。它们是：乌克兰共和国的最高苏维埃大厦［建筑师维·伊·查波洛特内（В. И. Заболотный），获1941年斯大林奖金］和乌克兰共和国的部长会议大厦［建筑师伊·阿·福明和普·维·阿波洛西莫夫（П. В. Абросимов）］，上述二者都建造在基辅，第比利斯的格鲁吉亚政府大厦［建筑师维·德·加加林（В. Д. Кокорин）和格·伊·列沙伐（Г. И. Лежава）］，埃里温的阿尔明尼亚政府大厦（建筑师塔玛尼扬，获1944年斯大林奖金），巴库的阿塞拜疆政府大厦［建筑师里·维·鲁特涅夫（Л. В. Руднев）和维·奥·蒙次（В. О. Мунц）］，以及莫斯科和列宁格勒政府行政性质的极大的建筑物——莫斯科的欧赫特区（Охотный ряд）即猎人市场的苏联部长会议大厦［建筑师阿·雅·兰格玛（А. Я. Лангман）］和列宁格勒的苏维埃大厦［建筑师恩·阿·托洛次基（Н. А. Троцкий）］，等等。所有这些建筑物都以形式的明快和雄伟简朴为特征。排除一切冗繁的装饰和虚假，无论在总构图上，或是在细部和装修上，加盟共和国首都的政府大厦广泛地运用了经过创造性地改造过的民族艺术形象。

莫斯科在1936年开始了苏维埃宫的建造——这是苏维埃国家伟大的奠基者弗·伊·列宁的纪念碑［建筑师格里夫列哈，勃·姆·约凡（Б. М. Иофан），舒科的设计是在约凡的原始设计的基础上拟定的］。苏维埃宫预定供人民集会、苏联最高苏维埃代表大会和常会、节日的大典和政府的招待会等等之用。宏壮的苏维埃宫在自己的构图上与俄罗斯建筑的高层建筑物相呼应，它以极其庞大的伟大的列宁像结束，它反映出苏联人民在为建设共产主义的斗争中的英雄主义与力量。

基辅的乌克兰共和国最高苏维埃大厦（建筑师查波洛特内，1939）

埃里温的阿尔明尼亚政府大厦（建筑师塔玛尼扬，1941）

　　苏维埃建筑的创造性发展从不间断它和苏维埃城市的社会主义改造的联系。苏联人民委员会和苏共（布）党中央在1935年通过的"关于改建莫斯科城的总规划"的历史性决定，在全世界的城市建设史上开辟了新纪元。还从来没有过像这样规模浩大的、有计划地进行的、有数百万人口的城市的全面改造。按照斯大林的计划把莫斯科河及其支流通过莫斯科运河而与伏尔加水系联结起来，因而使莫斯科得到大量的水源。兼有绿地和水面的花园、公园、花坛等等的建设列入了城市绿化工作计划。莫斯科现在获得了新鲜的、干净的空气和卫生的生活条件。莫斯科运河的所有构筑物（水闸、堤坝、溢水道、桥梁、运河站）以有机地和周围环境相结合，并反映出为了人民的幸福而改造自然的伟大思想的建筑表现力而出类拔萃，这种对自然的改造是苏维埃人根据伟大的斯大林计划而进行着的。运河的精彩的构筑物的作者建筑师有阿·姆·鲁赫良基夫（А. М. Рухлядев）、维·夫·克林斯基（В. Ф. Кринский）、维·雅·莫夫昌（В. Я. Мовчан）等等。

以里·姆·卡冈诺维奇（Л. М. Каганович）为名的莫斯科地下车站的建设有重大的意义。世界上破天荒第一次，城市地下道路开始不仅仅是复杂的技术工程，而且成为高度艺术性的建筑群，这就表现出对建筑任务的新理解。在建筑师们的眼前提出了任务——给地下的和地上的站台以能够表现出社会主义生活的欢乐的面貌。这个任务由于熟练地运用了各种各样的建筑形式，天然五彩的罩面、壁画、雕刻、彩色镶嵌、光源的照射等等而光辉地完成了。地下车站的建筑消除了深深地沉降在地面之下的感觉。拱、连续券、巨墩列券等的有节奏的结合，充满了光线的洪流和纯洁空气的车站的门厅和走廊开阔的景色，彩色缤纷的罩面的豪华的丰富性——所有这些就使得地下处所变成了愉悦的、雄伟的宫殿厅堂〔建筑师格里夫列哈，伊·也·罗仁（И. Е. Рожин）、德·恩·切秋林（Д. Н. Чечулин）、阿·恩·杜什金（А. Н. Душкин）、格·阿·萨哈洛夫（Г. А. Захаров）、兹·斯·车尔尼雪夫（З. С. Чернышева）、里·姆·波良可夫（Л. М. Поляков）、雅·格·里赫金比尔格（Я. Г. Лихтенберг）等等，以上是曾授予斯大林奖金的〕。

莫斯科的主要干道在短时期内实现了完全的改造。新的花岗石河岸（50公里以上），新的桥梁、汽车路、悬桥等等建造起来了；居住的、公用的、公用服务性的建筑物的庞大建设计划实现了。高尔基街上和大

莫斯科地下铁道"发电厂"站（建筑师格里夫列哈和罗仁，1944）

"古尔斯卡"站（建筑师柴哈洛夫和车尔尼雪夫）

大卡鲁士卡街上的住宅〔建筑师茹尔多夫斯基，1949〕

卡鲁士卡（Б. Калужский）街上用快速流水作业法〔建筑师阿·格·莫尔得维诺夫（А. Г. Мордвинов）的倡议和设计〕建造的居住大厦群，以及莫若斯基（Можайск）公路上和首都的其他区域的居住大厦群，改造了莫斯科街道的面貌并建立了城市的新居住群。

大片的设备完善的住宅区，在列宁格勒的郊区建造起来了——在欧赫特（Охт），在谢米洛夫克（Щемиловк），在阿夫多夫（Автов）和莫斯科公路两边。

在大多数的苏联城市里卓有成效地实现着社会主义改造计划，其中包括哈尔科夫（Харьков）、罗斯托夫、斯维尔特洛夫斯克（Свердловск）、新西伯利亚（Новосибирск）、齐略滨斯克（Челябинск）、高尔基（Горький）、基辅、明斯克、第比利斯、巴库、埃里温、塔什干、斯大林那巴得（Сталинабад）、阿什哈巴得（Ашхабад）、伏龙芝、阿尔马–阿塔。对这些城市中的大部分来说，实质上改造就是重生，它如此全面而又深刻地变更了城市的建筑面貌和它们的总平面、建筑布置、设备等等的特征。

在落后地区，在许多以木房子为主的城市里，建造了整区整区设备完善的多层居住建筑、文化休息和公共服务建筑、绿化广场等等的建筑群。城市的中心区获得了彻底崭新的特点，尤其是广场，照例是盖满了雄伟的公共建筑；作为城市生活的中心，人民庆祝节日和示威的地点，广场在所有城市建筑群中都担任了意义重大的角色。建造了无数的文化休息公园、花坛和小花园，构筑了体育运动场和基地，延长了道路网的修铺——铺筑新的干道，整修旧道路的行车部分，等等。

约·维·斯大林在下面的字句中指出了苏维埃城市改建的伟大历史意义："我国各大城市和工业中心的面貌已经改变了。资产阶级国家各大城市不可避免的特征，就是那些破烂矮屋，即城郊一带的所谓工人住区，黑暗的潮湿的破落不堪的处所，大半都是地窖，其中居民照例都是一些辗转于污泥中，埋怨厄运，吞声叫苦的穷人。而在我们苏联由于革命的结果，这种破烂矮屋已经绝迹，而由那些新建的美丽光亮的工人住区、往往比城市中心还要美观得多的工人住所代替了"（斯大林：《列宁主义问题》，人民出版社1953年版，719页）。

社会主义工业化的直接后果是在国家的各个不同区域里产生和迅速生长的新城市：在乌拉尔［马格尼托哥尔斯克（Магнитогорск）］，在西伯利亚［斯大林斯克（Сталинск）］，在乌克兰［大查波罗什（Большое Заиорожье）］，在远东［共青团城（Комеомольск）］，在外高加索［鲁斯大维（Рустави）、苏姆加依特（сумгаит）］，在北极［依加尔卡（Игарка）、蒙且哥尔斯克（Мончеторск）］，以及在其他许多地区。

农村中的社会主义改造引起村庄的建筑面貌全面而深刻的变化。集体农庄制度的胜利使得对农村来说是从未见过的新的公共建筑类型建造起来了——村庄俱乐部、文化馆（农村小规模的文化馆）、农村阅览室、幼稚园、托儿所、集体农庄管理处。村庄中新住宅的建设发展着民间建筑的进步传统，运用着营造技术的最新成就，迅速地改善了苏维埃农民的居住和生活条件。农村建筑中的全新现象为集体农庄村镇的区域规划。苏维埃建筑在消灭城乡间对立的历史性事业中担任着最重要的角色。

作为多民族的社会主义国家文化的一部分，苏维埃建筑发展着苏维埃民族的民族建筑的进步传统。研究并改造伟大的俄罗斯建筑的现实主义传统在苏维埃建筑师的创造性钻研中，起着最重要的作用。同时，在加盟共和国建造的新公共建筑中，和广泛地展开的大规模建设中，显著地表现出苏联其他民族建筑的进步传统的运用与发展。运用民族建筑宝藏的绝美典型是上面已经提到过的，在埃里温的阿尔明尼亚共和国政府大厦（建筑师阿·伊·塔玛尼扬）。这建筑物，宽敞地安置在阿尔明尼亚首都的主要广场中，被石头的建筑细部和雕刻装饰着，这就发展了阿尔明尼亚民间匠师的固有传统；狭而高的壁龛，有物像的柱头，严谨的窗框，使得这建筑物和阿尔明尼亚建筑的古典杰作发生了血肉的联系；浮雕装饰是献给集体农庄劳动的——葡萄种植业、果树业、畜牧业——它们表现着苏维埃阿尔明尼亚今日生活的幸福；用出色的当地材料——火山凝灰岩——所做出来的覆面给了建筑物以阿尔明尼亚山地风光所固有的色彩。

格鲁吉亚民族建筑的传统在第比利斯的格鲁吉亚共和国政府大厦，马克思、恩格斯、列宁学院，大运动场［建筑师阿·格·古尔金阿尼（А. Г. Курдиани）］等建筑物中被创造性地改造了，给雄伟的政府大厦以开朗的、可亲的性格的轻巧而雅致的券廊是政府大厦的建筑构图中的基本手法，在马克思、恩格斯、列宁学院建筑物中有趣地结合了成对的经过琢磨的柱子所构成的强有力的柱廊的严肃的古典形式和格鲁吉亚的民族特点——在精致的塑像细部中，在装饰、装修中，最后，在精选的当地材料中：格鲁吉亚品种的花岗石、火山岩、玄武岩、彩色大理石。塔什干的乌兹别克共和国歌舞剧院的建造中，建筑师和乌兹别克民间艺术匠师的合作有着巨大的意义——和雕刻匠、镂花匠们的合作使得创造充满了接近于人民的口味的、由人民创造的民族装饰形象的华丽的内部有了可能。

第比利斯的马克思、恩格斯、列宁学院（建筑师舒舍夫，1938）

　　苏维埃各民族的民族建筑的新形式与新造型的丰富的多样性集中体现在莫斯科全苏农业展览会（1939）的各共和国的陈列厅：格鲁吉亚（建筑师阿·格·古尔金阿尼，获1941年斯大林奖金，合作者格·伊·列沙伐），阿塞拜疆［建筑师斯·阿·达达谢夫（С. А. Дадашев）和姆·阿·乌谢诺夫（М. А. Усейнов），获1941年斯大林奖金］，乌克兰［建筑师阿·阿·塔次（А. А. Таций）］，等等。在这些展览会建筑中也成功地表现出民间建筑的和装饰的传统的创造性的改造与发展。

　　伟大的卫国战争动员了全国的建筑力量支援前线和军火生产，为迁移到祖国东部的无数企业急忙地建造了新的工业建筑、居住区、学校、医院等。当时广泛地运用了当地的建筑材料并创造了新的轻便的结构，以便使得运输力量从木材、砖瓦、水泥的运送中解放出来。有些在战争年代里建造的居住区以优美的建筑品质而出色：如卡查赫斯坦共和国的古里也夫城（Г. Гурьев）的住宅区［建筑师阿·维·阿列曼也夫

（A. B. Арефьев）、斯·维·华西里哥夫斯基（C. B. Василсковский）和伊·姆·洛曼诺夫斯基（И. M. Романавский）因住宅区的设计而获得1945年斯大林奖金〕。在这个住宅区的建筑中广泛地运用了中亚诸民族的优秀的建筑传统，并在具体情况的基础上拟定了适合于当地气候条件的少层住宅的典型。在1943—1944年战争最炽烈的时候，莫斯科继续进行着地下铁路新线和新站的建设。每次苏维埃地下铁路无论在营造方法的改良方面或是在新建筑形象的创立方面都增添了新的成就。战时就已经开始制定恢复和重建因法西斯的占领而遭受破坏的斯大林格勒、罗斯托夫、加里宁、塞瓦斯托波尔、诺伐罗西斯克（Новороссийск）、斯摩棱斯克、诺夫哥罗得及其他城市的目光远大的计划。

1941—1945年间的伟大的卫国战争之后，苏维埃建筑的发展被斯大林的恢复并发展苏联国民经济计划的巨大建设任务所规定。恢复并重建被敌人破坏的城市的工作普及到300个城市以上。加盟共和国的首都恢复了——基辅和明斯克是由于敌人侵占而受难最重的。根据政府的决定，特别指定15个城市的恢复工作作为全国最重要的任务，它们是：斯大林格勒、顿河上的罗斯托夫、诺夫哥罗得、普斯可夫、斯摩棱斯克、沃罗涅什、加里宁、诺伐罗西斯克、塞瓦斯托波尔、库尔斯克、奥辽尔（Орел）、大鲁基（Великие Луки）、牟尔曼斯克（Мурманск）、维雅齐马（Вязьма）、布良斯克（Брянск）。在恢复工作的过程中，形成了城市的新的建筑面貌：布置建筑物的总平面时预见到建筑基地的全面革新，新住宅区、干道、广场的建造。战后苏维埃建筑和城市建设的发展的特征是深刻的、本质上的转变，这转变反映出我们祖国从社会主义社会走向共产主义社会的历史性过渡。提交在苏维埃建筑师面前的新任务，在莫斯科进一步改进的广泛的工作中得到了光辉表现。住宅、学校和医院在这工作中占据着最显要的地位，这是斯大林对居民生活需要的关怀的新表现。

居住区的重建，以高度的设备水平装备起来的多层居住建筑的建造，城市人口的根本重建，许多区域的改建与新建，在首都以广阔的规

全苏农业展览会的格鲁吉亚陈列厅（建筑师古尔金阿尼、列沙伐）

阿塞拜疆陈列厅（建筑师达达谢夫、乌谢诺夫）

查波洛什的第聂伯水电站的住宅之一　　　斯大林格勒，列宁街

国立莫斯科大学（建筑师鲁特涅夫、车尔尼雪夫、阿波洛西莫夫、波良可夫）

模进行着。按照约·维·斯大林的倡议在莫斯科各区建造着的高层钢架建筑物在崭新的基础上发展了俄罗斯建筑的民族传统，尤其是发展了永远追求城市的富有表情的轮廓的莫斯科建筑传统。高层建筑，在满足城市增长着的生活需要时，在建立雄伟的建筑群的基础时，以建筑来表现了莫斯科——世界第一个社会主义国家首都的灿烂辉煌。

战后建筑发展的重要特征是勇敢地运用城市的建设和装备方面的新技术，苏维埃的营造技术远远地超过了资本主义国家营造技术的发展。建造了生产强力起重机和复杂的施工机械的巨大工厂，也建造了不仅预制建筑细部标准结构，并且预制保障快速装备的建筑物的巨大部件的营造工厂……所有这些，再加上斯达哈诺夫的工作方法，引起了建筑物建造速度的急剧增加，并且保证了工作的极高质量。

苏维埃建筑在为争取社会主义现实主义的方法，在为争取建设的高度技术与思想艺术水平，并反对形式主义、集仿主义和其他资产阶级影响和潮流的创造性斗争中发展起来，在苏维埃建筑发展的一切阶段中，它的创造性的钻研都在共产党——整个社会主义建设的鼓舞者和组织者的指导之下。党和苏维埃人民的领袖约·维·斯大林给苏维埃建筑与城市建设以极大的注意。尤其像莫斯科重建的总计划的制定与实现、苏维埃宫的设计、莫斯科地下铁路、莫斯科运河和高层建筑等等的建设这样的历史性成就，应该归功于约·维·斯大林同志的倡议和直接的指示。对苏维埃建筑的思想武装和对它的创造性的生长来说，苏共（布）党中央关于文学和艺术诸问题的历史性决议有着重大的意义。在迅速地向共产主义迈进的社会主义社会条件下发展，受到列宁—斯大林时代伟大思想的鼓舞，创造性地利用建筑遗产的丰富性，并立足于巨大的物质宝藏和最新的工业技术，苏维埃建筑在世界建筑的发展上开辟了新纪元。

后　记

本书翻译时得到胡允敬、杨秋华、白光宇等同志的协助，采自德文本的一部分插图题名，由毕树棠先生译出，特此致谢。——译者

参考书目

马列主义著作：

（1）　马克思、恩格斯：《论艺术》（论文集）1938年莫斯科-列宁格勒版。

（2）　列宁：《论文化与艺术》（论文集）1938年莫斯科-列宁格勒版。

（3）　斯大林："苏共（布）党第十七次代表大会上中央委员会工作总结报告"，载《列宁主义问题》第11段，1947年莫斯科版。

建筑史及建筑理论

一般著作：

（1）　阿尔伯第：《论建筑之十书》（译自意大利文），1—2卷，1935—1937年莫斯科版。

（2）　布鲁诺夫：《建筑史短论》，1—2卷，1935—1937年莫斯科版。

（3）　维特鲁维：《论建筑之十书》，1938年莫斯科版。

（4）　苏联建筑科学院：《建筑通史》，1—2卷，1944—1949年莫斯科版（第一卷"古代建筑"；第二卷"古代奴隶社会建筑"，第一册"古希腊建筑"，第二册"古罗马建筑"）。

（5）　米哈洛夫斯基：《古典建筑形式之理论》，1944年莫斯科第3版。

（6）　帕拉第奥：《论建筑的四本书》（译自意大利文），1938年莫斯科第2版。

（7）　弗来次尔：《比较法建筑史》（译自英文），1913—1914版。

（8）　舒阿齐：《建筑史》，1—2卷，1937年莫斯科第2版。

苏联各民族的建筑：

一般著作：

（1）　格拉巴尔：《俄罗斯艺术史》，1—4卷，莫斯科，出版年月不详。

（2）　克拉索夫斯基：《俄罗斯建筑史教程》，第一篇"木构建筑"，1916年彼得堡
　　　　出版。

（3）　马尔得诺夫编：《教堂和民间建筑中所见之俄罗斯之往日》，1948—1960年莫
　　　　斯科版。

（4）　萨彼洛等：《俄罗斯木建筑》，1942年莫斯科版。

（5）　苏联建筑科学院：《俄罗斯建筑名迹》：1—5册，1941—1949年莫斯科版。

（6）　《俄罗斯建筑》，1939年在莫斯科举行的俄罗斯建筑艺术的报告集，1940年
　　　　莫斯科版。

（7）　苏联筑建科学院：《俄罗斯建筑简史》，1944—1949年莫斯科版。

（8）　尤尔清科：《乌克兰的民居》，1941年莫斯科版。

（9）　别里捷：《14世纪至19世纪间的格鲁吉亚建筑》，1948年莫斯科版。

（10）达达谢夫、乌谢诺夫：《阿塞拜疆建筑（3—19世纪）》，1948年莫斯
　　　　科版。

（11）萨赛普金：《中亚细亚的建筑》，1948年莫斯科版。

（12）托加尔斯基：《古阿尔明尼亚建筑》，1946年埃里温版。

苏维埃建筑：

（1）　《为社会主义的建筑而奋斗》，重要的资料集，1937年莫斯科版。

（2）　《改建莫斯科城的总规划》，1936年。

（3）　《住宅、居住建筑的设计与营造问题》，苏联建筑师协会理事会1937年12月
　　　　23—27日全体会议的资料，1938年莫斯科版。

（4）　《苏联的城市规划与城市建设》，苏联建筑师协会理事会1938年7月7—11日
　　　　全体会议的资料，1938年莫斯科版。

（5）　《大规模建设》，"学校、幼儿园、育婴院"，苏联建筑师协会理事会1938年
　　　　12月25日—1939年1月3日全体会议的资料，1939年莫斯科版。

（6）　《苏维埃宫的建筑艺术》，苏联建筑师协会理事会1939年7月1—4日全体会

议的资料，1939年莫斯科版。

（7）　苏联建筑师协会：《苏维埃建筑的创作问题》，1940年莫斯科版。

（8）　高立、克拉维次主编：《莫斯科地下铁道的建筑艺术》，第一篇，1936年莫斯科版。

（9）　《莫斯科地下铁道的建筑艺术》，第二篇，1941年莫斯科版。

（10）　茹可夫：《1939年全苏农业展览会的建筑艺术》，1939年莫斯科版。

（11）　米哈依洛夫：《莫斯科–伏尔加运河的建筑艺术》，1939年莫斯科版。

（12）　米哈依洛夫：《新莫斯科的桥梁建筑艺术与结构》，1939年莫斯科版。

（13）　《苏维埃宫》，1939年莫斯科版。

（14）　舒舍夫：《第比利斯的马克思、恩格斯、列宁学院的建筑与施工》，1940年莫斯科版。

（15）　《苏联建筑》（苏联建筑师协会，苏维埃建筑三十周年纪念文集），1942—1947年莫斯科版。

（16）　科学普及工作组：《苏联各民族的建筑财富》，1946年莫斯科版。

（17）　《苏联的城市建设艺术》，1948年莫斯科版。

杂志：

（1）　《苏维埃建筑》，1931—1934年，莫斯科出版。

（2）　《苏联建筑》，1933—1941年，莫斯科出版。

（3）　《莫斯科建筑》，1924—1941年，莫斯科出版。

（4）　《列宁格勒建筑》，1936—1941年，列宁格勒出版。

（5）　《建筑与施工》，1946年，莫斯科出版。

（6）　《乌克兰建筑》，1933—1941年，基辅出版。

古典建築形式

伊·布·米哈洛弗斯基 著

建築工程出版社

四版序言

伊·布·米哈洛弗斯基（И. Б. Михаловский）的《古典建筑形式》（*Архитектурные формы античности*）出第四版了。在第一版时书名叫《古典建筑形式理论》（*Теория классических архитектурных форм*）。新的名字比较符合书的内容。

作者以法式化了的希腊柱式以及它的罗马变体为基础，认为这种柱式是建筑形式的基本法则，是整个欧洲建筑的基础。

已故的依·布·米哈洛夫斯基教授的这本书，他自己在1937年第一版的序言中已经说过，是很早写的，在1925年即以"建筑柱式"（*Архитектурные ордера*）为名出版过。

无疑地，米哈洛夫斯基的这本书包括了很多关于古代建筑、关于建筑组合的要素和手法的宝贵知识，而它的新版本更增多了我国想要熟悉古典形式的人数，虽然并不是根据原物去熟悉。

因此就有必要指出过去以"古典建筑形式理论"为名时本书的主要错误和弱点。

作者系统地叙述了古希腊、罗马和意大利文艺复兴的建筑艺术组合手法，把它们当作永远法式化了的而且把它们称作古典的。当作者给它们奠定理论基础时，实际上等于是授意读者，应该把这些古典形式当作现代苏维埃建筑师创作的基础。

这种想法是错误的，这是本书的主要缺点。但是这种想法从另一方面看，远不似西欧的伪革新的功能主义者所认为的那样简单，那些伪革新的功能主义者以虚无主义的态度否认建筑中历史的和民族的遗产的任何价值，特别是希腊人和罗马人的建筑的真正古典遗产的价值。我们是不否认这些遗产的。

那些"小而英勇的古代民族"（恩格斯）的成就在建筑中无疑地占着特殊的地位，它们的作品"在某种意义上对我们来说是不可超越的典范"（马克思）和某种艺术标准，马克思主义的经典作家们认识到这标准的特殊意义。

因此无疑地，每一个建筑师，甚至每一个有文化的苏联人，都应该知道古代世界艺术成就的本质。从这方面来看依·布·米哈洛夫斯基的书，甚至其更早的版本，虽然是根据维尼奥拉（Виньола）的叙述，但都可以用为研究希腊古典建筑的源泉之一，尤其它是我们苏联书籍中关于这方面的最早的作品之一。

但是从这里不应该得出结论，说是再版已故的米哈洛夫斯基教授的著作，可能是忽视了这本书的严重错误，而这错误在于不可容许的简单化，想要引导读者跟随作者去承认古典遗产的绝对的美学的价值，也就是古典遗产的抽象化，引导读者走向反历史主义，因而自然地就会起了导向形而上学地理解希腊遗产的作用。

本书的作者，在评论和叙述古代和文艺复兴建筑的组合手法时，把它们当作理想的艺术范畴，作者认为这个范畴是永恒的、完全正确的、可以永远适用的，忽略了建筑手法与新的时代，特别是与社会主义时代建筑的具体内容的联系。不仅如此，作者不止一次地批判了这种或那种建筑组合手法，按照它们与"理想的""标准的"差别大小而给它们以严格的评价。作者认为那种标准是"高级趣味"的基础。

把建筑形式法式化和把它从具体内容中抽象出来实际上是使我们失去了古典遗产的基本价值。生气勃勃的、在自己的具体条件下发展并丰富起来的古希腊人和古罗马人的建筑手法变成了凝固的和僵死的形式，这形式会促使产生一些枯燥的、与丰富的现实生活相脱离的古旧形式来代替真正的美学感觉。

这种内容与形式的脱离增长了使古典建筑理想化和停滞不前的整个体系。代替了从发展上、从与社会的发展、与社会的物质基础和思想意识的上层建筑的发展的具体联系中去观察建筑现象，作者赋予希腊人、罗马人和15至16世纪的意大利人，以一种完全不可解释其原因的力量所得到的建筑上的绝对优越和完全正确的权利。

作者忘了，古代的古典作家的成就不是出现得很突然的，也不是与整个文明人类的成就相脱离的，他们在整个发展过程中是处于文化珍品的不断的交流中的。

例如，希腊的陶立安（Дорика），作为公元前5世纪希腊人的严整的建筑艺术系统，不是突然发生的，它是在长期而复杂的形成道路上发展起来的，它最先起源于古代的埃及，也就是起源于地中海的非洲沿岸一带。意大利文艺复兴建筑的成就不是"上帝的赏赐"，也不是由于人民的意外"天才"，而是在优越的条件下长期发展的一系列现象，它不仅与这个民族的艺术才能有关，而首先是与历史、经济、政治等条件有关，这些条件给人民以潜在的可能性。

古希腊的卓越的名迹是在奴隶制度下建造起来的。

恩格斯说："……只有奴隶制才创造了在农业与工业之间大规模分工的可能性，古希腊因此而繁荣。没有奴隶制就不可能有希腊国家、希腊艺术和科学；没有奴隶制也没有罗马。"（《马克思恩格斯全集》，十四卷，183页）

奴隶制代替了共同的生活，把社会划分成阶级，产生了阶级斗争和国家机构。国家的政权和财富集中到了奴隶主的手中，而同时，手工业者和农民则成了穷光蛋和无业游民。为了避免阶级斗争尖锐化，国家不得不用各种方式给失业者以一些物质上的援助。这种援助的方式之一就是广泛的建设活动，这建设活动给无业游民以生活资料。建设活动发掘出来了天才的营造家，他们建造了思想上、形式上都极为出色的建筑名迹。这些建筑名迹，直到今日还以其严谨和美丽而令人赞叹不已，因此就得名为"古典的"。

建筑的形式和规律产生在建设实践的基础上，这个建设实践综合了新的因素和传统的因素以及从其他民族模仿来的一切因素。

如上所述，本书著者把对希腊柱式的研究作为工作的基础，但却又不是根据实物研究的，而是采用了维尼奥拉的死板的柱式法则。

看起来，观察并记载下这些柱式和它的要素在其他民族的建筑艺术中的发展阶段是有好处的，从上古文化起，然后转入古希腊、罗马、中世纪、资本主义发展时期，最后止于伟大的社会主义时代。

但是作者没有这样做。

他在自己的研究中没有从社会的历史发展进程出发去联系建筑艺术的发展，而把对柱式的分析局限于这柱式在希腊时代的最高发展阶段（公元前5世纪）。

把公元前5世纪的希腊陶立安当作希腊天才的最高发展时期的作品是正确的，但作者却丝毫没有提到这柱式最初是出现于希腊的住宅中，并且也没有提到其他一些民族在希腊之前的几个世纪内的建筑成就为它的发展准备了条件。

作者忘记了，历史在欧洲、非洲、亚洲、美洲等各个民族的艺术中留给我们许多柱式的原始雏形，这些知识对于真正地去了解在希腊艺术的繁荣时期达到高度水平的柱式的古典阶段是完全必需的。

作者进一步在自己面前提出了一个目的：要观察这个成为古典的柱式的"纯洁的"面貌如何在文艺复兴时代"重生"，尤其是如何在俄罗斯建筑中和18、19世纪的欧洲古典主义的建筑中"重生"，但这儿作者没把柱式的发展和建筑的具体的进化联系起来分析，因此他就把艺术形象和产生它的土壤分裂开来了，并且把这些形象当作不变的、永恒的了。

文艺复兴时期和俄罗斯古典时期，由于社会经济情况和文化思想情况不同，所以都没有而且也不能盲目地复制希腊古典的建筑形式，虽然如此，著者还力求在新的历史时期的建筑艺术中找到纯希腊和罗马的建筑形式的复本，他发现改变仅限于一些细部。如果他见到了不近似古典法则的形式，他就轻视它，斥之为歪曲，斥之为不正确的处理、脱离了真实的面貌，最后，简直就认为是个错误，"认为这个任务的完成不是无可指责的"。

例如，当谈到山墙的建造时，依·布·米哈洛夫斯基确认"它的正确的做法常常不被遵守，唯一的理由是不了解决定这形式的起源的基本思想。为了阐明这思想就必须转向山墙的最初的起源，转向希腊建筑"。

著者这时候忘记了告诉读者，就在希腊，山墙的形式最完善地形成了，但它的出现却并不是初次，而且也不是很突然的，前面有柱廊的长方形房屋的形式也是如此，这种房屋原来是希腊住宅的核心，后来又成为希腊庙宇建筑的核心。

此外，这山墙是希腊建筑作品的冠戴部分，不能机械地把它搬到别的时期别的民族的建筑物上去。

对"原物"、对"纯"形式的任何一点脱离和为了适合建筑物的新形式而做的任何一点改变都被著者认为是不懂山墙的思想，不了解"纯"形式，是建筑师的混乱。因此著者力求批判俄罗斯建筑中一些有自己特性的作品，但它们却都是世界建筑的珍品。

著者写道："可惜，对山墙的基本思想了解的不足也表现在若干雄伟的、艺术水平很高的建筑作品上。著名的建筑师伏洛尼欣（Воронихин）建造的喀山教堂（Казанский Собора）的山墙就做得不对（？）；在那山墙上，倾斜的檐口和水平的檐口都是完整的，因此在转角上就有了冠戴部分的非常讨厌的断面（？）。在哥尔内依（Горный）学校的立面上伏洛尼欣也是这样做的"。实际上，这位著名的俄罗斯建筑师伏洛尼欣完全正确地给予山墙以新的处理，这是从教堂结构的特殊条件出发的。

作者被自己的主张所迷惑，实际上不能解释伏洛尼欣所运用的山墙的新形式，这山墙起源于喀山教堂建筑的新思想方式，这方式是用自己的新的建筑语言在每一个细部中和形式中讲话的，这些细部和形式服从于整体，迫使建筑师脱离"纯"形式。喀山教堂的山墙因为背离了"纯"形式而受到米哈洛夫斯基这样的批评，而潘泰翁（Пантеон）的门和列宁格勒的参谋总部的由勃留洛维（Брюлловый）所建造的一部分门因为接近"纯"形式、因为直接抄袭和"很好地模仿"而得到了他的最高的赞扬。

从上面所举的例子中，读者可以判断，对建筑物的个别部分的这种片面而机械的评价是多么的主观。

对建筑物的各种形式的局部、细部等的评价只有在和整个的作品联系起来看时才会正确，何况希腊的庙宇式样终究是和伏洛尼欣的喀山教堂的式样不同，它反映完全不同的思想。

作为一个研究者，米哈洛夫斯基没有指出，文艺复兴时代的维尼奥拉的希腊柱式也没有表现出这柱式在希腊时代所表现的东西，甚至这柱式在文艺复兴时已从希腊的荷重结构变成为墙上的空架子柱式了，它已不再是荷重结构而成为墙、立面、柱廊和室内等等的"装饰品"了，它已经有了新内容。

著者没有指出，当谈到用希腊的柱子或整个柱式装饰各式各样的建筑物时，他自己就掉进反对自己论点的错误中去了。他在整本书中都谈到装饰："如果墙的高度已定，而希望用不完整的柱式来装饰墙面时……"，"为了建造任何一种柱廊，都必须先画出这样一个核心来，然后再用柱子去装饰它"，等等。难道在希腊建筑中也用柱子来装饰建筑物吗？他们创造建筑物，有机地表现它的形象。

在研究柱式时脱离产生它的艺术形象的具体条件，脱离产生它的经济的与社会的环境和思想，著者又犯了第二个错误，这就是没有看到营造房屋时的建筑任务的区别，例如，希腊庙宇和伊萨基也夫斯基教堂（Исаакиевский собора）之间或罗马庙宇与喀山教堂之间的区别。

马克思列宁主义关于社会的科学教导说：人类的文化是继承着和

发展着的，它立足于过去的形式上，辩证地拒绝过去的同时又改造过去的使适合于新的条件、新的思想，因此艺术作品总是以新的质量出现的，甚至当它模仿过去的形式时也是如此。因此罗马人的柱式不同于希腊人的柱式，就和文艺复兴的柱式不同于俄罗斯古典主义的柱式一样。

著者把形式当作建筑发展领域中的静止的现象来谈论，这就意味着把建筑从实际、从现实的历史发展中孤立出来，这也意味着用形而上学的观点来进行研究，也就是"为艺术而艺术"或是完全存在于时间之外的"纯"艺术。

米哈洛夫斯基的书还有这样的缺点：它充满了对西方文艺复兴建筑的崇拜，本质上就是轻视俄罗斯建筑的成就。

著者对我们伟大的俄罗斯民族的建筑物的举例是十分吝啬的，而且主要地是采取了否定的态度，他只把一些细部放在眼里，从来也不谈整个的建筑物。

著者毫无批判地接受外国建筑的历史书籍，因而常常使用一些不正确的名词。

例如：有些窗子的形式以意大利的巨匠的名字为名：伯拉孟得（Браманте）窗、沙索维诺（Сансовино）窗、帕拉第奥（Палладио）窗、巴绰·达尼奥洛（Bаучо Д'Аньоло）窗等等，其实它们之中有些不过是另一种形式的变体而已。而典型的俄罗斯窗子却没有得到任何名字。尤其是这种有"洋葱头"（Луковица）式柱头的窗子形式被著者认为是"意大利的"窗子的简单的变体，好像是意大利的匠人在16世纪时带入俄国的，这违反了历史的真实性。这形式是存于俄罗斯建筑的早期名迹中的。

虽然如此，尽管米哈洛夫斯基的观点有这许多错误，但如果把这本书当作希腊、罗马和文艺复兴的建筑形式（虽然是根据维尼奥拉的）发展的一个片断来看，同时当我们以批判的态度来对待著者的观点时，这本书因为有许多实际资料，所以无疑地是会对读者有好处的。

本书的这一个版本是遗著，因此也就不可能经过根本的改造。当时读者很需要关于古典建筑形式的书，因此依·布·米哈洛夫斯基的书虽有许多缺点但仍然能够给苏联的读者们以极大的好处，要比西方资产阶级艺术家的作品好一些。

　　应该出版以马克思列宁主义的研究方法来写成的新书了。

第一篇
建筑柱式

第一章　用大体积表示的形象

第一节　罗马柱式

罗马柱式是由三部分组成的。柱式的主要的、基本的部分是柱子（колонна）；放在柱子上的部分，叫作檐部（антаблемент），放在柱子下的叫基座（пьедестал）。

通常将柱式分为两类：完整的和不完整的。完整的柱式包括上面所谈的三部分，不完整的则没有基座。所以基座是可以省略的部分。但是必须指出，只有基座可以省略，另外的两部分——柱子和檐部——是永远分不开的，因为不被任何东西所支撑的檐部和不负任何荷重的柱子是同样没有道理的。换句话说，用来支持重量的形式，如果没有发挥自己真正的作用时，它是多余的，不被任何人需要的，没有什么意义的。在这些有联系的部分之间，有一定的、相互关系很严格的大小。

显然，柱子高度和檐部高度之间的关系不能是任意的，高而粗壮的檐部躺在小的柱子上所产生的不愉快的感觉，并不比轻巧纤细的檐部放在粗壮的柱子上的感觉要好。

我们每一个人，甚至不是专家，在相当的程度内能感觉到材料的本质，因为他了解一些个别的结构部分尺寸的正确比例。

举个例来说明。长5至6公尺的天花板木梁，两端放在墙上，自由地悬挂在两墙之间，在坚固性上我们不感到有任何问题。但是如果我们根据这个尺寸来想象一下，同样情况的梁，如果不是由木头做成，而是由大理石或其他石头做成，那么可以肯定，这种梁将要引起我们不愉快的感觉。别说它勉强能支持住自己的重量，即不因自己的重量而破裂，甚至于它已经支持住了，那么最小的震动也会引起它的破坏。所以用这种结构方法是很难处理好的。几世纪来人类寻找柱子和檐部的高度之间的正确关系。根据保存了的古迹来研究这些尺寸，维尼奥拉找出了若干平均的、简单的关系，这些关系就作为一种必须执行的规则而被广泛应用着。

根据维尼奥拉，檐部高度应为柱子高度的1/4。这样，如果有了墙的高度（假定从地板到天花板），而且假定这个墙是被不完整的柱式（即没有基座的柱式）所装饰起来的，这也就是说，柱子立在地板上，而上面的檐部要支承着天花板，为了决定柱子的高度必须把该高度分为五等份，则最上一部分为檐部。显然，所得到的全高的1/5部分把其余的部分分成四份（图1）。

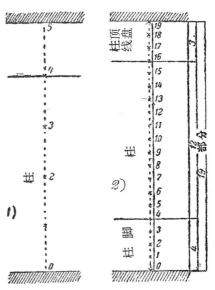

图1-2　柱式主要部分的比例

如果要求完整的柱式，也就是说，要增加基座，那么为了解决同样的问题必须知道基座高度与柱子高度之间的关系。根据维尼奥拉，基座高为柱高的1/3。因而，回到刚才所给的例子，为了决定柱子和柱式其他部分的高度，必须把整个长度分为三个不等的部分，它们之间的比例关系是1/4：1：1/3，或者（把分数化为同分母）3/12：12/12：4/12，也就是说将全长分成三部分，它们的关系是3：12：4。把它们相加得19；也就是把全高分成19等份，上面三份是檐部，下面四份是基座，而中间12份为柱高（图2）。

现在我们分别研究柱式组成的每一部分，先从主要的部分，也就是柱子开始。

柱子是圆柱，向上有些收分（утонение）*。最好先搞清楚为什么柱子要收分。在古希腊的形式中，也可以看到这样的收分。

假定，在最原始的简单的建筑物中运用了树干，亦即是向上收分的木柱，到后来又用较耐久的石头材料代替了木头，于是这些石头柱子便力求具有那种很早以来眼睛即已习惯了的形式。

还有另外一种理论。就是如果圆柱上下都一样粗（正圆柱形），那么我们眼睛看起来，上面倒好像变粗了。

为了避免这种视觉上的错觉，必须向上减少柱子的宽度。

这种收分很小，柱子上面的宽度是下面宽度的1/5到1/6。换句话说，就是柱子上面部分的直径（或半径）是下面的直径（或半径）的5/6。

但是，通常柱子的收分并不是从最下端开始，柱子下段有1/3是没有收分的圆柱体，也就是从柱子高度的1/3以上才开始收分。

如果用小比例尺来画时，那么柱子的收分部分常常只是简单地微微倾斜的直线，也就是说柱子是一个圆锥台放在圆柱上，要做这样的柱子自然可能有危险。特别是用磨光了的大理石来做时，很难避免圆锥台和圆柱相接之处会折断。因此收分自然应做成比较均匀的、和柱子下面1/3的垂直线相切的曲线。

实际上画这种曲线可以有各种不同的方法。我们举两种最简单的方法：

第一种方法（图3）——如果MN是柱的中轴线，MA是柱子下段的半径，NC是柱子上端的半径，OB线为下面没有收分的1/3柱高之顶端，那么从O点以OB为半径做圆，而从C点做垂直线与圆交于K点。

---

* 柱子由下向上或由上向下渐渐地按一定规则缩小叫作收分。

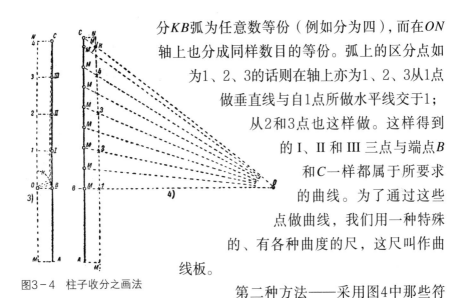

图3-4 柱子收分之画法

分KB弧为任意数等份（例如分为四），而在ON轴上也分成同样数目的等份。弧上的区分点如为1、2、3的话则在轴上亦为1、2、3从1点做垂直线与自1点所做水平线交于1；从2和3点也这样做。这样得到的Ⅰ、Ⅱ和Ⅲ三点与端点B和C一样都属于所要求的曲线。为了通过这些点做曲线，我们用一种特殊的、有各种曲度的尺，这尺叫作曲线板。

第二种方法——采用图4中那些符号，用两脚规量AM半径之长，自C点以这半径做圆和MN线交于K点并延长CK与BO延线交于0。然后从已有的∠COB中自0点引02、03、04并从2、3、4点取同样的长度M=CK=B1，因此我们得到了在所求曲线上之点。如果按比例多引几根线则可以求得更多的点。

在某些特殊情况下，柱子不仅向上收分，向下也收分，这样它的最大宽度就在距下端1/3之处；显然，自BO水平线以下继续用上述做法可以决定那些柱子下段外形上的点。

继续进一步研究柱子。

柱子常常由三部分组成：主要的是中间的部分，叫作柱身（стержень或ствол）；柱子下端微扩大，叫作"柱础"（база）；而上端也扩大，叫作柱头（капитель）。

看一下图2，在它上面有不同类型的柱式的例子，也看看本书上其他的有柱子的图，并研究建筑实物上的柱子，不难看出，柱础和柱头是从属于柱子的（注意，这里所指的是罗马的柱子和文艺复兴时代按照罗马的形式所建造起来的柱子。在希腊的建筑中我们可以看见一种叫作希腊陶立安（Греко-дорическая）的柱子，它是没有柱础的。这种现象在后面要更仔细地讨论），甚至于在这些形式里可以看出某些同样的重复的母题。

我们观察无数的柱础的例子，可以确信，它们都是圆形的，而且逐渐地以环形向下扩大，而所有柱础的最下面部分的平面通常是正方形的。这个方的石板是柱础的基底，叫作普林特（плинт）（在古建筑中下面是圆形的柱础或没有普林特的柱础只是极少的例子）。显然，普林特使整个柱子有更可靠的稳固性。

所有的柱子到上面一定以柱头来结束，而柱头比柱础有着更多种的形式。

它的最上部是正方形的石板。也有这样一些例子，它们的石板装饰成较复杂的形式，但基本上这些形式都是方的。柱头上的这个重要而不可缺少的部分叫作柱顶垫石（абака）。在柱顶垫石下是圆的部分，这部分常常装饰得相当华丽。关于这个在后面将要更仔细地阐述。柱顶垫石直接承担组成檐部的石头。

这样，在建造柱头和柱础时，显然都有要从柱子的圆形过渡到在它上面的或者下面的方形的意图。

排成一列的柱子是用来支持建筑物的上部的，而这部分为建造屋顶（крыша）的屋面（перекрытие）时所不可缺少的。利用石头材料就必须把它做成大的正平行六面体的石块，这些石块结实地躺在两个相邻的柱子上，把两端搁在柱头上。这些石头必须尺寸很大，因为它们负担自重和屋顶的重量以及整个上面部分的所有重量。

在古希腊建筑中，建造者们在解决这个结构问题时显然很小心。当柱子间距不大时，柱子可能做得较坚固。这种以水平梁形式盖覆在跨间上的石头，叫作额枋（архитрав），而诸如此类的柱间有横梁的结构系统叫作梁柱系统（система архитравного перекрытия），而有别于拱券系统（система арочного перекрытия）用楔形的彼此相邻的小材料做成之发券（арка），其原理基本上是：当一个楔形下坠时，必然会将力量分布到相邻的楔形上，这就叫作拱推力（распор свода），而这是梁柱系统中所没有的。常常在实践中有这种情况，石头在外面看来没有任何毛病，可是它的里面有窟窿或小孔，当把它当作额枋用时就破裂了。有经验的希腊建筑师们开始采用这样的预防方法，即用若干彼此挨紧的石板来做额枋，当一个破裂时，其他的仍旧是完整的，而看起来则仍是一个完整的额枋。

额枋是檐部最重要的部分，是围绕着整个建筑物的水平的长条。在额枋上放着另一同样的长条——檐壁（фриз），它由小尺寸石做成，因为已经有了额枋做它们的很坚固的基础。最后在檐壁之上的是檐部的最上部分——檐口（карниз）。这是梁柱系统中最重要的形式之一，我们将要更仔细地去研究它。

总之，檐部是由三部分所组成：额枋、檐壁和檐口。

在柱子下，常有基座。

罗马建筑中的基座常是正方形的（平行六面体），上端下端都微微扩大，下端的扩大部分叫作"座基"（база пьедестала）；上端的扩大部分叫"座檐"（карниз пьедестала）。基座的中间的——基本的——部分叫作"座身"（тело пьедестала或者стул）。基座可以在一对或一组柱子下公用。

第二节　向下扩大和向上扩大

所有的柱式组成部分——它的柱础、柱头或檐口，在各个方向扩大，有些部分向下扩大，另外一些向上扩大。这些扩大，不是偶然的，而是很有根据的，这也就说明了为什么它这样的富有生命力，这样普遍而经常地被运用。

下面部分的扩大不仅在建筑中见到（柱础、座基、房子的勒脚），而且在家具中，在家庭日常用品中也常有（衣橱、抽屉柜、炉子、柱灯、烛台等等）。我们很容易意识到，柱灯或烛台的向下扩大能增加物体的稳定性：由于有了这种扩大，物体较难推倒。如果在光滑的水平的桌子上立一支铅笔，用它的未削过的那一端来立着，那么在一定的时间内它是能站住的，但当空气稍有震动时就要倒了。如果把铅笔下部扩大，甚至仅黏着在面包做的不大的基础上，那它也会变得稳定得多。所以，向下扩大有着完全肯定的理由：它有助于物体的"稳定性"。

无疑地，橱、抽屉柜、炉子的扩大完全没有保障它们稳定性的目的，但是我们的眼睛已经如此习惯于这类物体的下部扩大，以致眼前没有它们会引起我们不真实的、生疏的、不愉快的感觉。

但是向下扩大可能还有另外一种意义，这可能比稳定性还要重要。

任何一种材料——石头、砖头、大理石等——有自己的坚固性，换句话说，材料的一个单位平方面积（1平方公分，1平方公尺）只能够支持一定程度的压力（重量）。当压力超过了这个程度时材料就开始破裂。

假定我们有一个由某种材料做成的台子，这种材料可以完全安全地负担每平方公分两公斤的重量；而我们又必须在这个面积上放重500公斤的方块，其尺寸是10公分×10公分=100平方公分。如果把这方块直接放在台子上，500公斤的重量分布到100平方公分上，也就是1平方公分必须负担5公斤，而按所给条件只能负担2公斤，因此必须把荷重分布到不是100平方公分而是250平方公分上，如果把方块的基底增加到250平方公分是能做到的，这样的正方面积每边约为16公分。这样就得到了方块的扩大——它的基础。所以向下扩大不仅促进结构系统的"稳定性"，而且也促进它的"坚固性"。反之，如果我们不要这种扩大，那么它不仅是有损于建筑物的稳定性，而且也有损于坚固性。所以向下扩大绝不能不要。向下扩大是必不可少的。

现在转向向上扩大，并且力求明了它的内在原因。如果我们不用柱头或者座檐，那么是否会影响我们的柱子或基座的稳定性和坚固性呢？显然，一点也不影响。因此得出结论，向上扩大不像向下扩大那样有结构作用。这种扩大的作用在于另一方面。

为了明了它的作用，我们来谈谈这一类中的最大的扩大——檐口。

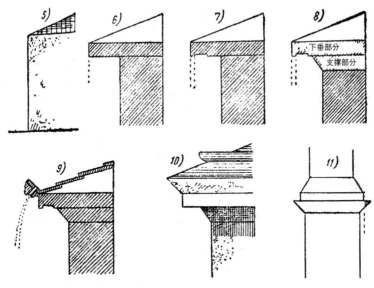

图5-11 檐口元素

罗马和文艺复兴时代的建筑中所用檐口的形式，在希腊时代即已出现过，因此我们要了解清楚运用这种形式的希腊建筑师的功劳是什么。

我们想象，建筑物的墙到上面很平滑地收住了，没有任何的突出部分，而从这个墙上（垂直面）直接开始屋顶（斜面）（图5）。

这种做法可能是很不合理的，因为在干燥天气时尘土不可避免地聚于屋顶上，当一下雨时，即与水混合成泥浆流过建筑物的墙，当然希腊的建筑师们是不能允许这样去解决问题的，因而考虑了下列的出路。

他在墙的上部放了一个从墙面突出的石板，从石板上才开始屋顶（图6，墙断面所示）。

现在从屋顶上流下的水将要沿着这个突出石板的外皮垂直面，流动而且坠下（如虚线所示），不损害建筑物的墙。但是在实际上将有另外一些问题。我们知道，水能附着于别的物质，我们知道，如果把有水的玻璃杯倾斜，那么水将不会从杯口倒出来，而是沿着杯壁流下，虽然杯壁是很平滑而细密的物质。这种附着可引用到我们的例子中，因此，如果一部分水流得如虚线所示，那么另外一部分水，附着于多孔的材料上并且由于风吹而可能就流到墙上并且沿着它流。为了避免这个，希腊建筑师在这突出石板的下表面做了一个凹槽（图7）。附着的和被风吹的水滴流到这凹槽中时，它因为不能向上流，因此便停留在凹槽中，待积累到一定程度时就要因过重而掉下。雨季时在现在的建筑物的檐口上，也可以看到同样的情况。水滴在石板的凹槽中挂着，正像眼泪在眼睫毛上向下滴一样。想必是因为这种相似之点，所以就把它叫作"泪石"（слезник），而那石头即叫作"泪石的石头"（слезниковый камень）；通常把整个突出的石头，叫作"泪石"，它还可称为檐口的"挑出"部分（свешивающаяся часть）。

很自然地会想把突出部分挑得尽可能大，以便使墙壁的大部分避免斜射的雨水，这些雨水会损害建筑物上部美丽的雕刻装饰，但从另一方面看，当挑出很大时，这些石头便会翻倒。为了保证泪石的稳定性，希腊的建筑师们在直接处于泪石之下的墙沿上做了一个扩大部分，它保证了整个体系的平衡而同时使泪石从墙面做强有力的突出成为可能。

这个用来支撑挑出部分的部分叫作檐口的支撑部分（поддер-живающаяся часть карниза）（图8）。

很明显，檐口由两部分组成：支撑的部分和挑出的部分。

但是具有细致的艺术趣味的希腊建筑师是不能安于让泪石的外表面被泥浆损坏的。这个窄条被太阳照耀得轮廓很明显，在它的下面是很深的阴影，在它的上面是南方的蓝色天空；在这种情况下，这部分的缺点就会特别明显而特别不好看：因此希腊的建筑师就特别设法使这部分免于破坏。希腊神庙的屋面是由薄的大理石或者花岗石石板做成的，每一排上面的石板压着下面的石板。希腊建筑师把直接盖在泪石上的石板做成特别的斜沟沿（Жёлоб）（图9），也就使泪石免于破坏。水从屋顶上流下来聚集在斜沟沿中，而为了使它不要溢出来，在斜沟沿上做了一系列的小窟窿，使水从这些窟窿中流出去。这样便离开了墙面。这些小窟窿通常加以艺术加工，做成张着嘴的狮子头的形式。

这样，檐口从外面看就不是由两部分，而是由三部分组成：支撑部分、泪石和斜沟沿，这沟沿是窄长条的，饰以狮子头或其他装饰品。

在后来，如大家所知，希腊的建筑成为后世的典范，文艺复兴时代的建筑师们在檐口方面重复了那为希腊人所运用过的形式。但是不能不责难这些希腊的追随者们，他们卑躬屈膝地模仿希腊的形式，但是放弃了合理性，而这合理性是整个希腊建筑的基础并且符合于当时的技术发展水平的。

有这样的文艺复兴风格的建筑物，它模仿希腊，檐口由三部分组成，但区别只是在上面部分绝没有斜沟沿的作用，更准确地说，它属于檐口，而不是屋顶；屋顶从这部分的上面开始，而斜沟沿另外用铁做成放在屋顶上，离开檐口（图10）。这样，檐口的上面的部分已绝不能叫作沟沿，而且除了对希腊人的"尊敬"和对希腊形式的崇拜以外，没有任何合理的理由来说明这部分的出现，所以这部分没有像斜沟沿这样的肯定的名字，而叫它作"冠戴部分"（венчающая часть）（明显的折中办法）。

这样，檐口最后是由三部分组成，支撑部分、挑出部分和冠戴部分。

直接在檐口之下的是檐壁，这是水平的长条墙面，因为它避免了斜射的雨水，所以特别适于在它上面安放某种雕刻的或绘画的装饰。

明白了檐口的作用后，应该承认它不仅有结构的作用，而且也有美学的作用。檐口在墙上挑出，应该十分坚固，但是在任何情况下它也不能用来承受任何荷重，建筑师应该把建筑各部分安排成这样，即是要使檐口的挑出是自由的，使它上面没有任何的荷重。一般向上扩大的作用是这样："他们不担负任何荷重。"

接下来的用作向上扩大之用的部分是柱头。我们要弄明白柱头的意义和它的组成部分，但是预先要谈到一个很重要的原则，这原则起源于刚才我们所谈过的那种情况，我们应该不仅在柱式中，而且一般地在所有的古典建筑组合中严格地遵守它。

"勿挑出原则"（правило несвешиваемости）。这个原则是，建筑元

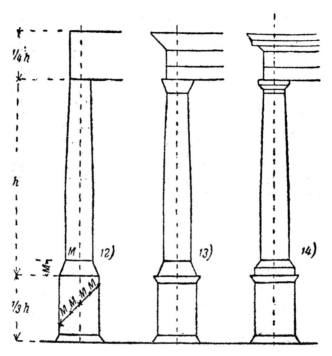

图12-14 柱式构成的程序

素的上面部分不应该比下面的部分宽。如果上面部分向下扩大如柱础形式，那么在它下方的下面部分应该和这柱础同宽。必须记住：柱础是一个很重要的结构部分（因此现在先不讨论），而在檐口和柱头的挑出部分上应该不加任何荷重。

基于这些理由，柱础下方的基座宽度应该等于柱础下部的宽度，额枋的宽度应该正好等于柱身上端的直径，完全不使柱头的挑出部分承重。

这样，在每一个角柱上，檐部转角的垂直线柱应该符合于身外轮廓的延续。也有这种情况，上面部分安置得和下面关系不正常，但这种不正常并不特别明显，例如，在图11，第一眼看过去上面部分的挑出是不明显的（图左面），但是只要破坏了向上扩大的檐口（图右边），像图中表示的那样，柱础就在座身上挑出来了。为避免诸如此类的错误起见，必须于最简单的形式中掌握柱式的形象，只保留向下扩大而抛弃所有的向上扩大（美学的作用）。这样柱式即如图12所示。应该从这个基本的图样开始画每一种柱式，而后就进一步发展成各个图样（图13、14）。

在向上扩大里暂时只研究了主要的檐口，而还未研究柱头。现在，知道了勿挑出原则以后，我们力求了解这个很重要形式的作用和意义。柱头挑出的起源不是像檐口那样简单的道理所能解释的，而且柱头的形式不止一次地引起专门评论家的疑惑。希腊的建筑师们制定了最完善的石头结构：每一种形式、每一个细部都有自己的理由、自己的合理的论证。这就引出一个问题，为什么希腊的建筑需要柱头的挑出。某些评论家支持这样的意见，就是石头的希腊建筑起源于用石头模仿比石头建筑更早的木建筑，因此在柱子上安放柱头被解释为想要减少额枋的力矩。在木结构中，实际上，到现在也还采用着类似的方法：在水平梁和垂直支柱间放一个小的替木（图15），这样梁的净跨度将不是ab，而是mn。但是这个替木的宽度，也就是他们的横向的尺寸，不能大于横梁的宽度，因此如果希腊人模仿类似的木结构的话，他们就不能在柱头上做一个向外挑出的部分，也就是不能做一个自由地挑出而什么也不支撑的部分。如果从下面往上看额枋，那么它们是为两根平行线所框限的长条，而且两根平行线间的距离等于柱子上端断面的直径（图16）。打了斜线的圆形表示额枋和柱子的接触面。因为额枋在平面上是成直角的，而柱子是圆的，那么转角部分（三角形abc）就在柱子上挑出，没有什么支撑它，这就产生了不愉快的感觉，而这是希腊艺术家们所不能容忍的。把这个额枋的角弄成圆形来避免这个挑出是很牵强的，并且与此正相对的内部的角，不可避免地仍旧从柱身挑出。因此，保留了这些额枋的直角，建筑师们在柱子上端围绕着柱身做了向上扩大（图17）。由于有了这部分从下面看额枋的不愉快的挑出就被遮住了。除此之外，希腊的建筑师们还在这向上扩大部分上，也就是柱头上，放了一个方的石板（柱顶垫石），它更好地隐蔽了所说的挑出。固然，代替了被遮住的挑出的三角形abc（图16）出现了新的尺寸较大的三角形——mon（图

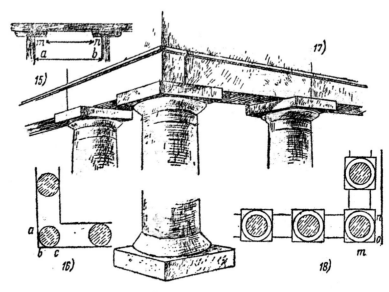

图15-18　额枋和柱头的挑出

18)，但是mon的挑出没有任何的结构作用，什么也不支撑，因此看了类似这种挑出，我们的美感不会受到任何损害。但是为了说明柱子上出现柱头，这还是不够的，显然为了说明这个想法，还必须要有其他补充。

在柱子已经准备好并放在自己的位置上时，我们去研究一下希腊神庙的构造。很少柱子是由整块石头做成的，它们常常是由单个的、层层叠起的鼓形石块做成。这样的柱子不可能具有特别的稳定性，因此在这些柱子上放上大而重的额枋的石头，是个不小的困难，这造成了建筑师的麻烦。希腊人没有像我们这样完善的起重机，因此要把额枋的石头举得比柱子还高而且把它们安放在预定的地点上是很困难的。我们不知道这种工作是怎么进行的，只能推测是在柱子之间的空间里堆满了沙袋，在这个沙袋堆成的山上，建造者把石头拖上去并且把它准确地安放在需要的位置上。接着沙袋就逐渐解开，而沙子从袋中倒出，于是石头便随着沙袋山慢慢地下沉，接近了自己的正确的位置。当把石头升起时，以及它倾斜时，最小的一点不慎、无意的震动，想去纠正某些不正确地下

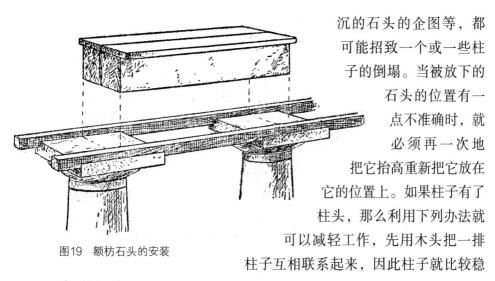

图19　额枋石头的安装

沉的石头的企图等，都可能招致一个或一些柱子的倒塌。当被放下的石头的位置有一点不准确时，就必须再一次地把它抬高重新把它放在它的位置上。如果柱子有了柱头，那么利用下列办法就可以减轻工作，先用木头把一排柱子互相联系起来，因此柱子就比较稳定（图19）。

这些木头不仅起着把柱子互相联系起来的作用，而且可以准确地指出安放额枋石的位置。由于有了它们，就比较容易把石头准确地安放在自己的位置上。当然在额枋的石头已经放好以后，这个暂时的木头的联系物就没有必要了，因为额枋的石头已经完全坚固地和柱子连在一起。这样，第一眼看过去，这些不需要的柱头的挑出从外面看可能有重要的、暂时的结构的作用，为了使正确地建造檐部更容易些，并且保证了由单个的鼓形石块所组成的、高而细的、动摇不定的柱子的稳定性。并且，如果缺乏足够的资料，来很详细地知道希腊神庙建造的方法，那么所举的那种想法可以认为是很真实的，而同时又是可以说明希腊人所制定的柱头的形式的原因。

最后，还有一种解释，纯粹从艺术上看。如果没有柱头和柱顶垫石，柱子显得像插到额枋里去似的。现在由于有了微微抬高的方台，柱子显得是一个准备接受上面的荷重的纯粹支柱。他迎着重力挺直，好像是微微升高的、伸开的大力士的手掌，支撑着很重的重量。

第三节　罗马柱式的比较分析

希腊居民由若干民族组成，其中主要的是陶立安人和爱奥尼人。

在古希腊建筑开始发展时，为陶立安人所制定并因此以陶立安为名的系统，更准确地说，希腊陶立安（греко-дорический）柱式，特别地流行。差不多与此同时，或者稍微晚一点，在小亚细亚的希腊殖民地，住着爱奥尼人，而后来就在阿蒂克（Аттика）制定和发展了另一种柱式，这种柱式的特点是比较轻巧、华美和雅致，即希腊爱奥尼（греко-ионический）柱式。很晚以后，在希腊文化兴盛的末期，还制定了一种柱子和檐部的新形式，它通常叫作克林斯柱式（коринфский ордер）。

从希腊衰落以后，所有这些建筑系统为罗马所掌握，在这里建筑形式的发展走上有点改变了的、新的道路，因此出现了与希腊柱式有一般的相似处的，但是细部却很不相同的柱式。这些柱式——罗马陶立安、罗马爱奥尼和罗马克林斯——很广泛地被运用着。但是还早在罗马建筑的萌芽时期，甚至更早，在它的前身——伊特鲁斯基（этруский）建筑——时，即已制定了独立的、不受希腊影响的塔司干柱式（тосканский ордер）。后来，在爱奥尼和克林斯柱式的影响下，罗马建筑师们还制定了一种新的柱式——复合柱式（сложный ордер），这种柱式在罗马的兴盛时期特别普遍。在16世纪时所有这些柱式成为维尼奥拉和其他理论家的论述对象。这些理论家们，为了建造这些柱式及它们的细部，制定了自己的规则。但是复合柱式，在细部的丰富性和特点方面，很少与爱奥尼和克林斯的有区别，因此我们不把它特别详细地加以分析。

那么，我们就来研究一下四种基本的罗马柱式：塔司干、陶立安、爱奥尼和克林斯。开始时我们将研究它们的一般的、大的特点，而后来逐渐转入细致地研究它们之中的每一个细部。先平行地在四个系统中同时研究同一部分。

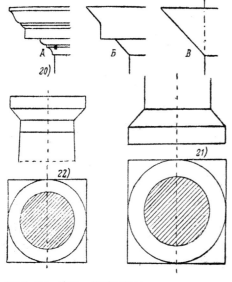

图20-22 檐口、柱础和柱头

但是在开始研究之前，必须先决定用什么方法来表示柱式不同的组合部分。我们常用的方法叫作用大体积描绘的方法。它的本质如下：每一个建筑的线脚是由直线的和曲线的外形组成，这些外形只有在很近时才看得出来；如果我们远远地来观察这些线脚，那么微小的细部就没有了，只留下了线脚的总的特征的印象。这个总的特征可以用简单的描绘来表示，在这种描绘中所有的曲线将要以直线来代替。

这种用直线只描绘主要部分的方法叫作用大体积，或者用简单体积描绘的方法。

垂直线和水平线的外形，在大体积中仍旧是那样，曲线则由斜线来表示。用这种描绘方法时要把某些线脚（外形）相当地简化，但同时又不要失去它的表现力和总的特征，在图20A上描绘三檐口的细部，在这里可以很清楚地看出每一檐口的三个主要部分，图20Б是用最简单的形式表示了这个檐口，但是保持了它的主要组成部分的总的特征。这也就是用大体积描绘檐口。

但是常常在很多书中还可以看到第三种用大体积描绘檐口的方法；把檐口描绘成一根斜的直线（图20B），这种方法绝不能令人同意。我们认为这种描绘方法是不正确的，因为这样檐口的基本精神就丧失了，这个形式的真正意义改变了*。很清楚，图20B完全没有表现出图20A的形

---

* 如果我们用图解来表示一个椅子，当然我们就把它画成ㄇ，而不是ㅅ；用一根斜线来表示檐口正像后者所表示的椅子一样。

式。除了檐口以外，其他的部分，也常常被用大体积描绘得不够合理，柱础和柱头即属此类。我们认为用大体积把柱础表示成梯形是不正确的（图13），我们知道柱础有圆的和方的两部分，因此把它表示如图21那样比较合理。在这儿斜线表示圆锥台，而在它下面的垂直线表示了平行六面体形状的方板。如果我们看图13，那么梯形下面这根水平线表示下面的方底，而上面那根线是圆底，那么在这种情况下两根斜线表示什么呢？无论怎样去想象，也不可能有这种图所表示的物体。这就是说，这个梯形纯粹是假定的形象，一点也不真实。柱头也如此，它也包括圆的和方的部分（图22）。

确定了关于简化柱式形象的方法后，我们可以动手研究它们的特性和尺寸了。在图表1上在同样高度下用大体积表示了所说的四种柱式。

因为檐部、基座和柱子尺寸之间的关系已经知道了，那么，在这图上所描绘的四种柱式如果用同样高的柱子，则它们的基座和檐部也都一样高。柱式按着它的发展次序来排列，也就是，按它的细部的复杂程度。如果我们在图表2上观察那些画得很细致的柱式的形象，那么不难看出，塔司干柱式最简单，没有什么装饰，它的特点是比例很庄重，甚至有些沉重；直接与它相反的是克林斯柱式。

在各种柱式的柱身同高时克林斯柱子是很纤细的；饰以涡卷（завиток）和毛茛叶的柱头、复杂地装饰起来的檐口和大量的细部给这种柱式以华丽而丰富的性格，其他两种柱式在性格上占据比较中间的地位，陶立安是比较接近塔司干的，而爱奥尼则接近克林斯。前两种柱式强有力而严肃，有男性的特征，而其他两种则比较匀称、温柔、富有装饰，有女性的性格。

为了互相比较柱式，应该首先注意柱子。塔司干式柱子是最沉重的，它的宽度等于高度的1/7，也就是柱子下端的直径把高度分成七等份。陶立安式柱子比较细，它的宽度等于1/8高度，也就是柱子下端的直径把高度分成八等份。

爱奥尼柱子的下端直径把它的高度分成九等份，而克林斯则分成十等份，有了柱子下端直径的大小，而且知道了收分的大小，再做出四种柱式的柱子形象就不难了。为了做出柱式其余的主要部分，必须有它们的尺寸，而且对每一部分来说，一定需要知道两个尺寸——厚度（或者高度）和挑出。这些尺寸应该用某种数字来表示，但是这本身就引出一个问题：柱式不同部分的尺寸用什么度量衡来决定呢？

我们已经看到，所有各部分的尺寸是互相依据的，因此在这里不能用绝对数量来表示，如：呎、阿新*、公尺等。在每一种情况下，都必须把柱式上的某一部分当作度量衡单位，为了方便起见，再把这单位分成更细小的部分。

在古希腊即有类似的解决办法。

例如：他们把中间的柱径用作所有部分的度量单位，而且可能用这个假定的度量来表示建筑物所有的部分的尺寸。这种度量叫作母度（модуль）。后来柱子下端的半径变成母度，这是为维尼奥拉所采用而为我们所遵循的。

回到我们的图表上（图表1），我们现在可以补充说，塔司干的柱高等于14母度，陶立安的柱高等于16母度，爱奥尼的柱高是18母度，而最后，克林斯的柱高为20母度。

不难看出，在表中所表示的塔司干柱式的母度要比陶立安柱式的母度大些，陶立安的要比爱奥尼的大些，而克林斯的母度是最小的。

因为在塔司干和陶立安柱式中没有太细碎的细部，那么这两种柱式的母度就分成12部分，即12分度（парт），好像呎分成12吋一样。

在其余的，比较丰富的柱式中有着相当细碎的部分，为了确定它们的尺寸就需要比较小的分度，因此这两种柱式的母度不是分成12分度，而是分成18分度。维尼奥拉以及其他的理论家，用分度甚至用部分的分度来表示柱式所有的最细小部分的尺寸，但我们努力避免这样做，而只给柱式的主要部分定尺寸，我们只用母度和它们的部分来决定若干部分的尺寸，而完全不用分度，因为没有它们也行。

---

* 阿新（Аршин，等于18吋）。

所有柱式的柱础高度都等于1母度，柱础向下扩大，这扩大部分有很大作用，因为它决定了基座的宽度。维尼奥拉用分度表示这个扩大部分，而且每种柱式各有自己的分度；为了准确地确定这个尺寸，我们推荐一个对四种柱式都适用的公共的规则。柱础的普林特在平面上为方形，它的对角线为4母度。根据这个，我们可以利用下列的方法来决定柱础的宽度（或者基座的宽度）。

引45度线交柱子的中轴线于任何地方（图12），而且从这交点开始向左、右在这根斜线上各量一个柱直径的长度（2母度）；通过所得到的二点引垂直线，这些线就决定了柱础的普林特的宽度，也就是基座的宽度。

柱础包括两部分：方的普林特和平面为圆形的从柱身到普林特的过渡部分，在塔司干和陶立安柱式中这过渡部分不复杂，因此它们占据了上半个柱础，下半个就是普林特。在爱奥尼和克林斯柱式中这过渡部分被装饰得较复杂，因此在这两种柱式中普林特为柱础总高度的1/3，而其余的2/3是过渡部分的线脚，这些线脚在大体积中是用斜的直线表示。

前两种柱式的柱头高度也等于1母度。柱头由三个同样厚度的部分组成。最上面部分是方的石板，叫作柱顶垫石，在它下面的平面为圆形的部分是圆线脚（вал），它的横断面为1/4圆。在希腊这个圆线脚有专门的名字叫爱欣（эхин）。在圆线脚下面放着柱头颈（шейка），它基本上是柱身的延续，但是用小线脚与柱身分开。

如果用大体积方法画柱头，柱头的挑出（向上扩大的数量）自然就能决定把柱头全高（1母度）分为三等份，我们把柱头颈看作是柱身的延续；我们用45度斜线来代替圆线脚（或者1/4圆，其高与挑出部分相等）而直接从圆线脚外轮廓引垂直线，这垂直线就决定了柱顶垫石的尺寸（图22）。

爱奥尼柱式的特点是特别的螺旋形的涡卷，与其他柱头有显然的区别，虽然有了这种区别，在这柱头上仍然可以看见柱顶垫石和圆线脚，但是却显然没有柱头颈。因为在以前的例子中柱头颈为1/3柱头高度，也就是1/3母度，那么爱奥尼柱头高度应该只是2/3母度，而这完全符合于维尼奥拉所定的尺寸，但是我们得到这尺寸是用合理的比较的办法，而不是简单地记忆。

在克林斯柱头上也很清楚地看见柱顶垫石，它与前面说的一样，应该是1/3母度高。在柱顶垫石下面我们看见了复杂的装饰，由两层毛茛叶组成，从它们中长出涡卷，一直顶到柱顶垫石；为了这种装饰需要有足够的地方，例如，2母度。这样整个的克林斯柱头高将为$2\frac{1}{3}$母度。于是，我们可以用大体积表示四种柱子；它们的下面1/3为圆柱形，而上面2/3逐渐收分，最后比底半径减少了1/6。[*]

现在转到基座。这里必须确定座檐和座基的厚度（或高度）。一般在建造基座时常把刚才这两部分尺寸定为1/2母度。可以用这种想法来说明，即任何一种艺术都避免重复一些同样的尺寸，或同样的形式。座檐直接位于高为1母度的柱础下。这个情况就造成了座檐避免与柱础尺寸相同；它们的尺寸必须很明显而清楚地和柱础高度有别。如果座檐比柱础矮一半，就可以得到这样的区别。

座基（基座的下面部分）不是紧靠座檐，因此重复它的尺寸是可以的，但是在实例中我们可以看出，克林斯基座的座檐和座基比1/2母度厚些，但这种例外应该一点也不使我们惊奇。反之，由于下列原因它是很自然的。在图表2中的克林斯柱式，母度最小，因此它的一半尺寸也太小。但是，正像图上所清楚表示的，克林斯的座檐比起其他柱式的座檐花样多，在它的座檐下有一个小颈（шейка），这是其他柱式所没有的。这样，座檐的组合就要求增加它的高度。请问这部分到底多高呢？1母度则要与柱础重复，这是很忌讳的；1/2母度又太小；最好是一个简单的，自然的，而因此又容易记忆的尺寸。这种尺寸是存在的，它比1母度小而比半母度大，它的来源应该和母度一样简单。这尺寸就是柱子上端圆周的半径，比1母度小，为5/6母度。于是克林斯柱式的座檐与座基推荐用5/6母度（维尼奥拉没有说明理由，只给了这个尺寸）。在陶

---

[*] 在第三章第二节中谈到的塔司干柱式上面直径比下面直径小1/5。——译者注

立安柱式中，我们也感到基座有点不寻常。它的座基看起来过高，因此它也等于5/6母度高。这原因是这个柱式的座基有两个普林特，一个在另一个上面，而这是别的柱式所没有的。如果没有下面的普林特，剩下的，正像塔司干柱式的一样，为1/2母度。

转到檐部时，我们首先比较所有柱式的额枋。在前两种柱式中额枋是很简单的形式，而在爱奥尼柱式中这个形式又分成三段，而且在上面还有小的冠戴线脚。在克林斯柱式中额枋有着更进一步的发展。要注意，一方面，爱奥尼和克林斯的额枋较复杂，另一方面，母度本身的尺寸逐步减小，因此须要增加爱奥尼额枋的相对高度，克林斯则尤甚。对塔司干和陶立安来说如果额枋高1母度足够的话，那么爱奥尼柱式就应该增加一点，增加1/4母度于小的冠戴线脚上；克林斯柱式的额枋高度还得大些，通常是$1\frac{1}{2}$母度。

现在，当檐部的一些主要部分的尺寸已很清楚后，可以转而决定檐口的高度。关于这个我们可这样想。当檐壁是简单的平素的长条，而没有任何的装饰时，那么使它的尺寸和檐口相同是很不合理的，檐口不仅分成三个主要部分，而且常常还要有更细的分割。因此，檐口的高度比檐壁大些是完全自然的。实际上应该这样做：暂时把檐壁与檐口的总高分为二等份，而后再把分点放下来一些（用目测）。在塔司干、爱奥尼、克林斯柱式中都这样。在陶立安柱式中，檐壁比其他柱式装饰得多些，垂直面被微微伸出的薄砌筑和方的凹面所交替地分割。这两个东西名叫三陇板（триглиф）和陇间壁（метоп），檐壁高和檐口相等，而这也是十分自然的。

我们已经有了关于檐口的组成部分的概念；剩下要说的是，各种柱式的檐口如何用大体积来画出。

首先，必须决定檐口的挑出。为了方便，檐口的挑出等于它的厚度，这样从檐口下部引45度斜线可以决定最外的一点。分檐口高为三等份，我们可以得到用大体积表示的檐口线脚，而且中间部分向前伸出，有水平线状的挑出，这个水平线就是泪石的下部（图23）。

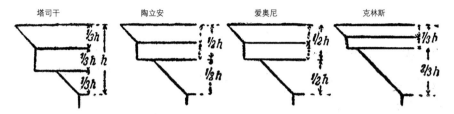

图23　用大体积表示的冠戴檐口

如果看一下维尼奥拉的、罗马的和意大利文艺复兴的柱式的所有檐口，那么不难看出，无论它们如何多样化，所有这些变化看来只是檐口下面的支撑部分的装饰的多寡。至于谈到挑出部分和冠戴部分，那么所有的檐口都一样。

当支撑部分有很大的发展时，很自然地要给它以较大的尺寸，在柱式中就是这样做的，在塔司干檐口中，支撑部分很简单，因此它的尺寸就与檐口其他部分没有区别，也就是塔司干檐口的支撑部分是塔司干檐口的全高的1/3。陶立安和爱奥尼檐口的支撑部分较发达，因此它们就有全檐口高的1/2。剩下上面一半是泪石和冠戴部分，因此上面这部分本身又分为二等份。最后，克林斯柱式的支撑部分还要复杂。而它本身又分为若干组成部分。因此在这里支撑部分占了整个檐口高的2/3。而剩下的1/3分成两半为泪石和冠戴部分。

这样我们就用大体积方法描绘了四种罗马柱式。必须很好地掌握这些为数不多而简单的尺寸，因为在实际工作中，当组合不同的建筑物的立面时，运用柱式，必须用很小的比例尺来画它们，以至于它们的细部描绘完全是不可能的；因此也就只好止于用大体积描绘。画建筑图和找寻立面装饰的母题时，重要的是要能自由地、容易地掌握这些形式，在画它们时不感到很困难。由于这些理由，我们认为图表1很重要，在这个表上用最简单的形式将柱式表现出来，但是保持了它们的基本比例和特征。

第二章　运用柱式的建筑组合

第一节　列柱

支撑着一个共同檐部的一排柱子叫作列柱（колоннала）。

列柱通常是没有基座的柱子。柱子立在一个共同基部（подножие）的水平面上，这个水平面常常以高的阶梯形向下逐级扩大（希腊的神庙、伊萨基也夫斯基教堂），有时这基部在高度和装饰方面看来像是在列柱下的一个共同的基座（罗马神庙、喀山教堂）。建造列柱时必须知道，柱子中轴线之间的距离的关系。

已有的例子说明，这个距离摇摆于相差不大的范围中。通常这个距离是1/3柱高。这样，如果是布置四根柱子的话，那么通过柱子上端和下端的水平线，和两边的柱子中轴线形成一个正方形（图24）。如果要求柱子间相互距离加大，那么可以将整个柱式高度做成方形（柱子加上檐部），如图25所示。

以上所举的两种情况，决定了柱子间距的范围。一般在建造列柱时这个问题的解决要依据于"所给的"（Данный）和"所求的"（искомый）。如果柱子高度给了，那么柱子中轴线之间的距离，即如上所述，为1/3柱高；如果两边的柱子间距给了，而且要求在这一排上分布四个柱子，那么要求的就是柱高；分所给距离为三等份，得到相邻的

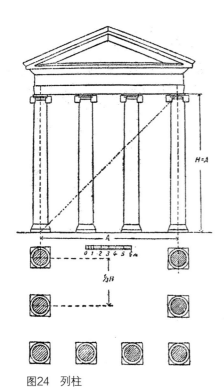

图24 列柱

柱间距，再沿着垂直线取这距离
的三倍即得到柱高。

很清楚，所举的规则不会束
缚建筑师的创作，但是决定了一
个界限，在这界限里可以变化列
柱的营造方法，而不致离开古典
的原则太远。

列柱的最典型例子是上面提
到过的希腊神庙。

如果有一平面为长方形的建
筑，外面围以列柱，那么必须使
这个基本长方形四边的尺寸便于
在所有立面上以同样的间距排列
柱子。

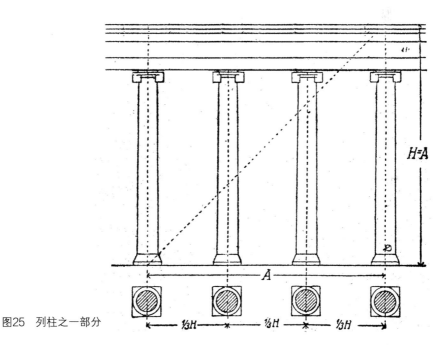

图25 列柱之一部分

但是建造列柱的全部问题，不仅限于决定列柱之间的距离和它们的高度。例如，如果有一个长方形，在短边上排列四根柱子，而在长边上排列八根或九根柱子，那么在柱子围成的长方形上，盖屋顶是极重要的问题。

长方形建筑物上的屋顶可以是很多种多样的，但是实践中常用的有下列两种方法：四坡顶（покрытие на четыре ската）和两坡顶（покрытие на два ската）。

四坡顶——确定了屋顶坡度之后，通过房子四周檐口的冠戴部分的上沿所形成的长方形的四边做四个斜面；这些面的相交线，形成四根由长方形四角开始的斜脊和一个水平直线，这根线是由长方形的两个长边所引出的斜面相交而成的。

这个最高的水平线（图26）叫作屋顶的正脊（конек крыши）。这样，在长方形上的屋顶是四个斜面组成，其中两个是梯形而另外两个是三角形。所有这些斜面都叫作"坡面"（скат 或 вальм），因而这种屋顶叫作四坡顶。显然，这种屋顶的平面投影不依据于斜面的倾斜角度，而正脊的长度常常等于长方形长边和短边之差。

因此，长方形愈短，则正脊愈短，而当平面是正方形时，正脊成为一点，屋顶成为四角锥体的形式，它的平面是一个带有两根对角线的正方形（图27）。

至于屋顶坡度，那么罗马和希腊的建筑中做法不一样，希腊屋顶的坡度比罗马的要小。我们用下列图解法来说明那些做法（图28）。

取任意水平线 ab 为半径，以 a 点与 b 点为圆心做二弧，交于 c 点。以 c 点为圆心，同样长做半径，做弧 adb，d 点是从 c 点引的垂直线和弧的交点。ad 线即决定了希腊建筑的屋顶方向，而角 dab 即是屋顶的坡度。

罗马屋顶的坡度如（图29）从0点以任意半径 $0a$ 画 $1/4$ 圆与 ao 的垂直线 cd 交于 c。以 c 点为圆心，以 ca 为半径画弧与 co 延线交于 d。直线 ad 即是罗马建筑屋顶的坡度。

总之为了找出我们所画的列柱的屋顶，我们有一切必需的资料。

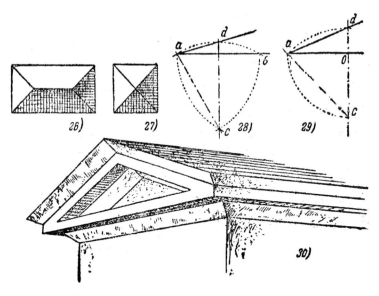

图26-30　屋顶

但是同样的建筑也可以用另一种方法来建筑，这就是只有两个坡面的屋顶，这种屋顶叫作两坡顶。

两坡顶。从长方形长边檐口的边沿上做两个斜面，相交于一根水平线，这根线的长度和长方形上与它相对应的边长相等。因为这两个坡面的坡度相等，所以这根线（屋顶正脊）与长方形的两边距离相等，而屋顶的两个坡面形成两个窄的长方形。

现在转向我们建筑物短边的立面（图24）。在檐口上加上了一个三角形，它的两边是斜的，与上面所说的罗马形式的规则相同。这个三角形通常不是空的，而是填满了砌筑物，成为墙的一部分，它的正面是檐部主要垂直面的延续。上面所谈到的两根斜线，比所说的垂直面伸出很多，因此实际上这两根线在这种形式下不可能存在。它们只能说明屋顶的方向，因为在屋顶之下经常有由三个组成部分（冠戴部分、挑出部分和支撑部分）组成的檐口，那么必须斜向地做出同样的檐口。这就发生了一个问题，斜的檐口和水平的檐口的交接处是怎样的，这个交接处应该符合于下面的规则，而当我们分析时可以看出，这是唯一的正确的处理。

三角形山墙（фронтон）。一个水平檐口和两个斜檐口所形成的三角形，叫作三角形山墙。它的正确的做法常常不被遵守。那么就来看看希腊建筑师的作品吧（图30）。如在檐口下有建筑物，那么沿着建筑物周围就有檐口的支撑部分；在支撑部分上面是挑出的泪石，这样檐口就完成了。从这个檐口开始做屋顶的斜面，因为屋顶是两坡的，在长方形的短面上就必须继续砌三角形的墙。而直接在形成屋顶坡度的斜线之下，应该斜置保持原有厚度的挑出部分的石头，这石头本身，又应该像水平部分一样地被支撑住。这样，檐口不是由三部分，而是由两部分组成，我们可以很容易地得到三角形山墙，在三角形山墙上斜的部分和水平部分相接处很简单；水平泪石和两个斜的泪石的正面在同一个垂直面上。在水平泪石和两个斜的支撑部分之间的三角形，叫作山花（тимпан）。通常它充满了与建筑物的任务相适应的雕刻装饰。

至于怎样安排檐口的冠戴部分仍旧是一个未解决的问题。因为在希腊建筑中冠戴部分是斜沟沿，也就是屋顶边缘的折叠，我们看见，沿着建筑物的长边的折叠是水平方向的，而在短边，则斜置于泪石石板之上。显然，在三角形山墙部分上这个屋顶的折叠不可能是水平的。因此为了合理地安排这部分就必须按照希腊原来的样子。如果檐口已经由三部分组成（图31），那么在我们要做三角形山墙的地方，就必须首先在图上消灭水平的冠戴部分（沿水平方向的斜沟沿）而把它放在屋顶的斜坡上，然后随便在什么地方做一根与这根斜线相垂直的辅助线，在它上面取泪石和支撑部分的厚度（2和1），引两根和前者平行的斜线，可以得到各部厚度一样的檐口的下面两部分。为知名的建筑师伏洛尼欣（Воронихин）所建造的喀山教堂的三角形山墙，做法是另一个样子，它的整个檐口在水平方向怎样支撑，在斜的方向也怎样支撑，因此在角上就有冠戴部分的交叉。伏洛尼欣在哥尔内依学校（Горный институт）立面上也用这样的方法处理。

再看一些三角形山墙做法的细部。我们有一个用大面积画的三角形山墙（图32），而且设想这个山墙被一个与圆纸相垂直的p面所切。

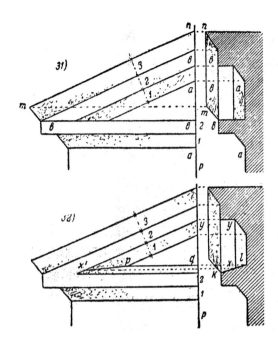

图31-32 三角形山墙之做法

在这个面上所得到的图形叫作断面图，但是因为这个断面图的形状在立面上只是一根垂直线，那么为了要看清所得到的断面图，必须把这个面转90度，使和图纸相合。这断面图就是图纸右面所画的样子。

在这种情况下，最好将图的左面和右面比较一下，看看落到断面上而在断面上现出的三角形山墙的各部分。显然，檐壁的面和山花a在断面上用一根用同样字母标出的垂直线来表示，泪石面b是垂直线，斜线mn在断面上是垂直的。

断面有着重要的作用，因为在这上面可以看见那些只看立面所绝不可能看见的一些部分和尺寸。

例如，在断面上我们看见水平的泪石，强有力地从山花面上挑出，好像方线脚一样，在它的上面的水平面上可能积存雨雪。排水和雪融时使雪滑下的设备常常成为建筑师的麻烦；因此应该避免刚才提到过的水平面，而且探取一些办法，来用斜的泪石的面代替水平的。这种做法另有一个专门的图（图32）。把泪石部分上面的水平面代之以斜面kl以后，我们看见这个面在立面上是一个窄条，而这个面与山花的交线是pq。斜的支撑部分与这个面相交成一线，它的一个点已经知道了——p，另一点在断面上很清楚——这就是kl线上的x点。

在立面上这线是直线px^1，连x点和p点，我们就得到斜的支撑部分与水平泪石上的斜面的交线。

当用小比例尺画三角形山墙时，上面所谈的这些细部可能表示不出来，但是当用大比例尺时，实际上常常保持泪石上面的这个坡度。

当讨论细部时，还必须增加一些关于三角形山墙做法的知识，但当研究大体积的形式时，这些细部没有什么意义。

第二节　运用列柱的各种方法

在希腊建筑中柱式是独立的结构系统，剥夺了希腊建筑的这种形式，无异于破坏这个建筑物。

在罗马建筑中柱子常常有了另外的作用，并且逐渐地变成非结构物，而只是装饰物了。

罗马神庙常常由拱形天花板和石头墙组成，柱子只是用来装饰单调的平素的墙面。柱子贴在墙上或者砌到墙中去。这种柱子做成这样，它的3/4的厚度由墙面突出，而1/4则砌入墙身，即所谓"没入"墙中；因此，正确地应叫这种柱子为"四分之三的"（трехчетвертный）（图33、34）（这种柱子常常有不正确的名字"半个的"或"半柱"）。所举的例子，是一个有檐部和三角形山墙的陶立安3/4柱的入门加工的平面、立面和断面（图34）。丰富地装饰起来的入口通常叫作"门廊"（портал）。

在那种情况下柱子后面的墙不是平素的；在墙上有凸出的砌筑物，它承担着柱子上和架到墙上的檐部（图35）。这个新形式是嵌在墙上的，从墙面上凸出很少的垂直线条，其宽度等于柱子。这种形式叫作"扁倚柱"（пилястр）。扁倚柱经常是平的四角柱，而它的加工完全与柱子相同。像柱子一样，它有收分、柱础和柱头。在立面上这种形式被遮在柱子后面了，因此看立面时，绝不能知道这柱式表示的是3/4的还是单个独立的。只有当同时看到立面、平面、断面或侧面时，问题才完全清楚。

图35和图36是一个用独立柱子加工的入门，而且必须明白，当用这种柱子时在墙上一定有扁倚柱。

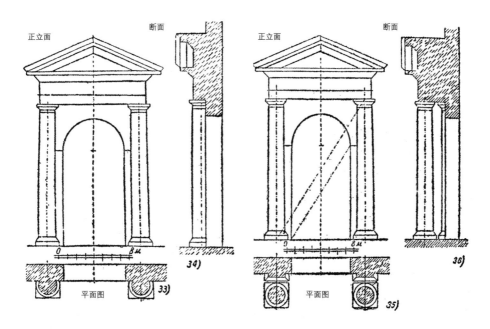

图33-34 用四分之三柱的入门加工 　　图35-36 用单个独立柱子的入门加工

扁倚柱的突出部分厚度差不多为它的宽度的1/5到1/6。

因为扁倚柱和柱子都有自己的柱础，那么，显然，这两个形式距离最近时二者柱础的普林特互相紧贴。但是这个紧贴应该避免，因为这样就丧失了独立性，而且在这种情况下，在柱子和扁倚柱下放一个共同的普林特来代替两个紧贴着的普林特要来得更合理些。

因此应该在柱础间留出哪怕是很小的距离。

实际上这样处理平面时应该从扁倚柱开始。

当画出了扁倚柱并且加上了柱础平面时，从扁倚柱离开一些，再画独立柱的柱础的方普林特。在这正方形上画对角线，得到柱子中心即它的垂直轴的位置。

在关注这类入口加工的例子时，应该注意还可能有另一种加工，即在有门窗洞（проём）的墙面上可能用带有基座的柱子。

第三节　连续券

一系列覆以发券的同样而重复的洞口，叫作"连续券"（аркада）。为了做连续券必须知道一些尺寸，即：洞口的宽度和高度，它们之间的距离（间壁，простенок）和墙的厚度。所有这些尺寸是互相依据的。对罗马建筑的研究指出，罗马的建筑师们制定了一定的关系。洞口宽度是高度的一半，间壁的宽度是洞口宽度的一半。而墙的厚度又是间壁宽度的一半。换句话说，惯用的形式是一个宽与高之比为2∶3的长方形mn（图37），上面再覆以半圆。比例为2∶3之长方形通常叫作有一个半正方形比例之长方形。如果连上面半圆额一起考虑，那么整个形式内切于一个相当于两个正方形（或者两个圆）的长方形，如图37所示。左边最后一个角上的和其他相同的间壁叫作"巨墩"（пилон）。从上面所举例子中仍旧有一个问题没解决，即是由券和间壁组成的墙的高度。

为了弄明白这个问题不要忽略罗马人为装饰发券所制定的手法。通常在半圆外圈饰以一个不宽的装饰边，叫作"券面"（архивольт），而这券面本身又被它下面的和它同宽的水平的腰带线脚（пояс）所支撑，这腰带线脚伸在发券之间（图39A和B）。它们名叫"拱券垫石"（импост）。最后，发券上面正中一块石头"龙门石"（замок），常常从墙面凸出，比券面还要突出或高出一些。加上了所有这些装饰以后，我们可以画一根水平线，结束我们的墙。在这根线上安放具有三个组成部分的檐部。暂时任意地画这根水平线。现在不难看出，为我们所画的这根线（墙上边）ac（图37）、墙下边pd和两个间壁的中轴线pa和dq组成一个长方形，围绕着我们的半圆额洞口，但是这个长方形，由于上面的线是任意做的，具有偶然的性格。

我们力求给它一些有根据地从其他的组合形式来的，并且密切依据于它们的尺寸。这是可能的。我们的门窗洞是一个放在边长比例为2∶3的长方形上的半圆，我们的新的长方形不要任意做，而是使边长比例同样为2∶3，因此就只有引pq线平行于mn。两个长方形现在相似了，而且

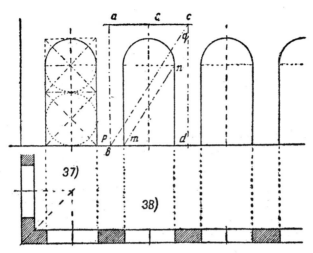

图37-38 连续券之比例

出现了严格的规律代替了偶然性。dq边或者pa边可以说明柱子高度。

根据柱子高度不难做出檐部，因而，也有了檐口。最后，我们可以做不用柱子装饰的间壁，但是，可以暂时设想加上装饰间壁的柱子，檐口的高度和位置就能完全准确地决定了（图39）。

如果所得到的柱高不仅看作是柱子的高度，而是柱子和基座的高度的总合，那么这时柱子的尺寸就和前面的不一样了，而相应地包括檐口在内的檐部的高度也就改变了（图39B）。这样，这个问题就得到了两种解决，可以把它当作无数种自由处理的两个界限。

装饰间壁的柱子，像前面所举的例子，可以是3/4的或者是独立的；而后者按照前面所叙，一定伴随有扁倚柱。为了搞清楚发券做法的主要方面，我们举两种没有柱子的发券加工。在一个上是饰以爱奥尼柱子的发券，没有基座（图39A）；而在另一个（图39B）发券上，饰以同样的柱子，但有基座。

在这种情况下必须特别注意建筑物的转角（图41、42）。建筑物的墙角在立面上形成檐口的转角，在与图纸平行的一排柱子上的檐部也形成了檐口的侧面；最后在与图纸垂直方向的一排柱子上的檐部也形成了同样的侧面。

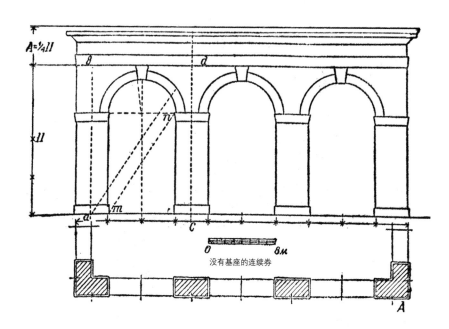

没有基座的连续券

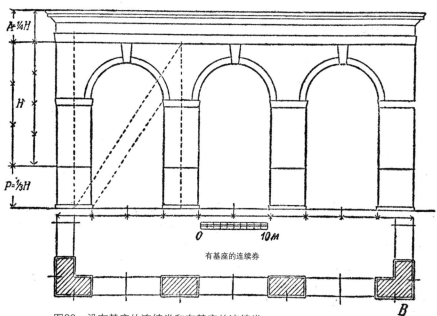

有基座的连续券

图39 没有基座的连续券和有基座的连续券

这样，在转角处，就有了三个侧面。关于屋顶，我们还有一个问题悬而未决，即屋顶的高度依据于整个建筑物的宽度，而在这种情况下宽度是不定的。

第四节　券廊

我们想象连续券的特殊情况而且做一个这样的建筑物，它每个面的形式都是只有一个发券带两个角上的间壁；也就是，建筑物的形式从侧面看和从正面看完全相同。在这种情况下是每面有同样立面的正方亭子（图40）。如果建筑物不饰以柱子，那么这个建筑物所有檐口的位置可以像连续券上的做法一样。

在所举之例中画了这个简单建筑物的平面和立面。它的屋顶也很简单而且是带有正方基底的低的角锥体。这个最简单的建筑物是通常叫作券廊（портик）的建筑组合的核心。

要做任何一种券廊，首先必须画这个基本核心，然后可以用柱子装饰它，好像装饰连续券一样：在每个间壁中间、有时是巨墩中间，放上柱子，这些柱子支撑着上面的檐部。这檐部遮住了基本核心的檐部的大部分，只有它的两个角没有被遮住（图41）。

如果把我们的券廊的左角和图39中的连续券的左角相比较，则这里就显得和连续券完全一样。右角也是这样造起来的。只有屋顶的建造问题没有被解决。基本核心是被四面坡的屋顶盖着的，这屋顶仍可以这样盖着，但现在有四个长方形的附加部分没有被盖上，这就是在装饰着券廊的柱子上的檐部。我们把所有这些增建物用两面坡屋顶盖起来，这就在四个立面上都得到了三角形山墙。我们对这些山墙的建造非常熟悉，所以就不去谈它，而只图示一下有山墙的柱廊的样子和屋顶平面（图41）。

如何运用柱子？是独立的呢还是3/4柱？有基座还是没有基座？最后看一看采用什么柱式，这样我们就可以得到许多样子的券廊。

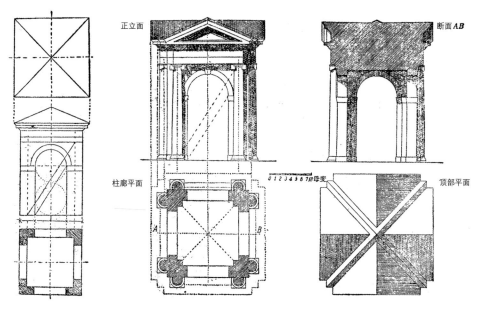

图40 券廊的方案图　　　　　　　　　图41 无基座的爱奥尼券廊

一切建造券廊的方法可以归纳为两类：

1）运用带有基座的柱子的券廊。

2）没有基座的柱子的券廊。

在这两类的任何一类中都可见到独立的柱子或3/4柱。因此，每一种柱式都有四种券廊的形式，而四种柱式就有了16种不同的处理。为了完全掌握券廊的做法，我们只要绘制两个例子就够了：一个是有基座的券廊，用独立的柱子，另一个没有基座，用3/4柱。

当建造这种券廊时绝不能忘记券面和拱券垫石；只有在这种情况下，即当柱子占据巨墩的地位是如此之大，以至于1母度宽度的券面不能宽畅地被安置，而是紧靠在柱子上，则券面必须放弃，不能把它勉强地硬塞进去。可是这样的情况只有在一种情况下才会遇到，即在无基座的塔司干券廊上。

在图42和图43上提出了建造券廊的典型例子，有基座的和没有基座

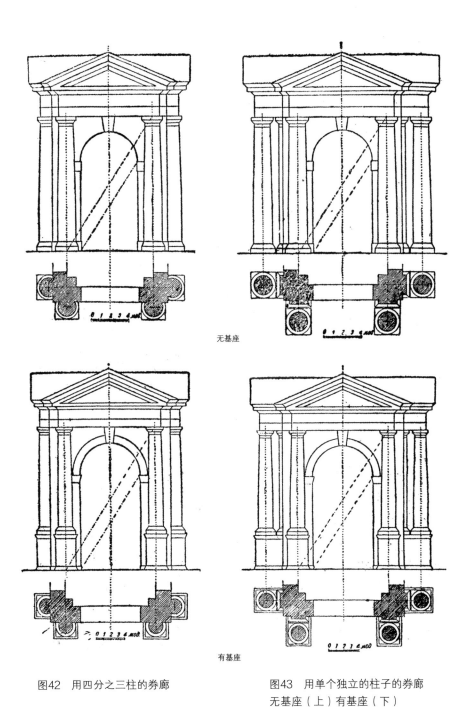

无基座

有基座

图42 用四分之三柱的券廊

图43 用单个独立的柱子的券廊
无基座（上）有基座（下）

的，用3/4柱的和独立柱的。

直到现在，我们还由洞口开始设计券廊，即先定发券的宽度；在券廊中也可能遇到这种情况，即为建造券廊而给的数据是另一种尺寸，因此，就要改变绘制券廊的程序。

券廊构成的几个例子

让我们观察一下几个在建筑组合的实践中遇到的券廊组合的例子。

一、按照既定的母度建造券廊——知道了母度，依靠柱式规则就能很容易地知道柱子的高度。如果券廊没有基座的话，则柱子的中心线间距离应等于2/3柱高；如果券廊有基座的话，则在得到柱高后，必须再加上1/3高度，这就是基座的高度，那么所得到的柱子和基座的高度的总和的2/3就是柱子中心线间的距离。为了得到发券的宽度，就必须把柱子中心线间的距离分为六等份，中间的四份就是发券的宽度。因此，当知道了发券的尺寸时，在基本情况下问题就解决了。

二、当柱子中心线间距离知道时——把这距离分为六等份，就得到了发券的宽度，这宽度是由这些等份中的四份组成的，这样一来就和以上所说的情况基本一样了。

三、当两巨墩的转角之间的距离知道时——由于巨墩的宽度只有发券宽度的一半，或者等于发券的半径，则把所给的距离分为四等份，就得到了发券的宽度和位置，发券的宽度为中间的两个等份所决定。

四、柱式的任何一部分知道时——当券廊或柱式的任何一部分的高度知道了之后，由于各部分大小互相之间的严密的关系，就可以毫无困难地决定柱子的高度，同时就可以决定母度的大小；这样，这例子就可以归入到上面所谈到的任何一个例子中去了。

建造券廊是我们研究柱式的最终目的，但学会了按大体积方法绘制券廊之后，就应该知道如何从图解的形象过渡到有许多细部的完整的券廊的面目了。

第五节　从大体积过渡到细部

为了确定柱式主要部分的正确尺寸，在用细部表示之前，必须先用大体积表示它。我们提出的这些尺寸，给柱式不同部分以尺寸和比例关系，而这些尺寸和比例对于借助于用相应的线脚来代替斜的直线的方法以过渡到用细部描绘是足够的。但是柱式的某些部分被规定得很复杂。在这里面出现了一系列新的，还未被我们研究清楚的形式；因此从大体积过渡到细部时探取某些渐进的方法是有益的，不是用细部代替我们用大体积所表示的图，而是用有着更细的部分的直线的图解。总之，在某些情况下用大体积表示的图可以代以用较小体积表示的图，然后再同样地以细部来代替这些小体积。

檐口的支撑部分是主要要求用小体积来表示复杂的部分。我们已经知道，在陶立安和爱奥尼的檐口中支撑部分比塔司干柱式的复杂，而在克林斯柱式中这个部分还要更复杂，因此也就有更大的尺寸。这是因为在不同的柱式中支撑的部分不是简单的，而是由很不同的个别部分组成。陶立安檐口的支撑部分由两个明显的部分组成。

在爱奥尼柱式中，它是由三个个别部分组成，而在克林斯柱式中则由四个部分组成（图48）。

没有任何根据把这些个别部分做得大小不一，因此我们总是给它们同样的尺寸。这样，我们将要用水平线把檐口的支撑部分分成等宽的长条。克林斯柱式分成四部分，爱奥尼柱式分成三部分，陶立安柱式分成两部分，而在塔司干柱式中檐口的支撑部分是没有变化的，像是由一个组成部分组成一样。这些狭长的水平长条有着各式各样的名字。所有从下而上的第一和第三个部分用斜线来图示。这是图解地表示了曲线的线脚；从下而上的第二与第四个长条是狭长的垂直面，有着从它们的面上突出来的直线部分，而对于这个必须认识得更仔细。

在有大尺寸的石块供建筑者任意支配时，使泪石尽可能挑出很大的意图才能实现。为了保证檐口的稳定性，石块的挑出部分比放在墙上的部分少一半是很必要的。当缺乏这种材料时就得用特殊的办法建造檐口，在这种情况下泪石的挑出可以做得和泪石本身的尺寸差不多（图44）。

因此在支撑部分里石头的宽度不很大，但尽可能长些，就好像做楼梯阶级用的石头一样，这些好像托石（кронштейн）的平行六面体被分饰成这样，即它们的中距等于泪石的长度，这些泪石十分坚固地躺在相邻的突出的石头上和下面支撑部分的扩大上。这些挑出的石头叫"托檐石"（модульон）。托檐石的尺寸通常如下：在立面上宽一母度，净挑出比一母度大一点，而石头的距离（间距）大约是托檐石宽度的一倍半，也就是接近 $1\frac{1}{2}$ 母度。

这种托檐石被运用在陶立安柱式和某些另外的形式如克林斯柱式中。在后者，这种托檐石具有躺着的带有两个涡卷的托石的形式。克林斯的托檐石被用大体积方法表示于图44A中。在实际建造房子时这种简化了的托檐的形式是被保存的。这种托檐石被建筑师运用在伊萨基也夫斯基教堂中。在北面柱廊的左面的凹角上保存了若干克林斯的托檐，它们被细部装饰着，但由于很高，细部看起来太过于琐碎，因而托檐石的基本形式就几乎丧失了，所以建筑师宁愿把托檐石做得比较粗糙，可是却有十分肯定和富于表现力的形式。

我们在檐口的支撑部分下面常常看见一系列小的平行六面体来代替较大的、强有力挑出的托檐，它们被安置得互相之间距离很近，叫作小齿（зубец），为了明确小齿的概念，我们提供出一个细而长的断面是方形的石块。它被锯开成单个的小块，长度是宽度的一倍半。这样的小块石在立面上将是具有一个半正方形比例的长方形。支撑部分长条的垂直面的厚度决定了小齿的高度，而小齿的宽度必须等于这个高度的2/3。小齿的间距必须明确地与小齿相区别，因此被做成为小齿宽度的一半（图45）。在小齿的间距里通过一个窄的水平条，好像把所有的小齿贯穿起来。在立面上是在具有小齿的长条的角上，在图45中我们看见旁边有两个小齿，ф是近于平行图面的行列中的最边上的小齿的立面，而Б是

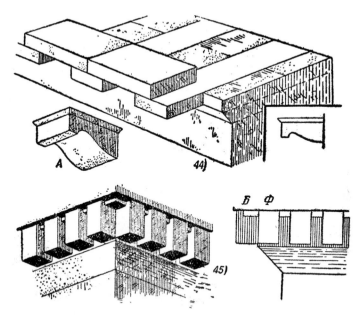

图44-45　托檐石和小齿

与图纸垂直方向的行列中的小齿的侧面。

　　如果在托檐石中我们看见的是纯结构的形式，它被决定于用小的泪石石板来做挑出甚大的檐口，那么对小齿来说去寻找这样的理由是徒劳无益的。小齿的出现不可以被解释成直接的结构的理由。但是在任何情况下为了查明小齿的起源必须转向运用了这种形式的最古的建筑物。例如在古利基（ликий），它的建筑无疑地与希腊有着联系，那座保存了很多奇怪的、形式上像是在峭壁上凿出来的山洞一样的坟墓建筑（即崖墓），这些建筑从外面看有建筑的装饰，这些装饰被刻在同样的石头上做得很小心而严谨。

　　对这些加工第一眼看过去时，建筑者在石头上表达了木结构的形式。大概是这样，宗教的想法迫使埋葬的地方具有敬神的建筑的形式，而这种建筑当时是由木头做成的，而且，甚至可以是很轻的，便于从一个地方搬到另一个地方去。只有用这样的见解才可以说明为什么用石头重复了不是石材所特有的木结构的特征。

把注意力转向陵墓的立面，我们看到上面常常是用圆石结束，看来，它是模仿那些原始木结构建筑的天花板木棍（图46）。在图47上我们看见圆石被长方形小块所代替，它提示给我们小齿的形式，而且在立面上造成了生动的阴影。可能是这样，希腊的艺术家已经感触到这种形式而且在自己的建筑上重复它，不仅由于结构的理由，而且也由于美学的理由。

实际上，在强有力地突出的泪石下支撑部分位于阴影中，因此从下面往上看是单调的、黑色的、没有细部的长条。在这部分安置小齿立刻就消除了这种呆板，而且使灰色的单调的阴影活跃起来，它给这阴影以中间色调，反光和使阴影变浓直到黑色的地方。

在许多世纪的过程中直到20世纪在各民族的建筑中都有在檐口的支撑部分安置小齿的例子。

现在我们看四种罗马柱式的檐口（图表2），把主要注意

图46　利基的墓

图47　利基的墓

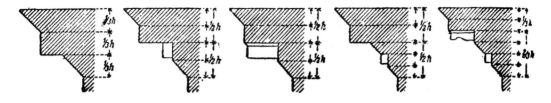

图48　用小体积表示的冠戴檐口

力移到支撑部分的发展上。

它们中最简单的塔司干柱式，支撑部分由一个曲线线脚组成，而且没有任何的小齿，也没有托檐石，因此仍旧是早先的形象，并没有改变。

在陶立安柱式中有两种形式。二者的支撑部分是由两个互相不同的部分组成：下面部分被描绘成曲线线脚的形式，而上面部分，在一种情况下保持了一列小齿，在另一种情况下是一列托檐石，它们是支撑着泪石的。

这样，陶立安柱式就成为两种发展了的形式。更准确地说，两种陶立安柱式：一种比较简单的，叫作"有小齿的陶立安柱式"（дорический ордер с зубцами）；另外一种，比较更发展了的和较完善的，叫作"有托檐石的陶立安柱式"（дорический ордер с модульонами）。在图48中有所有被我们研究过的柱式的檐口，它们做成小体积的断面图，而且断面是穿过两小齿之间或两个托檐石之间，因此整个的檐口部分，除了小齿与托檐石以外都有附加斜线（表示断面）。

再看爱奥尼柱式，我们在这里看见了支撑部分是由三个互不相同的部分组成。中间一段被小齿所占据，而且被夹在两个曲线线脚之间。

克林斯柱式的檐口准确地重复了与爱奥尼完全相同的三部分，但是在泪石下面，还增加了安置托檐的第四个长条。

现在仅仅是，首先用大体积方法描绘了柱式，而后来把它们用较小的体积分割了，然后就可以转入柱式各部分的详细的描绘了。

第三章　建筑细部

第一节　线脚元素

维克多·雨果在自己的作品《巴黎圣母院》中，从哲学的观点来看建筑，把它与印刷品相比并且把建筑叫作石头的书，"这花岗石的书在东方开始了自己的生涯；并绵续到古希腊和罗马。开始时它们只等于是笔画。石头被加工就成了字母"。"后来开始组成了字。人们把石头放在石头上，把这些石头的音节联合起来，并借助于字得到某种组合"。"卡纳克（Карнак，埃及地名，有巨大的古神庙遗迹）的庞然大物已经是完整的公式了"。

正像内容不同的书是由书页所组成，书页是由行和字组成，而字则是由在字母表中为数不多的字母组成一样，任务不同的建筑作品可以被分成互相相似的几部分，而归根结底是由单个的元素组成的，这些元素可以被看作石头的字母。这些由建筑的线脚所组成的单个的元素，已经有了专门的名字，它们不足以完全表示它们所要表示的，因此我们力求避免它，但是又必须称呼它，因为它们在建筑的名词中已经被相当坚决地确定了。

线脚元素通常叫作"奥柏隆"（облом）。

这个名字在我们的观念中表示了被打碎的、败坏的，甚至很粗糙的一些东西，但实际上它表示了不大的，被小心翼翼地装饰了的，而在某些情况下是有着细致的表现力的部分。因此我们宁愿用另一个名字叫它——"线脚元素"，同时，我们由于有了线脚，就在天空的背景上领会了建筑作品的外轮廓。

正像字母被分成母音和子音一样，线脚元素也被分成两种——直线的和曲线的。腰带线脚、小方线脚（полочка）、普林特是属于直线的（图49）。腰带线脚是从墙面上突出很小的厚的长条；小方线脚由窄的长条组成，它从墙面上突出的尺寸不少于自己的厚度。

从小方线脚过渡到它所在的墙面，通常不是用台阶式的突出而是用1/4圆，它的圆心在小方线脚外缘的延长线上（图50）。这种过渡不是偶然的，而是有着充分的结构上的理由。即当小方线脚的尺寸不大时，如果它被简单地做成突出的形式，那么由于石头材料的易碎性，由于它被特殊的工具如锤子等经常打击着，就可能会在工作接近完成时被劈掉（图50）。如果做成上面所说的圆的过渡形式就可以相当地保证了这部分的坚固性。

普林特通常是基部（柱子的或基座的）的最下面的部分，它把上边的重力分布到下面的更大的面积上。技术上这类石头经常被运用，而且被叫作垫石（подушка）。普林特——也就是垫石，它常常是简单的没有任何装饰性及附加线脚的扁平的平行六面体。

曲线的线脚元素可以有两类：简单的，由一个圆心画的，和复杂的，由两个圆心画出来的。

圆线脚（вал）——外形为半圆形，属于简单的。在柱式中这种线脚通常用在基部：如果圆线脚被做得尺寸很小，它就叫作小圆线脚（валика）。1/4圆弧的线脚叫作四分之一圆线脚（图51A）。借助于同样这种1/4圆弧，可以得到凹形的线脚，它就叫作四分之一凹圆线脚（выкружка）。

圆线脚和四分之一凹圆线脚的位置可以是各式各样的：在一种情况下这些线脚可以是从下面的狭窄部分到上面的宽阔部分的过渡；反之，

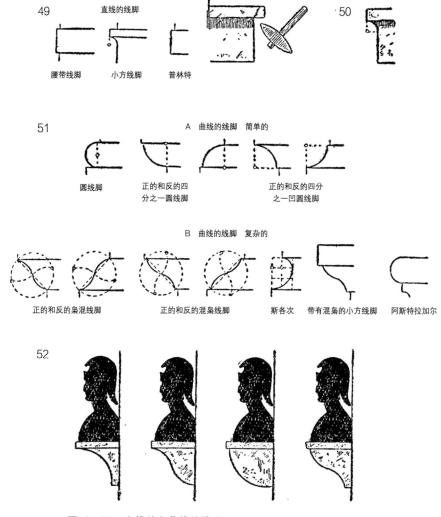

图49-52 直线的和曲线的线脚

在另外的情况下，用同样的线脚可以达到自上而下的扩大。为了不仅清楚地表示线脚的形式，而且也表示它的位置起见，当向上扩大时，通常在它的名字上加一个"正的"（прямой），而当向下扩大时则加上一个"反的"（обратный）。

复杂的元素有两个曲度，由不同方向的两大部分组成。有一种上面凹入，而下面凸出的线脚，叫作枭混线脚（гусёк，俄文字义为"小鹅"，大概是由于和在水中的鹅的脖颈的外形很相似之故——译者）；与它相应的是反枭混线脚。与这种线脚相对的是混枭线脚（каблучок），上面为突出的部分，而在下面为凹进去的部分；与它相应的是反混枭线脚（图51B）。

最后，主要是在爱奥尼与克林斯柱式的柱础中，有一种元素，是曲度不同的凹形。这种形式叫作斯各次（скоция）。

所有这些列举过的元素的画法，从图上来看是很清楚的。元素的厚度和它的外轮廓的最外边的点有了以后，用直线把最边上的点连起来，这直线就是辅助圆的直径；用这个圆的半径，以两个最边点为圆心，在辅助圆上求交点，这些交点就是组成线脚弧的圆心。正像在我们的字母表中有复杂的字母，例如ы和ю，同样在线脚元素中我们可以常常看到两种不同线脚的组合。这些组合之一是兼有小圆线脚和小方线脚，另一种则是带有混枭线脚的小方线脚，在这二者中直线的部分比曲线的部分窄一半，这是很合理的，因为直线的部分是均匀地受光的，因此，它就用同样的长条画出来，而曲线的形式本身就有受光的部分，由亮处过渡到阴影部分和被隐蔽的部分，这就是说被分成几个受光程度不同的条。

这些组合之一（圆线脚与小方线脚）有一个特别的名字——"阿斯特拉加尔"（астрагал），另外的一个，虽然也常常遇见，但没有特别的名字。

认识了这些线脚元素之后，必须批判地分析它们的主要部分，以确定这些元素是供什么之用的或者简单地说，它最适合于做什么。

那些在大体积中以斜线表示的线脚，可以被分成两类：荷重的元素，也就是支撑着在它上面的部分的；和另一种在它上面没有任何荷重的元素。第一种我们常在檐口的支撑部分遇到，第二种则常见于它的冠戴部分。在分析的时候我们力求遵循那种我们每个人都有的相当程度的特殊的敏感。

假定说我们想为沉重的青铜半身像做一个大理石的台子，这台子用大理石的托石支撑住，而这大理石的托石又被做成一种线脚元素的形式。那么我们将要选择那种比较能适合于所给条件的形式（图52）。1/4凹圆线脚会使人感到支撑过分脆弱和不坚固；枭混线脚下部看起来比较粗壮，但它的上部仍是纤弱的，好像1/4凹圆线脚一样，没有表现出自己的坚固性。进一步，1/4圆线脚造成了与1/4凹圆线脚相反的情况，并没有使人顾虑支撑的坚固性，但最后还是混枭线脚式的托石产生最适宜的感觉。

由上面可得出结论，1/4凹圆线脚和枭混线脚对支持荷重来说是轻而无用的形式，而1/4圆线脚，特别是混枭线脚看来，是特别为支持荷重而设的。看了所有的柱式线脚之后（图表4、6、9、12、17），不难看出，在任何支撑部分从来也没有上面所说的轻元素，而混枭线脚是最常用最接近这目的的一种形式。

现在转向本身不负任何荷重的檐口的冠戴部分，而且力求明了怎样的线脚才最适合这些部分。

因为檐口的冠戴部分是由希腊的斜沟沿所形成的，那么，它自然就接近于这种形式。斜沟沿是1/4圆线脚的形式；这是斜沟沿的最简单的形式。我们也常常在最简单的柱式中，在塔司干柱式中，看到这种冠戴部分的形式。但是绝不能不承认，这种形式看起来是过分粗鲁过分沉重了；显然，这也就说明了为什么这种形式在后来没有被广泛地运用。减轻冠戴部分的形式的十分自然的愿望促使运用最轻的线脚形式——1/4凹圆线脚，我们在带有小齿的陶立安柱式中可以看到这种形式。然而，尽管优越性很明显，但这种形式并没有推广，因为保持了必要的轻巧时，它却不能符合斜沟沿的性质、斜沟沿的功能的意义。

但是有一种元素，它具有对冠戴部分所必需的特性，这就是枭混线脚，它下部的凸形斜沟沿是十分适宜的，而它的上部形成1/4凹圆线脚，也就产生了轻的感觉。

从有托檐石的陶立安柱式开始，枭混线脚在所有的柱式中都被运用了，而文艺复兴时代和后来的大多数檐口中都有枭混线脚的冠戴部分。

圆线脚主要是用于柱础。要想寻找这种用法的解释，我们必须转向希腊的柱子。在很遥远的时候，在希腊文化的萌芽时期，柱子是木头做的，但它们不是埋在土地里，而是立在大石头上，在这石头上做了槽。这就使柱身下部避免了可能遭到的土地的潮湿和机械力的损坏。石头在漫长的时期中，由于偶然的撞击和坚硬物体的砥磨，被磨平成规则的外形，这样，眼睛习惯于在柱身下面看见一个被做成圆线脚形状的部分，所以，具有细致的艺术趣味的建筑师们，在用石头建立柱子以后，不可能抛弃这种形式，反而去仿做它，并在柱础部分安置圆线脚。

一开始就要确定分开冠戴部分与泪石或者分开柱头与柱身的界线可能是困难的。这是由于在冠戴部分的下面或者在柱头的下面有一些细小的线脚（阿斯特拉加尔，或者带有混枭线脚的小方线脚），于是就发生了疑问，它们是属于那部分的。因此对所有的柱式来说，都是很需要搞清楚一个关于在侧面上被垂直线所限制的石头形式的问题。这些石头中有些在上面已被我们观察过，如普林特（垫石），而另外一些个，有着和垫石完全不同的用途。这就是所谓"整块的石头"（штучный камень）。事先在工厂中做好并以现成的形式拿去安装的石头，即以此为名。楼梯的踏跺即可用作为类似这种整块石头的例子。所有诸如此类的整块石头任何时候也不会做成像普林特那样简单，而常常是具有小线脚形式的某种装饰（例如——楼梯踏跺）。这种小的线脚，厚度很小，只有三种：小方线脚、阿斯特拉加尔和带有枭混线脚的小方线脚。

泪石、额枋、柱头的柱顶垫石和柱身都属于整块的石头，现在知道了这基本原则，不难正确地把冠戴部分与泪石分开。例如，位于枭混线脚下的带有混枭线脚的小方线脚属于泪石，而位于柱头下的阿斯特拉加尔，在计算柱头高度时不算在内。一般地说，所有的柱身通常是以阿斯特拉加尔为结束（图表4、6、9、12、18）。

在进而考虑每一个个别柱式的细部前，为了得到若干观念与结论，把它们的线脚拿来互相比较是很有益的。

在所有的柱式中，为了避免千篇一律，避免安放一系列在形式上、尺寸上、用途上都相同的部分的意图是很明显的。

　　单独地考虑线脚元素，我们集中注意力于它们的形式，而不涉及他们的尺寸。注意了任何一个柱式以后，我们可以看出，所有的组成部分按自己的作用可以分为两类："主要的和次要的"。了解这一点是很重要的，因为掌握了它们，我们常常就能够给不同的元素以正确的尺寸，不需要用数字的关系来表示。由于知道了大体积的尺寸而且会把它们分成较细的部分，我们只要遵照个别部分的逻辑就能详细地给这些体积以细部。如果，泪石的尺寸用大体积方法确定，那么就必须想起，这个整块的石头是附有不大的、带着次要作用的线脚。在这种条件下我们给这种线脚以这样的尺寸，即要使泪石的基本面不丧失自己主要的作用。为了使这种线脚有着明显的次要的性格，必须使它的厚度接近泪石整个厚度的1/3或者甚至1/4。决定了这厚度以后，如果它是由小方线脚和混枭线脚组成，我们就把它分成三等份，其中、下两部分组成混枭线脚，而上部分为小方线脚。

　　我们看到，在所有的柱式中"主要的"元素与"次要的"交替着或者"厚的"与"窄的"交替着，同时"直线的"元素又与"曲线的"交替着。这种基本的"做线脚的规律"是由于小心翼翼地观察了柱式之故。

　　在实例中仔细观察这个规律是很有益的。在这种情况下可以遇见某些好像是违背了我们结论的规律性的东西。但是严格地说，这些情况一点也不能推翻我们的结论，并且恰恰相反，它更准确地证实了基本的想法。例如，柱础的圆线脚直接放在普林特上面，也就是，两个主要的部分放在一起，它们之间没有次要的部分；看起来好像是违反了规律，但再想一想，本质上是没有违反。半圆的圆线脚和直线的方线脚之间的区别是很显然的，以至于在这样不同的两部分间次要部分是完全多余的；但是如果我们想起，普林特在平面上是方的而圆线脚是圆的，那么这种区别就不仅在形式上，而且很使人信服地是在这些部分的性格上，以致这些相邻部分的同样高度都不会被看作是相同的，这就更能证实插入一部分是不需要的了。同样在塔司干和陶立安柱式的柱头上也有同样的情况，这里方的柱顶垫石被直接放在平面是圆形的1/4圆线脚上。

于是线脚的基本规律就被归结成这样，即：不重复一系列在形式和尺寸上完全相似的部分。

同样在观察罗马柱式时，也必须这样做，即为了用细部表示形象，就必须先用大体积表示它，后来在可能的地方，由大体积转入小体积。但是在这种情况下必须注意到，某些在画大体积时被决定的尺寸，可能被改变，说得更恰当些是被修正，而这种改变和修正是在做柱式的细部时合理的结果。

这种变化，在任何一种情况下都是很小的，主要是关系到陶立安柱式的檐口比例。

最后，基于自己个人的艺术趣味，可以加入一些自己个人的变化，但是任何时候也不应该盲目地、毫无根据地、随意地、好像是偶然地加些什么东西。

第二节　塔司干柱式

在所有的罗马柱式中塔司干是在处理上最简单而在比例上最沉重的柱式。柱子的宽度，或者它的下底的直径，为高度的1/7。柱身下面的1/3为圆柱体，到上面就有收分了，这收分比其他柱式的收分表现得更显著一些；上端的直径比下端的小1/5。收分的柱身的画法如前所述，柱身上部以阿斯特拉加尔为结束。柱身下有柱础，上有柱头。柱础高1母度，它由很明显而且高度相等的两部分组成。下面的部分是一个平面为方形的普林特，上面部分是一个平面为圆形的圆线脚；起次要作用的小方线脚成为从柱身到柱础的圆线脚的过渡部分。这小方线脚的材料与柱身相同，从小方线脚过渡到柱身则又借助于1/4凹圆线脚。在表3上表示了柱础组成部分的比例和它们的画法。

高度为一母度之柱头由高度相等的三部分组成（图表4）。从下面看第一部分是柱头颈，是柱身的延续部分，第二部分为带有次要意义的小方线脚的1/4圆，而柱头上面的部分是柱顶垫石（整块的石头），它像前面所说，在上面以不大的次要的线脚结束，这线脚在某种情况下是小方线脚，这小方线脚带有一个用以过渡到垫石面上的1/4凹圆线脚。

在上述的表中柱础和柱头不仅被表示在立面上，而且也在断面和平面上。在柱础平面图上在正中的、打了斜线的圆表示柱身的断面，接着，与它同心的圆是小方线脚，后来就是从上面看下来的圆线脚的形式，然后，是方的普林特；在平面上第二个方形，也是最大的方形，是表示上面立了柱子的座檐（俯视形式）。

这样来表现柱头的平面，假定一个水平的切面穿过柱头颈；所有那些在这个切面以下的，就不要了，只有位于这切面以上的才保留，而且我们要从下往上看。这样，在平面上，除了被切面割断的圆柱身以外，还可以看见小方线脚、1/4圆线脚和带有突出的小方线脚的柱顶垫石。

檐部由三部分组成：额枋、檐壁和檐口。额枋是平滑的石头，高一母度，上面以一个很大的小方线脚为结束，符合于上面所说的整块的石头的规律；这个小方线脚是次要的部分。

因为所有的额枋上面常常以各种线脚，甚至是最简单的小方线脚为结束，我们应该弄清楚这种做法的必要性。如果额枋没有这个线脚，那么它的面就要与檐壁连成一片。从另一方面说，相邻的石头（额枋与檐壁）边缘上的细小的破坏将要很明显，因为在这些石头间的接缝使得在边缘处形成了一根黑线。由于从额枋上突出了小方线脚，从下面往上看，这种接缝处就被遮住了，当然损坏也就不明显了。如果这样假定，小方线脚的上边缘偶然被打坏了，那么这将不会特别引人注目，因为这边缘被照耀得很亮。这种柱式的檐壁是完全平素的，而其檐口是一般柱式中最简单的例子。将檐口高度份为三等份之后，我们首先看看檐口的最主要部分——泪石。

这种整块的石头在上面用阿斯特拉加尔做装饰，从下面看它有一凹槽，这凹槽是每一种泪石的必不可少的附属物。在这种情况下可以指出塔司干的泪石装饰得比所有其他柱式的泪石都要复杂。在立面上是不明显的，所以必须注意断面。在泪石的下表面有凹槽，它由1/4圆和垂直线组成；而直接在这凹槽旁边有微微突出之小方线脚，它的外边是一个很小的1/4圆，而里面则是垂直线。考虑了不同的线脚元素的功用之后，我们前面已指出过，对支撑部分来说，混枭线脚是最适当的线脚，而塔司干柱式中正是这种线脚组成了支撑部分。我们也曾说过1/4圆线脚是冠戴部分的斜沟沿的最基本而自然的形式。在刚才那种情况下正是这种形式被用在冠戴部分上。

塔司干柱式的檐部在平面和断面中被表示出来，而且平面是这檐部的从下面向上看的形式。在以后我们将不叫这种平面为平面，因为对从下面往上看的水平的断面来说，有另一个专门名词叫作"底面"（софит）或者"普拉方"（плафон）。

基座下面有座基，而上面有座檐。座基的基本形式是普林特，在这普林特上有一个次要的元素——小方线脚，而座檐的基本形式是混枭线脚，在它上面也有一个不大的小方线脚，座基和座檐都是1/2母度高。

如果塔司干柱式被用在连续券和券廊中，那么在间壁或巨墩下面做一个小小的凸出部分，这凸出部分起勒脚的作用，而这勒脚的形式与座基的普林特相同。

券面和拱券垫石有着同样的厚度（一母度）和同样的线脚，这线脚由两个不同厚度的直线部分组成，其中主要的部分以小方线脚为结束，这小方线脚带有一个过渡到这部分面上的1/4凹圆线脚。如果按照已知的资料和维尼奥拉所推荐的尺寸，建造没有基座的塔司干的券廊，由于地方之不够，所以以宽一母度的券面为券的边饰是不可能的，在这种情况下券面根本不能做，而在拱券垫石的地位上安置了简单的、没有任何细部的线脚，即腰带线脚，厚一母度，略略突出墙面。

虽然在画塔司干细部时可以不要求把母度分成更细小的尺寸，然而必须指出，维尼奥拉把塔司干的母度分成12分度而且以分度表示柱式组成中所有最小的线脚的尺寸。但是也可以不用分度来表示塔司干柱式。

所有按照那些最简单最自然的、我们在本书中引用的尺寸所画出的柱式，差不多和维尼奥拉的形式一点区别也没有；如果有时在主要部分的尺寸上有一些差别，那只是很小的、用分度来表示的部分的区别。在塔司干柱式中，这种区别表现得较显著，根据我们的资料，塔司干檐口的三部分在高度上是一样的，但是维尼奥拉的泪石微微比支撑和冠戴部分大一点。因此，如果我们想要接近维尼奥拉的形范，我们可以在建造时把泪石做得稍微大一点。但是艺术评论家常把太重的泪石认为是维尼奥拉的塔司干柱式的缺点。放弃了维尼奥拉的尺寸，我们反而改正了上述的缺点。

第三节　陶立安柱式

当塔司干柱式由于太简单和粗糙而不适用时，当要求建筑物有比较轻巧的性格而且需要稍有装饰时，当建筑物的严肃性不能允许过分装饰和细部过分柔软时，就采用陶立安柱式。

这柱式，起源于希腊而在罗马时代有了很大的变化，最后分成了两种形式，其中之一，在支撑部分有小齿的，叫"有小齿的陶立安柱式"，与另一种在泪石下安置了一系列的托檐石的叫"有托檐石的陶立安柱式"相比，前者要更简单些、欠雅致些。这一对柱式的区别在于檐部和柱头；柱础与基座装饰得一样，因此我们也就从它们开始我们的研究。

陶立安柱式的基座下面有勒脚，上面有檐口。座檐高1/2母度，而座基高5/6母度。一般地说，座基，正像座檐一样，除了在这两部分有较大发展的克林斯柱式外，照规矩是高1/2母度，因此在陶立安柱式的座基中特别显得违反了这种尺寸。它可以这样来解释，即在陶立安座基中，不像在其他柱式中那样有一个普林特，而是有两个。如果我们除去了下面的普林特，那么座基的侧面就是一个上面安置有反混枭线脚和反阿斯特拉加尔的普林特的形式；所有这些部分占了1/2母度。增加了普林特之后引起了整个座基高度的增加（图表5）。因为组成座基的主要部分的四个元素的尺寸是自下而上递减的，故为了建造它们方便起见，可以采用基座断面图上所示的图解法。

只有在塔司干柱式中，座檐才没有檐口的性质，在所有其他的柱式中，特别是在陶立安柱式中，这种性质是十分明显的。陶立安柱式的座檐与塔司干柱式的檐口是很像的；支撑部分是混枭线脚的形式，泪石是整块的石头，上面装饰着小方线脚，而最后，冠戴部分是1/4圆线脚的形式，这1/4圆线脚上面附有为了避免多余的锐角而做的不大的小方线脚。在泪石下面有小凹槽。

陶立安的柱础比塔司干略有发展。它们的区别是，从柱身过渡到圆线脚不是用小方线脚，而是用反阿斯特拉加尔。

由于柱子的直径不是高度的1/7，而是1/8，所以在比例上也与塔司干柱式有区别。

虽然在数字上这区别好像不很大，但是在形式中陶立安柱子比起塔司干来要匀称轻快得多。柱子的收分等于1/6，柱身到上面常常以阿斯特拉加尔结束。

柱身可以是平素的，像塔司干柱式一样，但也可以饰以许多纵的叫作"凹槽"（каннелюра）的槽沟，而且具有很舒适的感觉。由于有了凹槽，柱子便更圆了，而且它的阴面为亮的反光衬起，不会与它后面的阴暗的墙面连成一片。在陶立安柱身的整个圆周上，有20个凹槽。根据对柱子的用意和使用的材料，凹槽可深可浅。在第一种情况下做它的曲面要借助于一个以凹槽的宽度为斜边的直角三角形，而在第二种情况下这个宽度是等边三角形的一边（图表5）。

在这个表上表示了券面和拱券垫石的侧面和它们的尺寸，以及墙和巨墩的勒脚的加工。若接触到这种柱式的其他细部，那么由于有小齿的和有托檐石的柱式之间的区别必须单独地考虑它们中间的每一个。先从有小齿的陶立安柱式开始。

它的柱头高一母度，像塔司干柱式一样被分成三部分，它们是柱头颈、1/4圆线脚和柱顶垫石。陶立安柱头和塔司干柱头之间的区别只表现在次要的线脚上。代替塔司干在1/4圆线脚下有一个小方线脚的做法，在陶立安柱头上安置了三个层层叠起来的很窄的小方线脚，每一层的厚度比在塔司干柱式中的要小一半。柱头的柱顶垫石不是像塔司干柱式一样以下面有1/4凹圆线脚的小方线脚结束，而是以带有混枭线脚的小方线脚结束，这种组合，像我们上面所说，和阿斯特拉加尔一样常见（图表6）。

额枋高一母度，像塔司干柱式一样。上面有小方线脚。在额枋上是檐壁，这在陶立安柱式中有着很特殊的发展，很好地说明了这种柱式是起源于希腊的。认识了希腊的柱式之后，这种相同点将会更清楚；现在我们只谈那些希腊系中成为罗马柱式的范例部分。

在柱子上安置了额枋的石头以后，希腊人对小尺寸的石头进行了进一步的研究。在所有的柱子中轴线上、在柱间距上和在额枋的转角上，都砌筑了石板，叫作"三陇板"。

这些石头的间距中，或者是空白的，或者是饰以浮雕的石头。这些间距保存了希腊的名字"陇间壁"。

"三陇板"是檐口的窄支柱，是垂直方向略长的长方形，而且被装饰成这样，好像它是由三个有垂直菱形体的小石板组成的。陇间壁是方形的，或者稍窄而近于方形。

这样，在希腊的建筑中三陇板首先是结构的形式。

在罗马建筑中改变了原来的结构原则，结构上不需要三陇板。这里柱式有着纯装饰的性质，这就引起了对希腊建筑师的某些手法的新解释。因为所有的额枋是由砖做成而后再抹灰的，所以三陇板是结构上所不需要的，只能当作对希腊形式的一种回忆。这里我们已看见了三陇板不是在额枋的角上，而是从角上退进来一点，也就是，对称已成为受人偏爱的结构原则。因此，三陇板丧失了自己先前的功用，被安置在柱子的中心线上。

三陇板是贴在檐壁上的薄片，有着刻进去的深槽，这深槽好像是做在一起的三个长条。

为了充分提供三陇板的形式，我们画出它的大比例尺的图（图表7），加上它的平面（或横断面）和沿着凸出面、沿着凹面和沿着陇间壁所做的三个垂直断面，这就可以得到从侧面看三陇板的形式。

三陇板宽度为一母度，而高度是$1\frac{1}{2}$母度，也就是说，宽度与高度之比为2：3，这对我们不是什么新奇的事。因为三个窄条上的每一个斜面都是原宽度的1/4，如果把三陇板的宽度分成三部分而后每一部分本身又分成四部分，换句话说，把一母度分成12分度，那么所有的长条和斜面都很容易分出来，长条本身有2分度宽，而斜面为1分度宽。

图表7中表示出，斜面在上面如何结束和如何互相联起来，在立面上画成四分之一圆的缩图是怎样做的。

在三陇板下，额枋的小方线脚下边，放了一段窄的小方线脚，在它下面挂着6个圆锥台或方锥台形的"加贝"（капель），为了在立面上将这些加贝分成等距，可以利用三陇板的长条和凹面的分界线。

上面，在檐口的支撑部分处，在三陇板与陇间壁上有腰带线脚，它在三陇板上要比三陇板的面还向前突出来一些。

陇间壁常常充满了装饰，但是现在我们不涉及这问题，而直接转向檐口的冠戴部分。

正像用大体积研究柱式时所指出的一样，在陶立安檐口中支撑部分较塔司干更发展；因此必须给它更大的地方。在这儿，支撑部分不是占檐口全高的1/3，而是一半。支撑部分的直接在泪石下的一半，有一排小齿，它的布置上面已经解释过。支撑部分下半部的另外部分本身又由两部分组成：混枭线脚的支撑着上面带有小齿的小方线脚之曲线部分和在三陇板和陇间壁上的腰带线脚形之直线部分（图表6）。

泪石的立面是个垂直面，上面冠以由小方线脚和混枭线脚组成的不大的线脚。从下面看泪石，距离外边不远处有半圆凹形的槽，而且，正像在塔司干泪石中一样，在底面上做了个窄的突起的小方线脚，由于有了它就形成了第二个凹面，几乎占据了泪石的整个自由挑出部分。泪石的冠戴部分由上面带有小方线脚的1/4凹圆线脚组成。

为了建立关于泪石下部的装饰的明确概念，必须集中注意于这柱式的底面（图表8）。由图上可见，泪石上宽的凹面不是连续下去的，而是被横断的小方线脚分成与三陇板和陇间壁位置相符合的长方形。在三陇板上面的那些凹面，被圆锥台形的加贝群所装饰，加贝共有三排，每排六个，在陇间壁上的凹面，被窄的带形的小方线脚分成单个的菱形、三角形和窄的横长方形。

有托檐石的陶立安柱式具有下列与众不同的标志和比例。除了一个次要部分以外，柱头做得和前面的柱式一样。在有小齿的陶立安柱式中柱头的1/4圆线脚下有三个窄的小方线脚。在有托檐石的陶立安柱式中安置了阿斯特拉加尔代替了同样的三个小方线脚（图表9）。

现在我们看这柱式的檐部。

它的组成部分的比例和与它相像的有小齿的陶立安柱式一样。额枋高度是1母度，而上部它是以方线脚来结束。它与有小齿的陶立安柱式额枋的区别就在于：这个额枋由两个长条组成，上面的长条比下面的要多突出来些。这些长条的厚度应该是有区别的，而这区别应被感觉得十分肯定。所以可以遵照檐部图中所表示的（图表9）做法。在这里下面长条的厚度等于额枋之高的1/3，而上面的方线脚比它窄一半；这样，中间的长条为下面的厚度的一倍半，也就是说，它们厚度之比为2:3。

在这个柱式的檐壁上安置了如前面所仔细讲过的三陇板和陇间壁。檐口的分割像上面的情况一样，因为支撑部分在高度方面组成整个檐口的一半，而它本身又由两部分组成。直接在泪石下安置了一个垂直面形式的长条，它上面紧镶着很大的长方形石头——托檐石。托檐石在前面已被用大体积方法描述过，在这里我们比较详细地研究它。托檐石的宽度在立面上是一母度，而它从它所镶附的垂直面伸出的数量，比一母度稍微多一点。

没有必要用数字肯定这些尺寸。因为，如果要知道托檐石的石头的下面是如何装饰的，那它本身用图解就能很容易得到。在托檐石下面的外边在整个宽度做上了半圆凹槽（如同泪石），在它后面应该是从这个底面突出的窄小的方线脚；它的里边与托檐石所镶附的面相距一母度。

这样，托檐下面有了一母度见方的平面积，在这上面安置了36个圆锥台形式的加贝（每排6个，共6排）。按照整块石头的原则，托檐石的上部增设一个不大的线脚，小混枭线脚。托檐石被安置在三陇板上方，全是从三面用混枭线脚处理；在托檐石之间也有这样的混枭线脚，以它来结束那作为托檐石的座子的长条。

在底面的图样上（图表10）指出这混枭线脚的位置是有益的。在这上面既表现了在托檐石之间的，也表现了在角上的泪石的底面的装饰，而且在装饰中采用了和有小齿的陶立安柱式一样的系统：长方形以"框边线脚"（филенка，由窄线脚做成的小框）分割成三角形和菱形，在这上面安置了玫瑰形装饰或其他装饰。虽然所有这些泪石下表面的复杂的装饰位于阴影中，但是，由于从其他亮面来的反光，它不是黑的，它是可以很好地看见的，而且是很多样的光影的组合。

泪石的高度与冠戴部分相等，而泪石的立面上有混枭线脚和小方线脚，它与除塔司干外所有其他柱式的泪石相同。塔司干泪石上是以阿斯特拉加尔结束的。这里冠戴部分是最完善的部分（关于这个上面已提过），由枭混线脚和在它上面的小方线脚组成。因为维尼奥拉以分度所表示的数目决定了所有柱式的最细的部分，所以他把陶立安的母度和塔司干的一样，分成了12分度。但我们觉得这些分度对我们没有实践的意义，因为我们只要较大部分的尺寸，这些尺寸在我们所有的柱式圆样上表示出来，而且对于得到所有较小的细部来说，这些尺寸是完全自然而且足够的。

在两种陶立安柱式上的券面和拱券垫石是同样的，它们的厚度是一母度，而线脚由三部分组成：中间的部分比下面的部分或上面部分宽一倍而且由平素的石头做成，上面以阿斯特拉加尔结束。上面部分为平素的长条，而上面部分给上有小方线脚的1/4圆线脚（图表5）。

墙和巨墩的勒脚是上有反阿斯特拉加尔的平素的长条，和位于座檐上部的相适应。

第四节　爱奥尼柱式

爱奥尼柱式属于富有装饰的、轻巧的、典雅的柱式类型，它本身的比例是经过最完善而细致的考虑的，它的柱身的直径为本身高度的1/9，收分为1/6，它的柱身经常饰以凹槽。因为这个柱式所有部分被分成细小的元素，所以为了用母度的部分来表示它的尺寸起见，维尼奥拉把它的母度分成18分度，这种趋向于小而纤细的线脚的意图也反映在凹槽上，它的数目在这里不是像陶立安柱式那样有20个，而是24。

它们的形式是新的，在水平断面上成半圆形，而在凹槽之间是窄的，属于基本柱身的间距，叫作夹条（дорожка）。凹槽上端是半圆的，下端是水平的。柱身上端通常以阿斯特拉加尔结束，而到下端以有1/4凹圆形过渡线脚的小方线脚来结束。这个小方线脚是柱础的一部分：在这种柱式中的柱础与前面所讲的柱础有很大区别。

一般说来，把所有柱式的柱础一起拿来比较就不难感觉出，可以把它们分成彼此不同的两种范畴：塔司干的柱础和陶立安的柱础区别仅在于后者加了一个小圆线脚，所有其他部分在做法上和比例上都是相同的；爱奥尼和克林斯柱式的柱础属于另一范畴。在考虑这些柱础之前，先去认识那个用来作为这些柱础的基本形式的柱础是有好处的。这个柱础不直接属于某种一定的柱式，但是作为一种极其美丽的形式，它有着很大的艺术趣味；它的实际意义也是非常重要的，所以这种柱础用在简单的或丰富的柱式中都有同样好的效果。它的特征是有美丽而饱满的线脚，但同时却没有过于细小的部分，这些部分是与简单的柱式格格不入的。这就促成它能被运用于各种情况。我们遇见有对陶立安柱式和克林斯柱式有同样的好效果的柱础。这就叫作阿蒂克柱础（аттическая база）。和其他柱础一样，它包括下面的普林特，普林特上面用两个中间以凹形槽——斯各次——来分开的圆线脚代替了用一个圆线脚。如我们所见，因为这个柱础的上部有特殊的发展，那么自然为了安置两个圆线脚和斯各次就要有较大的地方。因此当用大体积建造这种柱础时，我们将要把通常等于一母度的柱础高度分为三部分，下面一部分用作为普林特，而上面两部分留作进一步加工之用（图53）。

用我们已很熟悉的方法去确定普林特的挑出。在普林特上面的柱础由三部分组成——两个圆线脚和斯各次，因此我们把这高度分成三等份，其中下面一份肯定了下面圆线脚的厚度，在它上面的部分是用为上下共有两个窄的小方线脚的斯各次，而上面一部分则决定了第二个圆线脚和它的小方线脚的厚度。这样，下面那个圆线脚比上面的要胖些，而这是十分合理的。

鉴于柱础进一步加工时会遇见许多很小的尺寸，因此把柱础高度增加一点是有好处的。所以柱础上面的方线脚最好是属于柱身，把它做成属于柱身的一小片，那时柱础甚至是由另一种材料做成；这样，为了增大柱础的若干部分，可以认为它的高度是一母度，不去注意上面的方线脚。在这种情况下，普林特的高度和以前一样可以是1/3母度；为了决定其余的部分可以继续照着上面所指出的做法去做（图53）。

这样，阿蒂克柱础是很容易做的，而我们对这种形式的进一步发展感到兴趣。这种发展首先涉及斯各次。如果柱式尺寸很大（伊萨基也夫斯基教堂的柱径接近两公尺），斯各次成为大的、有些单调的、平素的凹面，那么它可以被分为两个相等的部分，其中每一部分本身就包括很小尺寸的斯各次和阿斯特拉加尔。这样，代替了一个斯各次得到了两个相邻的斯各次和两个阿斯特拉加尔——正的和反的（图54）。

克林斯柱式的柱础就是用那种方法造成的，但是在这一节我们研究的是爱奥尼柱式。

爱奥尼柱础是克林斯柱础的简化，只要把下面的圆线脚去掉就得到了，而所有克林斯柱式的柱础的其他线脚都保留下来。当然，安置在普

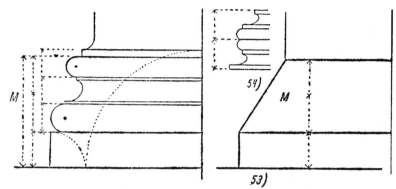

图53-54　阿蒂克柱础及克林斯柱础之做法

林特上面的爱奥尼柱础的元素，比克林斯柱式的要大些。

　　总之，为了建造爱奥尼柱础（图表11），把它的高度分成三等份，其中之一作为普林特。上面部分包括圆线脚和斯各次，也就是两部分，因此我们把上面部分和方线脚一起分成两半。上面一半用作圆线脚，而下面是斯各次，其加工如图54所示。

　　现在看爱奥尼柱式的柱头。我们已经指出了在这柱头上没有柱头颈，它的高度不等于一母度，而是2/3母度。通常在柱头上有1/4圆线脚，在它上面安置了形式非常特别的柱顶垫石（图表12）。它明显地分为两部分。上部直接位于额枋下的，是由小方线脚和混枭线脚组成的线脚的正方形石板。在这石板之下，我们看见了另外一部分，向相反两方向卷成螺旋形的涡卷（завиток或волют）。这些涡卷，有由垂直面组成的光滑的面，和从这面微微向外突出的小方线脚，这个小方线脚做成螺旋形的三个整圈而以一个位于涡卷中心的小圆结束，这个小圆叫作涡卷的"小眼睛"（глазок或очек）。螺旋形的涡卷只有这样才好看，即是要整个螺旋形盘绕的小方线脚没有形成任何的角、突变或者出乎意外的膨胀，而小方线脚的宽度和螺旋线之间的距离按照与中心的接近程度完全正规而均匀地缩小下去。为了造成这种渐近性和均匀的过渡，就有一系列的涡卷画法的实际规定；其中之一我们可以在图表14中看到。首先必须找到涡卷小眼睛的中心。它距柱子中轴线一母度而位于柱子的阿斯特拉加尔上面的线上（图表13）。如果在这个阿斯特拉加尔的圆线脚的外边做一垂直切线，那么它将是一根距柱子中轴线一母度的直线。涡卷的小眼睛是一很小的圆，半径是一分度。涡卷外边距中心的最大距离在垂直方向为半母度，也就是9分度。画一个1/4圆，螺旋形应该向圆心拉近一分度，也就是在水平方向从最外一圈的涡卷外轮廓到小眼睛中心应该等于8分度。进一步，从这个中心到螺旋形下边上的点等于7分度，继之从中心到螺旋的水平方向距离等于6分度，而最后，从小眼睛中心沿垂直方向向上到画了一整圈之后的螺旋形线之间的距离是5分度。

最后的尺寸符合于1/4圆线脚的高度。这1/4圆线脚在平面上可以在涡卷之间见到。涡卷的进一步的运动并不是那种简单的数目字所能表示的向圆心逐步接近的曲线。但在实际的比例关系上这并不重要。上面所引出来的数字可供大体积画涡卷和柱头之用。画涡卷的细部有许多方法。我们看一看为维尼奥拉所提出的有趣的方法（图表14）。

当画半径为1分度的圆的小眼睛时，在这圆上做垂直的和水平的直径，用直线连接它们的终点，这样，就得到了内接于圆的四方形。然后由圆心向四方形的边做垂直线［阿波非玛（апофема）］。阿波非玛与边相交得四点，我们用1、2、3、4来表示。把圆心与1点之连线分为三部分，把最靠近1点的用5来表示的那一点与4点相连。这样就开始得到螺旋折线1、2、3、4、5。同样把其余的阿波非玛分成三部分，继续像连前面五点那样连接各点，继而得到螺旋形折线5、6、7、8、9、10、11、12和13。最后一点与小眼睛中心相合。所有这些用数字符号表示的点，将要用作为涡卷上各圆弧的中心，这些圆彼此相切，形成了完全均匀的涡卷。开始时把圆规的尖端立在1点而以半母度为半径画1/4圆到与水平线1、2延线相交。然后为了继续组成螺旋形之曲线，把圆的半径减少1、2之长度而以2点为圆心，用这样的半径向下画1/4圆到与2、3延线相交；这样接着做下去，从4点应该不是画1/4圆，而是画较大一点的弧，以使曲线可以达到4、5的连线；等等。在这种情况下应该看出，只有很正确地画图才能得到令人满意的结果。

但是这样的方法将只得到一个外面的螺旋线。这另一个螺旋线经过三圈之后应该与第一个在小眼睛上面部分相合，为了得到这个螺旋线，必须决定第二个螺旋折线，它将肯定新的曲线的圆心的位置。因此就需要在1点与5点的距离间分成四部分，而把最靠近1点的那一点标出来；所有其余的原有的圆心的距离间都这样做而且把区分点连起来，就得到新的与前者平行的折线的螺旋形，而且曲线的进一步做法与第一个的情况完全相同。在图上指示出涡卷的做法，为了使画有直线的小眼睛更清楚起见，就用放大的图来表示，在后面用较大的图表示出把1点与5点之间分成四部分的区分点而得到了做第二个螺旋形的圆心，在这个图上所表示的用垂直面切下来的涡卷的断面相当简单，也就不必解说了。

为了建立关于爱奥尼柱头的完全的概念，必须注意它的从侧面和从下面看的形式。这个柱头与所有其他的柱头不同之处就在于它的侧面看起来与正面不同。

涡卷在柱头侧面上形成两个有叶子装饰而且形式很怪的圆线脚。为了解释这种形式，我们假定有一个柔软的圆柱形的圆线脚。它的两个圆底由坚硬的材料做成。如果这圆柱体具有枕头似的柔软性，在中间用带子束起来，那么这个带子就压入枕头，而外边的圆仍旧没有动；枕头的柔软身体就有了在这种情况下所特有的形式。爱奥尼柱头的圆线脚有着被长长的叶子所装饰着的这样的形式，这在平面图和侧面图（图表12、13）上都很明显。这圆线脚叫作巴留斯特拉（балюстра）。

这是爱奥尼柱头通常的形式。关于它的若干特殊形式和它演变出来的形式，将要在下面讲，现在让我们转向讨论这个柱式的檐部。

上面已经说过，爱奥尼额枋的装饰有很大的发展，因此它的高度比较大，不等于一母度而等于 $1\frac{1}{4}$ 母度。在爱奥尼柱式上檐部的三部分的比例造成很和谐的外形，它的额枋、檐壁和檐口的高度互相间之比例为5∶6∶7。

这样，如果额枋高$1\frac{1}{4}$母度，也就是5/4母度，那么檐壁高6/4母度，而檐口高7/4母度；所有这些檐部的高度为5+6+7/4＝18/4＝$4\frac{1}{2}$母度，也就是等于柱高的1/4。正如它所应当的那样。额枋以小方线脚和混枭线脚完成，它的面为三个层层叠起的长条，上面的比下面的微微突出，而且为了避免这些长条的厚度单调地重复，下面的最小，中间的大一些，而上面的最大。为了使大的部分和小的部分的互相关系完全适应，这些长条也被分成比例为5：6：7。虽然，一般说来我们避免用分度给尺寸，但是，如果必要时，可以用前面专门讲过的合理地用大体积分配各部分的办法，然后根据这个而得到任何部分的用分度表示的尺寸。

因为5+6+7＝18，那么可以以分度来表示这数目，因而冠于额枋的混枭线脚和小方线脚有1/4母度，而因为1/4母度是$4\frac{1}{2}$分度，那么，显然，小方线脚厚$1\frac{1}{2}$分度，而混枭线脚为3分度。

冠戴檐口的支撑部分为檐口高度的1/2，正像陶立安柱式一样，但在它的细部方面这个柱式的特点在于有一列小齿处在两个曲线的线脚之间。我们将要自下而上地去观察它们。

下面的线脚，当然是对支撑荷重来说最有用的混枭线脚。接着就是一列小齿，关于这个上面已仔细地说过，而在小齿上安置了1/4圆线脚，用次要的线脚阿斯特拉加尔把它与小齿的长条分开。

泪石与冠戴部分同高，而且在这里采用了最普遍的形式，即是上面以混枭线脚和小方线脚结束。小方线脚和混枭线脚式的冠戴部分比起所有其他可用的形式来说是最完全而又常用的。泪石的底面（图表15）稍微凹进去一点，在这个小凹的两面是窄的小方线脚，这在断面和底面上都很清楚。檐部的断面有两个，在图表12中通过柱子中轴线来切正切到了小齿，在图表15上断面取在小齿间的空隙里。

爱奥尼柱式的基座有座檐和座基，而且两者一样高，都是半母度。

座檐由两部分组成：带有小方线脚和混枭线脚的泪石和上有阿斯特拉加尔的支撑泪石的1/4圆线脚（图表11）。

在普林特的座基上，我们首先看见上面有反阿斯特拉加尔和反枭混线脚。

因为从基座身到普林特的过渡，也就是座基的上面部分，用一个在阿斯特拉加尔和小方线脚之间的反枭混线脚装饰得很复杂，所以这部分的高度二倍于普林特。

拱券垫石的线脚与座檐相像，但是没有檐口所特有的突出部分；因此它具有柱头的性格；这个线脚的厚度和两个安置在它下面的厚度不同的突出的厚度总和为一母度。

券面的线脚与额枋相似，但是总厚度只有一母度（图表11、12）。

墙和巨墩的下面有勒脚形的不大的扩大，这扩大由高高的普林特组成，在它上面安置了阿斯特拉加尔，作为座基的开始。

第五节　角柱柱头与对角线的柱头

如果一列爱奥尼柱子不只是排在建筑物的一个面上，而是还要转到另一个面上去，那么角柱一定会遇到困难，因为角柱上边有柱头，这柱头是以自己的侧面，也就是圆线脚，转到侧立面去的；而这一排里的柱头，应该以自己的立面朝向观者。

这种特点为希腊建筑师所觉察，而且迫使他们给角柱柱头以特殊的形式（图表23）。在这种处理时不是相反的面而是相邻的面做柱头的立面，而且角上的一个涡卷做成为两面公用的，它沿着等分檐部的角的方向。

这样，完全而简单地说明了爱奥尼柱式的变体的出现，这种变体我们称之为"角柱头"（угловая капитель）。

但是在实践中常常遇到这种情况，那时这种柱头形式不解决问题。为天才的俄罗斯建筑师巴然诺夫（Баженов）于18世纪末叶在彼得堡（即列宁格勒）所建造的米哈依洛夫斯基（工程师的）城寨教堂［Церковь Михайловского（инженерного）замка］的内部可以见到这种情况。

在房间内布置了从墙上突出的爱奥尼柱子，上面支着一个公共的额枋，在平面上形成一个长方形。角柱头转向长方形的里面。

显然，希腊建筑师们不止一次地遇见了类似的困难，但是没有找到十分恰当的解决方法，他们发明了一种新的柱头形式，在这种新形式中所有的涡卷沿着柱顶垫石的四个角的等分线来放，也就是沿着柱顶垫石的对角线来放。在这种情况下，柱头从四面画都是一样的。

这种柱头，为了与角柱头相区别，可叫作"对角线的柱头"。这种柱头将要在讲述罗马艺术的发展时期所广泛采用的克林斯柱式时仔细讨论。这样，克林斯柱式出现时，我们与其说看见了一个独立的系统，还不如说它是爱奥尼柱式的继续发展。

第六节　克林斯柱式

克林斯柱式是细部最丰富、装饰最华丽和比例最轻巧的柱式（图表16、17）。

它的柱径为柱高的1/10，换句话说，克林斯柱高等于20母度。柱身的收分和爱奥尼柱式一样，柱身的装饰也和爱奥尼柱式一样，有24个凹槽，凹槽的上下均以半圆形结束。柱础直接起源于阿蒂克柱础，这在上面已经说过了，在两个圆线脚中有一个斯各次的装饰，这装饰借助于两个小的斯各次的细小的线脚和两个阿斯特拉加尔，一个正的和一个反的。所有这些在第四节中讨论阿蒂克柱础和它的发展时都已仔细地讲过了。

由于有了对角线型的柱头，如在谈爱奥尼柱式将结束时所提到的，就有了从四面看来都是一样的形式。在柱头上下部分可以很清楚地被认出来。柱顶垫石，有着普林特的形式，饰以有1/4圆线脚的小方线脚。柱顶垫石的角安置在对角线等于4母度长的正方形石块的角上，而且与对角线相垂直地被切掉一点，柱顶垫石的长面被压向里面。柱顶垫石的高度，正像所有为我们所看过的柱头一样，为1/3母度。

支持着柱顶垫石角的涡卷直接放在柱顶垫石下面，而另外的一些小尺寸的涡卷，它们集聚在柱顶垫石的最凹进去的地方，支持着玫瑰花饰。在涡卷下有两层叶子：下面一层由八个小叶子组成，它们直接放在柱子的阿斯特拉加尔上；而从这些叶子后面出现另一层叶子，两倍于前者之高，每一个高叶子都从两个小叶子的中间拔茎而出。

为涡卷与叶子所装饰的部分的高度为2母度，这样柱头的总高，包括柱顶垫石的高度在内，为$2\frac{1}{3}$母度。在下面将要进一步仔细地论述克林斯柱头，解释它的做法，在这里我们暂时只限于有关这个美丽而有趣的形式的一般概念。

上面已经说过，克林斯檐部的额枋是爱奥尼额枋的进一步加工，高$1\frac{1}{2}$母度。这个额枋的特点是在安放得愈往上愈突出的直线线脚之间，加入了小的、弯曲的、次要的线脚。从下往上的第一与第二个小横条之间是小圆线脚；第二与第三之间是混枭线脚；而最后，在冠戴于这部分之上的线脚（小方线脚与混枭线脚）之下引入了窄的小圆线脚。

檐壁是平素的垂直面，在它上面常有浮雕装饰或者适当的题词。这个面上去，在檐口起始线之下，以窄的阿斯特拉加尔结束。冠戴的檐口与爱奥尼的有很多相似之处，因此最好同时讨论这两种檐口。

在这两种檐口中，支撑部分一般地有下列诸元素：混枭线脚、一列小齿和下面有阿斯特拉加尔的1/4圆线脚。

这个檐口的上部一般是由小方线脚和枭混线脚组成的冠戴部分，以及上面冠以小方线脚和混枭线脚组成的线脚的泪石。

支撑泪石的托檐石形同横放的托石，这是一种新的东西，为爱奥尼柱式中所没有。

这部分之增加影响到整个檐口的分割，首先，引起了支撑部分高度的增加，它成为檐口总高的2/3；其次这支撑部分被分为四部分（互相相等）。檐口的上面部分，由泪石和冠戴部分组成，各占上部高度的一半。这样，整个檐口的高度分为六等份（图表18）。

托檐石常常是由水平的板子即垫石组成，这个垫石三面有混枭线脚，第四面与一个垂直面相连，这个垂直面为窄的长条形，直接放在泪石下，为四分之一圆线脚所支撑。在这板子下面是托檐石的主体，从侧面看它是个涡卷，卷向不同的方向。从立面上看涡卷前面与爱奥尼柱头的侧面圆线脚有相似之处。

此外，从下面看托檐石上有叶子。这叶子在外面微向下卷。图表18从各方面来表示托檐石：从立面、侧面、断面和从下面（底面）。

托檐石的尺寸也在图上表示出来了。至于托檐石的位置和它们之间的距离，就不需要用一定的数字来表示，因将它依据于柱子的距离，它遵循着下列原则：必须使柱子中轴线上安有托檐石，而且间距都相等，力求使这些距离是1至$1\frac{1}{2}$母度。

研究了所举的例子，不难看出，托檐石的尺寸和它们之间的距离不仅与柱子中轴线相符合，而且也与支撑部分的小齿相符合。

因此在组合建筑作品，安排柱子时，必须推敲如何安排小齿和托檐石，以便在必要时做若干的修正，以保证在建筑有机体中所有各部分之间的统一性。

不要再停留于描述底面上了，在这图上已经看得很明白，我们进而研究克林斯柱式的另外一些细部。

基座上有座檐，它与爱奥尼的区别是在它下面有一个小檐壁形的颈部，它以阿斯特拉加尔来与基座的平素体分开。这就使得基座的上部的高度增加到5/6母度（这个尺寸是很简单而自然的，因为它与柱子上端的半径相同）；座檐由泪石石板组成，它上面以小方线脚和混枭线脚结束，下面有凹槽，过渡到枭混线脚，而这个枭混线脚只有在下面看才是完整的，在正立面上只画出它的下面的1/4圆。在这枭混线脚下为阿斯特拉加尔。

研究座基最好是与爱奥尼的比较来看，这样就容易看出这两种座基的分别仅在于普林特与上面的反枭混之间的圆线脚。这个新部分的增加，要求整个线脚的高度从1/2母度增到5/6母度。

拱券垫石和券面的线脚也重复与爱奥尼的细部同样的系统。墙和巨墩的勒脚的线脚装饰亦如此。

第七节　克林斯柱头

从各个转弯处或各个面来看克林斯柱头，则有些部分是很真实的，但同时有些部分则是变样了（投影图，图表19）。

从阿斯特拉加尔的上部以上，柱头的全高为$2\frac{1}{3}$母度。

柱顶垫石的对角线等于4母度。

在平面上构成柱顶垫石的外形的曲线由这样一些圆心来画出，这些圆心在以内接于直径为4母度的圆的正方形每边之长为半径，以内接正方形之角为圆心所做之弧之交点上。

柱顶垫石厚1/3母度，放在鼓形石上，这个鼓形石是柱头的结构基础。这个鼓形石是一个圆柱体，半径为5/6母度，侧面上看来像沿垂直方向有强烈地拉长的枭混线脚。它下面向里凹入如凹槽的深度，而上面扩大到使它的外限在断面上恰在柱顶垫石的外限下面。在鼓形石上每相隔1/8圆周处有一个3/4圆线脚，它是向上逐渐扩大的茎，以漏斗形结束，好像郁金香一样，由三个叶子组成。中间的小叶子贴在其他两个叶子的分界处，另外两个叶子向上顺着两个不同方向的涡卷，这两个涡卷也是由那个茎部产生的，像卷着的植物的触须一样，靠近柱顶垫石时以螺旋形结束。一个涡卷贴着柱顶垫石的角，而另一个贴着玫瑰形饰，这玫瑰形饰放在柱顶垫石的凹入部分。

从下面紧贴着涡卷的茎和叶的这种做法，在鼓座上有八个地方重复着，因而每一个柱顶垫石的突出的角为两个涡卷所支撑，这两个涡卷由两个不同的，但却是相邻的茎中长出来，一个贴着另一个，支撑玫瑰形饰的涡卷也是如此。

安置涡卷的界限可以这样来定：在2母度的高度上有三样东西——两列叶子和一列涡卷，因此这个高度被分为三等份。但是涡卷占据的不是整个的上面部分，它们为自己的叶子所支撑；因此为涡卷所设的长条，它本身又分为三部分，下面的1/3为叶子，而剩下的才是涡卷高度。

从对角线方向看过去，涡卷与叶子不能伸出到阿斯特拉加尔的圆线脚与柱顶垫石的1/4圆线脚的公切线所形成的界限之外去。

第二个较小的由茎中长出来的涡卷，上面抵到半径为1/3母度之玫瑰形饰。

克林斯柱头的涡卷之特点是：越接近涡卷的中心，涡卷越向外突出，形成好像提琴的头一样的螺旋形的表面。

两列叶子被安置成这样，它们在对角线方向看过去不超过作为边界的斜线，而在平面上围绕着鼓座分成等距离的八排，在这种情况下，第二列的大叶子长在第一列的小叶子的分界处，有一些在柱顶垫石的角下，而另一些在四个玫瑰形饰的下面。

第八节　复合柱式

虽然我们没有把所谓"复合柱式"列入罗马柱式的系统研究中，但是在图表21中我们描画了它的细部，从所有这些研究中，在掌握了柱式的基本原则之后，并不难去弄明白这个柱式存在着的特点。

在这里表现了一些意图，要简化克林斯柱式，要增加它的组成元素，以避免部分的过分仔细和娇柔。可以同意这样的意见，在复合柱式中给人的感觉是爱奥尼柱式和克林斯柱式的外形，因此它也叫作复合柱式（составный ордер 或 композитный ордер）。

为了解决大胆而重大的建筑问题，这种柱式的发明是及时的，因此也就可以说明为什么在罗马的公共建筑中这个系统广泛地被运用了。

第四章　希腊柱式

第一节　一般的性格

详细地研究希腊柱式以组成建筑史的重要一页并不是我们这本书的任务；这里只限于讨论描述最典型柱式例子的一般特征。大家都知道希腊艺术的极其高度的发展，我们也仍旧记得希腊建筑系统给罗马建筑发展打下了基础，而后来，经过好几个世纪，还鼓舞了文艺复兴时代的艺术家们。

如果遵循年代的一贯性，应该在研究罗马柱式之前正规地研究希腊柱式，但是为了对它们做适当的艺术估价，必须预先一般地认识一些建筑的手法、典型的结构和装饰的手法。这些认识我们不把它认为是我们这本书所要谈的主要部分，因此故意违反了年代的一贯性，而把第一部分给了较易分析的罗马柱式。

希腊与罗马的基本区别直接根据于那些需要这两种柱式解决的任务。

希腊的宗教概念也反映在神庙建筑中，按照希腊人的意思，它应该是神的居住处；希腊的神庙尺寸比较小，好像是作为人类的精神避难所的。这样，建筑师就不要求它很巨大，而去关心从整个的构思到最细小的细部的建造的艺术完整性。希腊的建筑组合充满了极好的艺术趣味，对材料性能的熟习，对比例的感觉以及光线和透视的效果。希腊的线脚元素，这个希腊建筑诗篇的石头字母，有充满了纤细感情的外形，不能用圆规来画，而只能用手来画。

罗马建筑解决的是完全不同的任务。在巨大的公共建筑中柱式不起结构作用，而是起装饰元素的作用，这种大的公共建筑要求简化，要求容易地很快地建造起来。这里的线脚元素很容易用圆规画出来，因而也就没有希腊的线脚那样富于变化。

因为希腊建筑，逐渐在改善着，经常处在发展阶段，还在渡过着摸索时期，所以在希腊柱式中没有建立起像罗马的那种规则、那种概括。因此我们不能在研究了很多古迹之后，援引出一个组成概括的结论的典型，而只能研究单个的、特定的、具体的希腊的雄伟建筑的例子。

所有的希腊文化是在两个主要的希腊民族——陶立安与爱奥尼——的各自的特点的交互影响下创造起来的；这也反映在建筑上，分别有两个系统、两种柱式——陶立安的和爱奥尼的。后来出现了第三种柱式——即所谓克林斯柱式，它没有前两者所具有的意义，而且我们有些趋向于不把它看作是一种独立的柱式，而是爱奥尼式的变种（连这个柱式的名字也不是从种族的名称来的，而是从克林斯城来的。据传说，在这个城中创造了这新柱式）。最后，希腊建筑师还发明了一种新的建筑组合，用人身像来做支撑檐部的柱子，关于这个在下面单有一节更仔细地谈到它。

第二节　陶立安柱式

个别部分做法的一致性的规律，结构形式与装饰形式的互相符合，特别卓越地表现在陶立安柱式中，因此，这种系统永远地获得了世界的意义。希腊神庙最典型的形式是这种布置，在平面上有一个窄的长方形。这种房间叫作采拉（целла）。采拉所有的面为柱子所围绕，这些柱子支着一个共同的檐部。整个建筑物上覆以两坡顶，这两坡顶在神庙的窄面上形成三角形山墙。

"克来比多"（крепидома），或者好像一个大阶梯一样的向下逐级扩大的台子，用来作为神庙的基部。上面的阶梯叫"阶座"（стилобат），在它上面建造殿堂的墙和柱子。这些阶梯好像把神庙提高到尘世之上而且给它以壮丽和庄重之感。

陶立安式柱子通常没有柱础而是直接放在阶座上。在最古的建筑中，柱子由一块整个的石头（单石）做成，后来柱身由若干单个的石鼓做成。由于石鼓本身重量很大和上面荷载的重力，所以它们一个个叠起来放得很稳定，但除此而外，它们中间还用销子（大部分是木头的）来加固，这些销子放在表面相邻的两个石鼓中心的方槽中。

陶立安柱子明显地向上收缩，为一圆锥台；通常这个圆锥台微向外弯，因此柱身稍微肿[卷杀（энтазис）]。

陶立安柱子常常饰以凹槽，只有当建筑者由于某种原因来不及完成这个房子时才有例外，因为凹槽要在柱子安放之前刻好。

希腊陶立安柱式的柱头在比例方面和细部方面经受了长期的一系列的变化，虽然它的一般的性格仍旧未变。柱身为深槽所分割，柱头的下面部分有柱头颈（ипотрахелий），它常成为柱身的延续，有时是1/4凹圆线脚形的深洼。柱头的上部——柱顶垫石——常为方的普林特形，直接承受上面额枋的重量（图表20）。

柱头的最有趣的部分是借助于圆线脚从柱顶垫石的普林特的突出很大的部分过渡到柱身上，这圆线脚是曲线的，它表现了柱身的从下而上的趋势和上面部分迎面而来的压力之间的矛盾；这个部分叫爱欣。感情细致的、富于弹性的爱欣线脚差不多任何时候也不能用圆规来画，爱欣的下部为若干凸环（анули）或由皮革的钮所围绕，数目是从一个到五个，通常是三个。柱头上放了大的额枋石头[过梁（эпистиль）]作为檐部上面部分的基部。额枋的正面没有装饰，这与结构意义的沉重性很符合。任何的雕刻都会削弱它的坚固性。只有敬神的题词或者金属的护板常用来装饰额枋[最少见的例外是在阿索斯（Accoc）神庙]。在它的底面如果有装饰，那也不是雕刻，而是画的。

额枋上部常常以小方线脚结束。

额枋之上是檐壁，在陶立安柱式中檐壁特别发展。它由一列互相交替的"三陇板"与"陇间壁"所组成。

三陇板是经过雕刻的石头，它的正面饰以两个不深的沟，边棱上再被切掉一点，因而三陇板是由三个同样的垂直条组成，每个垂直条有两个棱面（详细讲解见第三章第三节）。

三陇板放在柱子中轴线和柱子的间距的中线上，只有边上的三陇板例外，因为它不是放在角柱的中轴线上，而是在檐部的角上。角柱稍微偏向旁边的那个柱子，因而边上的柱间距宽度常常比其余的要小。这种现象在希腊的陶立安神庙中很常见，而且是完全看不出来的，由于这种角柱的向内贴近，建筑物得到了更稳定、更坚固的形象。

三陇板的间距、陇间壁，通常接近于正方形，形成不深的凹面，用作为放雕刻的或绘画的装饰的地方。

维特鲁维认为三陇板是天花板的梁头装饰，后来，这些梁头之间又填满了砌筑物。这种解释倒是与希腊字"Метопа"的意思相符合的，那个字的意思是"鼻梁"。实际上，当墙已砌好，而为梁留下了空的凹缺时，那么就容易把它们之间的间距与眼睛之间的鼻梁相比拟。

在每一个三陇板下方，低于冠戴在额枋上的小方线脚处，安放了第二个窄的小方线脚，从下面看它上面挂着六个加贝。

檐部的第三部分——"檐口""冠石"（корона）——由泪石和支撑它突出的长方板，即托檐石组成。

它们位于每一个三陇板的上方，与三陇板同宽，它的下面饰以三排或六排加贝，每排有六个。托檐石下面有些略微向外倾的斜度。有时在陇间壁的上方也安置了托檐石，托檐石的数目就比三陇板多了。檐口泪石通常以某些小的装饰性线脚为结束，后来在它上面做了排水沟——"西玛"（сима），从外面看它饰有忍冬叶和张着嘴的狮子头，从狮口中喷出下雨天集于沟中的雨水。

当房顶为两坡时，在建筑物短面上有三角形山墙，它的高度不大（接近跨度的1/6），而且在斜的檐口下没有托檐石：如果在这里有它们是很不妙的，因为在三角形山墙的山花上有神庙的最重要的雕刻装饰，表现了神话中的一些情景，主要是与那神庙中所奉献的神有关的故事。在这些三角形山墙的组合方面，希腊人达到了极完善的地步。

除了雕刻装饰以外，希腊人还用各种颜色的彩饰为神庙某些部分的装饰，谓之"多彩饰"，因此，在南方的太阳鲜明地照耀下的白色大理石灿烂夺目的光辉就变得很柔和，而建筑物的形式也就与它周围的自然环境调和了。

长时期以来，陶立安柱式的比例发生了各种变化，但这里我们只谈到这些变化的最主要方面而不涉及它的细部。在最古的陶立安神庙的式样中，柱子的特点在于很厚重和急遽的收分：它的高度常不超过五柱径；柱头的伸出很大的柱顶垫石是特别的、被压扁的爱欣的先决条件，而最后，檐部的特点在于很大的高度，几乎为柱高的一半，它赋予整个的组合以森严的、雄伟的、粗壮的性格。

长时期来在陶立安的古迹中可以看出基本比例的变化。柱子较细了，收分较不显著了：柱头的挑出也小了。檐部高度逐渐减少，而这样一来整个柱式就变得较匀称和轻巧了，但同时却并没有失去它的男性的性格和简单朴素。

在公元前454—前438年正当伯里克里当政时期，建筑师伊克金（Иктин）和加里克拉德（Калликрат）所建造的帕提隆（Парфенон）神庙被认为是陶立安风格的最完美的创作。它不是典型，而是特例，因此我们只画了它的柱式的形式（图表20）而举了这时代其他的典型陶立安神庙为例。在图表20上举出了名叫捷赛翁（Тезейон）的神庙的平面、立面和一系列的细部，这个神庙于公元前465年建于雅典，奉献给盖非斯特（Гефеста）神。在同一个表上还举了一个较古的陶立安柱式建筑的例子——在比斯东［Пестум，靠近那不勒斯（Неаполь）］的波赛顿（Посейдон）神庙，它建于公元前500年左右。

在所举的例子中不难用比较的方法看出陶立安柱式比例的发展。在这种情况下不得不感觉到在陶立安建筑中反映了创造它的陶立安民族的特点和专门经验，这个民族的特征是森严和有力，刚毅和坚持不屈。

第三节　爱奥尼柱式

直接与陶立安相反的是爱奥尼，它趋向于和平事业和艺术。为这个民族所创造的建筑没有被条件性的狭隘圈子所限制，而是自由地、多种多样地在发展着。

起源于小亚细亚的爱奥尼柱式在它自己的祖国，在希腊、在阿蒂克发展着，因此这种柱式形成了两种学派、两种潮流：小亚细亚的和阿蒂克的。在小亚细亚这种学派的典型式样是在普里耶（Приен）的雅典娜神庙［于公元前320年为建筑师比非（Пифий）所建］，而在阿蒂克则是雅典的依列克西翁（Эрехтейон）神庙，于公元前420到前393年为建筑师费罗克（Филокол）所建，他以这个建筑物获得了永垂不朽的名字。

爱奥尼柱式的基本特点如下。匀称的柱子有着发展了的柱础和柱头，柱身饰以凹槽，这凹槽比陶立安的深，而且各槽之间有一个窄的距离叫作夹条。夹条下端近柱础处、上端近柱头处都以半圆结束。柱子的收分较不显著而且开始于从基底向上的柱高的1/3处。圆线脚和1/4凹圆线脚一定属于柱础；有时柱础放在方的普林特上，有时只是由被1/4凹圆线脚所分开的两个圆线脚组成。这样的柱础以"阿蒂克柱础"之名流传很广而且差不多没有变化地流传于罗马柱式。有时柱础的圆线脚饰以环形的、好像凹槽一样的沟，这样就使得阴影处的明暗变得更生动。

爱奥尼柱式最独特的部分是带有涡卷的柱头，这涡卷在阿蒂克得到了特别丰富的发展。柱头的最上部分是带有混枭线脚的方石板形的柱顶垫石，在它下面是平的部分，它向两面卷成螺旋形涡卷。

直接在这部分的下方我们看见1/4圆线脚形状的爱欣。显然，这种柱头的侧面形式和前面完全不一样，因此，在围柱式的神庙中（长方形神庙四面被柱式所围，叫作围柱式），角柱头必须处理成这种形式，即从相邻的两面看过去它的立面必须与旁边的柱子立面完全符合。因此涡卷的方向就沿着直角的等分角线。在图表23下面表示了柱头平面，而上面在尼凯（Нике）神庙的侧面上画了它的立面。

依列克西翁柱头以其较丰富的细部与小亚细亚的有别。他的涡卷本身装饰得很豪华，此外，在爱欣下还有饰以忍冬叶的柱头颈，这在小亚细亚的典型中，和在尼凯神庙中都没有。这个柱头颈，使柱头和柱子本身特别优美典雅。爱奥尼柱式的檐部保持了自己的三部分割：额枋、檐壁和檐口，但难得也有例外，在这些例外中额枋和檐壁连成一个总的部分。这种我们在普里耶（小亚细亚）的神庙中（图表22），在依列克西翁的女郎柱柱廊中（图表25）都可以见到。

爱奥尼的额枋大大低于陶立安的，而且通常由两个或三个长条组成，这些长条自下向上一个比一个微微挑出，好像小梁一样；额枋上面是一些带有雕刻装饰的小线脚（图表23、24）。

在檐口的做法上最有力地说明了阿蒂克学派和小亚细亚学派的不同。

在小亚细亚学派的檐口的泪石下方的支撑部分上一定有一列小齿（图表22），而在阿蒂克檐口中从未见过这些小齿，并且这部分一般地很少发展，仅限于一个到两个窄的装饰线脚。上面所讲的依列克西翁的女郎柱柱廊是一个例外，在它的额枋和檐壁上出现了小亚细亚的母题。

除了柱子以外，在神庙中还有窄的垂直的突出的部分，与柱子共同支撑着檐部。这部分名叫安特（ант），有柱础和柱头，但它的形式很简单；在图表23和图表24中有类似的例子。在爱奥尼神庙中，正像陶立安的一样，常用色彩典雅和严格地调和的多彩饰。

第四节　克林斯柱式

当陶立安与爱奥尼达到了它们的充分的发展时，克林斯柱式在希腊出现了。我们在前面已说过，我们不把它看作一种独立的建筑系统，而当作爱奥尼柱式的变体，特别是它的柱头。

克林斯柱式的柱子比爱奥尼的还轻些。柱高达十个柱径。它的柱身刻有与爱奥尼柱式相同的凹槽。克林斯的柱础采用阿蒂克的或者爱奥尼的。

柱头组合成这样：从四面看起来都是一样的，其形状如插了花的杯子一样。

在雅典的利西克拉特音乐亭（Хорагический Памятник Лизикрата，公元前334）被认为是克林斯柱头的较好的典型（图表26）。

在冠戴于柱身上的阿斯特拉加尔上方，安置有鼓形石块，被两列叶子围绕着，每一列上交错地安排了8个叶子。第二列叶子比第一列的高一倍，而它的中线在第一列的叶子的间距中。从每个特殊的安放在第二列叶子之间隙中的叶柄中出来两根茎，这两个茎朝不同的方向卷成涡卷形。比较细的茎卷到中间，和从另外一个叶柄里长出来的同样的茎相会，那叶柄是与先一个叶柄对称的。另外的一根茎，比较壮一些，方向向着柱顶垫石的角，有力地伸向前。柱顶垫石是四角形的石板，角被稍稍削掉一点，长边被向里压缩。柱顶垫石被压缩的侧面中点上饰以玫瑰形饰。

但是，克林斯柱头的形式是多种多样的，如风塔（Башня ветров）的柱头完全没有涡卷，而只饰以叶子（图表24）。最后，还有些柱头形式，可能介乎上面所举二者之间（图表26）。

所有克林斯柱式檐部部分的装饰与爱奥尼的没有区别；只有后来，当希腊克林斯样式成为罗马人的财富时，檐部才有了完全独立的发展，特别突出地表现在檐口装饰上。

第五节　卡立阿基达和阿特兰特

希腊艺术家的智慧创造了完全特别的形式，这种形式后来广泛地被采用。用一个雕刻的人像来代替柱子。在德尔非（Дельфы）的僧侣的宝库中，这是一个体积不大但有高度艺术水平的建筑物，后来在雅典的依列克西翁为了支持一个很轻的檐部建造了穿长衣服的女人的像（卡立阿基达）。在她们的头上顶着一个花篮形的柱头。

艺术的敏感性创造了那些雕像的尺寸之间的关系，雕像之间的距离和荷重物之间的距离的关系，这使得整个的组合在漫长的几世纪以来引起了每一个看到这个美妙的希腊的天才作品的人的赞叹。

匀称的、娇美的雕像，双手下垂，年轻的身体外穿着由细纺织品做成的紧贴身的衣服，宁静地支持着檐部。每个像的负荷物的全部重量都集中到一条腿上，另一腿膝头微曲，离开原处一些，因此就得到了自然的感觉和优美的侧面轮廓线。在图表25中画出了依列克西翁的女郎柱柱廊和雕像之一的细部。

在阿克拉冈达（Акрагант）的奥林匹克席夫沙神庙（Храм Зевса Олимпийского）的废墟上找到了大的男性的雕像，这些像在庙宇内部支撑着上面突出的额枋。这些雕像（阿特兰特）是赤身露体的巨人把手举到脑后的正面姿态，支撑着上面部分的重量。雕像整个的构造和他的肌肉证明了他的力量，这力量是为了承担上面荷重的。他们的高度接近八公尺，可以用作为建造整个神庙的尺度标志。阿特兰特之一在图表26中画出。

第六节　线脚装饰

根据所举的例子（图表21—图表26）不难认识希腊线脚元素的形式。在这里我们只注意那些用不同装饰品装饰起来的元素，后来在一般的组合中线脚的外形和它的位置常常是一样的。

小圆线脚以用线穿起来的小球（连珠）为装饰。常常将单个的连珠做成不同的形式，长的与短的相交替。1/4圆线脚常常饰以爱奥尼克（ионик），在混枭线脚上常常放宽而尖的叶子。直的腰带线脚饰以米昂德（меандр），圆线脚则饰以布列琼加（ллетенка）。

希腊装饰的基本母题是毛茛叶或忍冬叶。利用了这些母题，希腊艺术家创造了在美观和多样性方面都是很了不起的形式。

个别的一些建筑线脚元素装饰的例子可以在本书下列各表中见到。

图表9：饰以叶子的混枭线脚。有爱奥尼克的1/4圆线脚和有连珠的小圆线脚。

图表11：罗马柱式的券面和拱券垫石上的装饰线脚的母题。

图表12：应该比较三种不同尺寸的混枭线脚的装饰。装饰混枭线脚的叶子的尖端总是向下的。

图表21：混枭饰以叶子；1/4圆饰以爱奥尼克，小圆线脚饰以连珠。必须注意1/4圆线脚角上的装饰；这个角常常覆以毛茛叶。如果爱奥尼克一个个放得很近，那么它们之间就有斯特来加（стрелка），其尖端向下；如果爱奥尼克之间的距离比较大（等于爱奥尼克），那么在间距中放一个不大的毛茛叶。

图表20和图表22。在这里举出的例子，是以忍冬叶和狮子头来做冠戴于檐口的枭混线脚（沟沿）的装饰母题；张着的狮嘴是用来排出从屋顶流下来的雨水的。

所有的线脚元素的装饰常常是由同样的、有韵律的、重复母题组成的，这些母题常常与相邻的单个的母题的位置相吻合。例如，放在小齿下方的爱奥尼克被分成这样，即每一个爱奥尼克必须在小齿间距的下方或上方（见图表21复合柱式的檐部）（译者注：仅在图表17中找到这种情况）。这样的统一性也出现在小齿下方混枭线脚上的叶子的安排上。

第五章　一般的结论

第一节　文艺复兴时代的柱式

在希腊，柱子是建筑物不可分的结构部分。在古罗马，除了按照希腊原则建造起来的建筑物以外，还出现了由粗壮的墙和柱子组成的建筑物，这些墙和柱子支撑着巨大的拱，在那些建筑物中，如前所述，纤细的、独立着的柱子是没有地位的，但是罗马人也没有抛开这种建筑形式，而是使它参与解决适合自己的新的、巨大的任务。柱子变成不负结构责任的，只是装饰的形式，以自己来装饰巨大的公共建筑物的墙面。在罗马马尔茨拉（Марцелла）大剧院（建于公元前1世纪）的立面上，安放了两层柱式：第一层是陶立安的，第二层是爱奥尼的（图55）。在平面为椭圆形的大斗兽场（大剧场）有四层柱式（图56）。在下层通常安置比例上较沉重的柱子，上面用的柱式比较轻巧。在大斗兽场（Колизей）中：下一层饰以陶立安柱式，第二层是爱奥尼，第三层是克林斯；第四层做得比柱式的形式还轻，用扁倚柱，它们从墙面微微突出（图56）。

分层排列柱子的原则在文艺复兴时代被采用。建筑师列昂-巴梯斯达·阿尔伯第（Леон-Баттиста Альберти）所建造的鲁奇兰宫（Дворец Ручеллаи）（图57）被认为是文艺复兴时代采用柱式来装饰建筑物的第

图55　罗马的马尔茨拉剧院

一个例子。柱式由三层扁倚柱组成，附合于宫邸的三个楼层，而每一排扁倚柱承担一个共同的檐部，这种立面的装饰手法被广泛地传布而且到后来在受到了文艺复兴思想影响的各民族建筑中也有了。

分层排列柱子（或者扁倚柱）通常叫作"细柱式"（мелкий ордер）之运用。

为了使下层更沉重，建筑师开始从柱子中解脱出来，只剩下由大石头或重块石做成的砌筑形式的墙面装饰。而柱子仅放在上两层。在1495年于罗马建造了教皇宫［冈且列里亚（Канчеллериа）］的建筑师伯拉孟得（Браманте）即使用了这种方法处理（图58）。

分层排列柱式使立面有些细碎；因此要使建筑物显得更沉重些的这种想法就使建筑师们想把柱式拉长到整个立面的高度而不分为数层。

天才的米开朗琪罗（Микельанджело）在罗马所造的康赛瓦多里（Консерватори）府邸（图59）中，在安德列·帕拉第奥（Андреа Палладио）的建筑［发立马拉那宫（Доворец Вальмарана）］（图60）中和在其他，主要是文艺复兴后期的，许多建筑中都有这种手法。这种装饰立面的手法通常叫作"巨柱式"（колоссальный ордер 或 крупный ордер），以与前面所谈的柱式有别。常常在同一立面中既用巨柱式也用细柱式（图59、60、61）。

图56 罗马的大斗兽厂场

图57　佛罗棱斯的鲁奇兰宫
　　　（建筑师阿尔伯第）

图58　罗马的冈且列里亚宫（建筑师伯拉孟得）

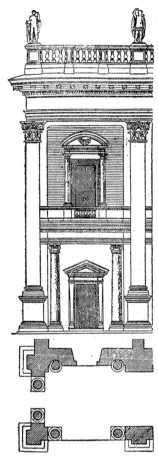

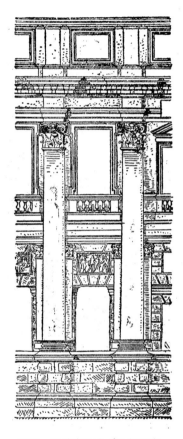

图59 罗马的康赛瓦多里府邸
（建筑师米开朗琪罗）

图60 维清寨的发立马拉那宫
（建筑师帕拉第奥）

第二节 与规则不同的情况

在认识了建筑柱式的形式，知道了它们的不同部分的安排规律和它们的尺寸之间的关系之后，应该转而注意那些与规则不同的一些情况。

因为维尼奥拉和其他的理论家们把自己的规则建立在对整个一系列的古典古迹的研究上，并由很多个别的例子中得来了平均尺寸，所以与规则的些许出入，在个别的情况下，如为构图所要求是可以允许的。详细地看文艺复兴时代优秀建筑师的作品就不难相信这一点。但是绝不要

图61 威尼斯的圣马尔加图书馆（建筑师沙索维诺）

忽略那些柱子的比例、它们的宽与高的关系、柱础和柱头的尺寸等方面上与所规定的规则不同的几乎没有见过的情况。

关于基座的尺寸可以说是完全相反。首先，基座不是必需的部分，因为柱式（不是所有的）可以完全没有基座。其次，特别重要的是，用柱式来装饰立面，必须不仅照顾到各部尺寸的相对尺度（母度），而且也要照顾到绝对的尺度（人的高度）。例如，当基座要等于1/3柱高时，窗台部分很少做成基座形式，因为窗台将要显得离地板过

图62　威尼斯的哥尔尼尔宫（建筑师沙索维诺）

高。因此就必须与所介绍的比例有所不同而降低基座。在很多例子中，可以相信，基座的高度常常遭到缩减，而任何时候也不会过分地增加。

檐部的尺寸则适得其反，它常常是被增加，而且差不多任何时候也没有比规定的规则减少过。

这些与所述的规则的出入开辟了在自己的组合中运用柱式的建筑师自由创作的园地。

为了弄清楚发生出入的界限，最好看看威尼斯的圣马尔加图书馆（Библиотека св. Марка）的立面（图61）。这个建筑的特征是非常大胆地违反了寻常的比例。

下层檐部的高度不是柱高的1/4而是1/3。而上面的檐部是自己柱高的1/2。

在这种情况下檐部的增加主要地表现在檐壁上。在上面的檐壁甚至开了窗户并且除了窗户以外还有丰富的雕刻装饰，因此檐壁没有产生沉重、笨拙的感觉，此外哥尔尼尔宫（Дворец Корнер）也是这样（图62）。

第二篇
建筑形式

在着手研究建筑形式之前，必须首先确定我们研究的范围和本篇的整个叙述方法。不能忘记，我们大家都没有把研究现代的形式作为自己的任务。为了避免走歪路起见，必须知道过去的建筑师们不得不与之做斗争的歪路，必须研究我们所能得到的过去的建筑名迹，建筑原则，它们的营造和它们的形式的丰富遗产。因为形式不仅决定于一般的思想和营造技术，并且决定于建筑材料，所以形式可以分为石头的、砖的和木头的。罗马人虽然使用了混凝土，但并没有产生任何一种特别的、专门的混凝土形式，他们使混凝土的建筑物披上了石头的外衣。虽然在文艺复兴时期的建筑中也见到砖头，但比较起来要少得多，所以我们这里不考虑这种形式。但必须指出，意大利北部的波罗涅（Болоньи）、费拉雷（Феррары）及其他一些城市的砖建筑以其高度艺术上的成就而知名。同时我们也不研究木建筑，因为在古典建筑中极少遇到它。

很久以前在建筑中就广泛地应用了仿造天然石料的灰浆。因此分析石建筑所得到的结论同样适用于用人工灰浆仿造的石建筑。总之，我们只限于对古典的和文艺复兴的石建筑形式理论的讨论。

在研究和描绘形式时，我们将遵循在柱式部分所应用过的循序渐进的方法。主要着重讨论大体积的造型，而把细部放在次要的地位上。形式的主要意思表现在体积上，这点是不能破坏的，而微小的细部则可以为了适应建筑师的创造动机而加以替换与改变。

实际上，在拟定设计时，尤其是在做草图时，必须用很小的尺度来画出形象，那上面就不需要也不可能蝇唇蚊舌历历在目地描绘形象。在那上面应该力求不失去形式的特征和动人的表现力，在那上面细屑的局部是被忽略掉的。重要的只是在掌握细部的基本原则，不能生硬地接收这些细部，不能被这些原则限制了独立的创造力，也不能把批判的钻研代之以成规和灵丹妙方。同时，我们每次都努力要摆脱那固定的标准化了的手法，同时要论证这摆脱的合理性，并把注意力转向古典形制的历史范例上去。主要的是要在研究形式时掌握两个步骤：逐直的和回返的，亦即：（1）用大体积描绘某种形式，然后加上细部；（2）根据形式的某种详细的描绘来简化这种描绘，使它成为大体积。

为了研究建筑形式容易起见，就必须遵循上述程序中的一个，但这却并不容易，因为被我们研究的材料本身的特质并不会提出究竟使用哪一种程序来得更好的指示，同时有些不同的形式却又彼此之间紧紧地联系着，例如，研究窗子加工时遇到这种情况，窗子安置在用有凸起的石块装饰的墙上；这种窗子，可以在讨论门窗口的加工时谈到，也可以在讨论墙面的装饰时谈到。同样，窗子可以有框子，这框子上可以有小檐口做结束，这就产生了一个问题，难道不能够在论述整个的檐口，即论述冠于整个建筑物之上的檐口时谈到这个窗框上的小檐口吗？总而言之，叙述的顺序不能被任何一种客观材料所限制，而只可能在实际结论的基础上建立这种顺序，这些实际的结论是从数百次的实验和引导读者走最便捷的道路的愿望中得到的。我们认为，首先认识那些在拟制建筑设计时可能首先被运用的形式是有好处的。

按照建造房屋的顺序来研究形式是最好的，始于勒脚而终于屋顶，但是在多层建筑物中从下至上将会遇到许多不常见的和不重要的形式，因此按照我们的意见，这些附属的形式放在第二步去讨论，而首先着重讨论重要的形式。

因此我们只在某种程度上遵循上述顺序，并把形式分为两类——主要的和次要的，同时首先注意那些主要的。这种分类是有限制的，但它能使掌握对象变得容易些。

也可以遵循形式的安置方向来研究它——水平的和垂直的。

墙上的洞穴，即窗和门等分到专门的一章中去讲。

最简单的单层建筑物在下面有微微的突出，在上面有显著的挑出，这就包括建筑物主要的三部分：基部、墙面和檐口。在这上面再加门和窗子。

在每一个个别的章节中有时要增加一些变体到这些形式中去，这些变体在研究主要形式时必须加以考察。

第一章 基部

　　古代的大部分房屋都在墙的下部有稍稍增大的部分。没有这种稍稍突出的部分会产生墙垣生长在土地上的感觉。希腊建筑师从来不曾把安置在庙宇周围的柱子直接插在土地上；这样放置的柱子会在上部重量压迫之下由于土壤密度最微小的差别而陷入土中。因此在整个房屋的下面和柱子连起来建造了满堂的石台、石坪，这些石台和石坪把房屋抬高了，承受了建筑物的全部重量，把它平均地分布到更大面积上去，增强了房屋的稳定性与坚固性。但最常见的高出部分由若干个石坪组成，这些石坪层层重叠，一层比一层放大，以致形成阶梯形的层次。希腊人的这种基部叫作阶座。

　　应该认识到希腊建筑师不仅只注意到坚固性那么一件事，他们还照顾到其他许多东西，包括纯粹艺术上的见解。

　　由于基础的稳定性，房屋的整个体积就好像从岩石上生长出来的一样，同时与岩石结成了一个整体，由于适当的高起，房屋就具有了庄严和雄伟的性格。

　　因为阶座的层次不能用作走路的踏跺，所以在它们之间增添了附加的石块，形成了合式的阶梯，从这儿就可以直登庙堂。

　　在希腊之后，这种形式的基部没有得到广泛的运用，但在罗马保存了希腊特性的建筑中还可见到，例如，在小圆形神庙中，以及在三

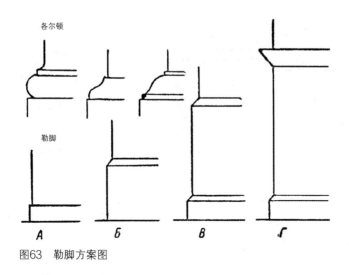

各尔顿

勒脚

A　　　Б　　　В　　　Г

图63　勒脚方案图

面有列柱环绕的马沙·乌尔督（Марс Ультор）神庙中。这种形式在文艺复兴时期就很少应用了。但建筑师伯拉孟得在罗马建造的但比埃多（Темпьетто）圆形小庙可以作为这种基部的有趣的例子。

　　1858年在列宁格勒建造的伊萨基也夫斯基（Исаакиевский）教堂，也可以作为运用阶座形式的例子。

　　在建筑物的四个立面非全为主要立面时，如典型的罗马长方形庙宇中所常见的那样，只有一个有支持着冠以三角形山墙的檐部的列柱的立面是主要的，这时，基部就不能成踏跺式的，而像是小墙，墙上部有小的檐口，下部有小的勒脚（Цоколь）。

　　这种样子的基部我们在柱式中已经见过，就是罗马柱子下的基座（图表1、2）。

　　罗马建筑师们为这种基部的入口建造了石阶，放在建筑物正立面的入口前。它通常占据了立面的整个长度，基座的左右两边所剩下来的部分向前凸出，好像栏杆一样，变成了安放雕刻、雕像群、花盆、灯架等等的好地方。

　　这类基座的例子比阶座更常见，在列宁格勒可以指出许多上面放着柱子的基座的例子：哥尔内依学校大厦、喀山教堂（Казанский собор）、海军博物馆（Военно-Морский музей）等等。

哥尔内依学校的20根希腊陶立安柱子组成了雄伟的门廊，它们不放在阶座上，而放在高高的基座上，基座在左右两个角柱前向前突出，在两个突出之间有9个柱跨，前面伸展开11层踏步。在基座两个突出部分上立着巨大的雕像群，它们使建筑师伏洛尼欣（1811）雄伟的作品更庄严了。

喀山教堂的基座上也放着杰出的列柱。这建筑物也是由建筑师伏洛尼欣所造（1801—1811）。

除整个房子的基部外，同时还有个别墩式基座，在那上面放置着柱子、雕像、花盆等等；但我们不讨论它们，因为我们只讨论建筑物的基部。总而言之，无论哪种柱式的基座式的基部都是最复杂的基部的样式（图63Г），当然，作为支持整段墙垣的整段基部必须相当厚实、沉重，并且有相当大的尺度，如果必须把基部做得矮矮的话，那就不能把它做成柱式的基座的样子，就是说，不能把它分为座身、座基和座檐三部分。最好是用向下斜出的面来代替向上斜出的檐口（图63B）。比这更简单的是墙垣下部的最简单的加工——微微凸出于墙面之外的石条，这就是勒脚（图63A）。

让我们注意一下勒脚从最简单的形式到最复杂的形式的发展过程。图63A画的是勒脚的最简单的形式，它是由用比较坚固的石头做成的墙垣下部的贴面所形成的，为的是防止墙垣受机械力的损坏和土壤的潮湿的侵蚀。

贴面凸出墙面二三公分左右，有个小小的斜面，为的是使相接面的上面不致留住偶然落上去的东西。如果在相接面的这种宽度下加高勒脚的话，那就会显得高度和突出厚度间的不相称，在这种情况下，勒脚必须比上述的要突出得更多些。那样，勒脚的上面就会有相当显著的水平带，在那上面可以很容易地堆积一层很厚的灰尘或其他垃圾，只要在勒脚上面做出一个由勒脚面到墙面斜的过渡面就可以避免这种堆积，我们不过分琐屑地讨论过渡面的纵断面，它能很快地从柱式中找到：任何的柱础（甚至不是完整的，而是部分的），任何的基座下部的断面（或是它的一部分）；为了使勒脚有较大的力量和简洁，可以仅给它以直挺挺的斜面，如同用大体积所表现出来的这种过渡面那样（图63Б）。除了用大体积描绘勒脚外，同时还要有局部大样，这些可由丰富的源泉——柱式——中得到。

在勒脚突出得较多的情况下，上面的斜面和地面之间的光滑的石墙面会显得贫乏单调；为稍稍使它生动活跃起见，在下面再加上小小的勒脚，或者用简单的突出，或者用小的非常简单的线脚（半圆形线脚、半圆凹弧等等，图63В）。在勒脚之上伸展着的水平石线脚叫作各尔顿（кордон）。

勒脚的举例最后以基部的最复杂的形式——基座来结束（图63Г），这基座在文艺复兴高大的多层建筑中常常发展成整个的勒脚层，在我们的城市中能够看见很多建筑，它的第二层和第三层用柱子装饰着，为了这些柱子而把第一层做成高高的基座。

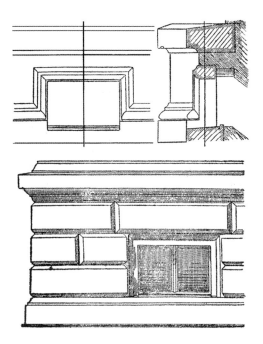

图64 勒脚层

巨大的基座在下面扩大，这扩大部分成为它自己独立的勒脚。

勒脚的尺度决定于建筑物的高度：为了使外貌与内部构造相适合，要尽可能地使勒脚的上沿和第一层的地面取得一致，当第一层的地面高出于室外地面很多时，可以建造地下层；有了地下层就必须考虑到它的照明，所以就必不可免地要在勒脚墙上开窗。当地下层是用来作为柴薪堆放之用时，它的规模常是很小的，可以给它以最简单的窗子，但当土壤条件允许，可以在地面下建造足够舒适的、卫生条件良好的居室时，那么窗子就要有很大的面积。当然，在采光面积需要扩大而窗子的高度却被限制时，就不得不增加它的宽度。事实上，在勒脚上的窗子通常是按水平方向拉长的。显然，由于勒脚本身是一个水平方向的狭条，使得水平方向拉长的窗子在上面看起来也很顺眼。在图64中就举了有窗子的勒脚的例子。

为了给建筑物的基础——勒脚以巨大的雄厚感，就常常用砍凿得很粗糙的大石块横向地砌造起来。

当勒脚很高时，可以把它用厚重的、长方形和方形的石板装饰起来，这种石板叫作块石（квадра）。

如果建筑物的立面是整个地用粗砍的或凹凸不平的石块砌造的话，光溜溜的勒脚不能适合于墙面的沉重的处理，基部就会显得脆弱，不胜负担上面的重荷。为了加强勒脚就必须用比上面更大的石块来砌造，但为了减少砌造大石块的费用，可以只把垂直表面用石板侧立起来砌造。这些石板——块石可以处理成粗砍的或用起伏强烈的纵断面装饰起来，建筑师应该考虑到结构方面，要使石板不至于从自己的垂直位置上倾倒下来。

在意大利北部的早期文艺复兴的若干建筑中遇到了完全特殊的勒脚形式。图65A画着佛罗棱斯的斯特洛次宫（Строцци）的勒脚；图65B是西印涅（Сиене）的皮各洛米尼宫（Пикколомини）的勒脚；图65C是佛罗棱斯的巴尔多里尼宫（Бартолини）的，而图65D是罗马附近尤里亚（Юлия）教皇别墅的。它们的下部罕见地置以高出于地面又向前突出的一层或两层石阶；它们的下部给人的印象是沿着整个立面的长度，仅只在出入口中断一下的石台。这种特别的形式只能产生在15世纪世俗的城市生活的条件下。

早年位于城郊不可接近的悬崖峭壁之上的封建主的堡塞已经过时了；代替他们而掌权的贵爵显要们开始在城市的最漂亮的街道和广场上建造豪华的宫廷，但他们并没有从他们的政敌的攻击中得到完全的安

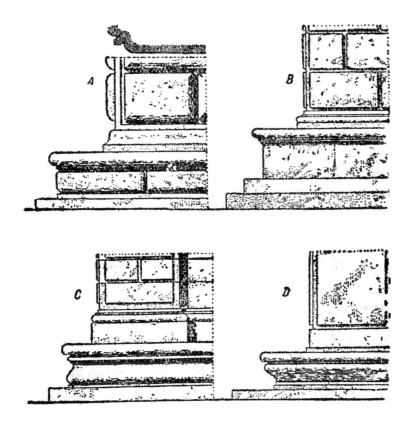

图65　早期文艺复兴勒脚
A—佛罗棱斯的斯特洛次宫；B—西印涅的皮各洛米尼宫
C—佛罗棱斯的巴尔多里尼宫；D—教皇尤里亚的在罗马附近的别墅

宁，他们常常和政敌进行流血的冲突，他们也没有从心怀不满的被压迫群众的起义中得到安宁。这就迫使他们在手下保持私人的亲卫兵，而宫廷的下层就给这些亲卫兵居住和做马厩之用。为这些士兵和宫殿的仆人建造了通长的石台，当天气太热的时候，可以不离开房子而坐个通宵，所有的住在宫里的人都可以出来呼吸新鲜空气。

第二章　檐口

讨论了勒脚之后，我们要转向第二个极其重要的形式，转向在古典建筑中始终不变地被应用着的形式——檐口。在所有的形式中檐口得到最大的发展和多样化的加工。

文艺复兴的建筑师以特别的热情去研究、描绘和测量了罗马建筑的檐口，并在他们之间展开了探索檐口组成部分的最好的比例关系，和檐口的外形轮廓美的竞赛。在柱式中我们已经熟悉了檐口的若干变体，熟悉了附加在它上面的小齿和托檐石的曲线部分，现在可以按照檐口组合的复杂程度来把它分类了。我们得到两类檐口：简单的和复杂的。在我们所知道的檐口中，可以归入简单一类的只有塔司干檐口，其余的一概是复杂的。用那些在檐口的支持部分上的特别醒目的细部来把它们分类为带齿的檐口和带托檐石的檐口；这两类檐口被应用在陶立安柱式的两个变体中。小齿同样也存在于爱奥尼柱式檐口的两个曲面线脚之间。最后，檐口可以丰富到同时包含上述两种部分——小齿和托檐石，在克林斯柱式中就是这样的。

我们认为不需要再来列举上述檐口的例子，因为在柱式中它们已经从大体积到细部都被很细致地分析过了；那儿已经列举过托檐石的各种变体，从直线的、陶立安的托檐石起到克林斯的托檐石止，在克林斯中，又从简单的托檐石叙述到了用螺旋式的涡卷和忍冬草叶精致

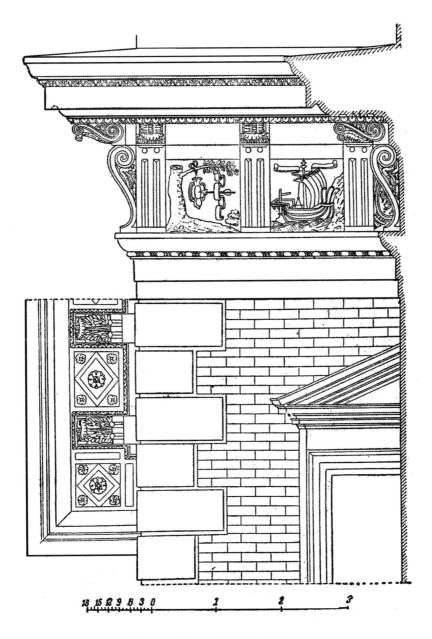

图66 罗马附近的加普拉别墅的檐口（建筑师维尼奥拉）

加工的托檐石。

　　文艺复兴时代给这些檐口的类型增加了不少的变体，这些我们也将要讨论。如果希望檐口石板挑出较多的话，那么为了稳固，就须使石板的长度超过挑出部的两倍，但这并不是任何时候都可能的，而且这样做也太贵了。下述的建造方法可以避免这个缺点。在檐口下的墙身上（檐壁），砌起有相当厚度而垂直于墙面的石板，把这些石板砍凿成这样，即它们的上面从墙面突出到承挑檐口石板所必须的那种程度，而在下面，这侧立的石板突出极少，这石板的侧面（轮廓）可以是完全简单的，直线的或者曲线的，混枭线的或者枭混线的曲线，最后，侧面可以做成螺旋的涡卷形；不管石板轮廓如何，石板的上面总一定是个水平面，为的是好支持檐口的石板。这种牢牢地镶在墙上的经过雕刻的石板叫作托石（Кронштейн）。托石中线间的距离应等于檐口石板的宽度。在每一个托石上两块相邻的檐口石板碰头了，这些石板躺在两个支点之间，完全可靠地挑出于墙面之外（图70）。

　　在挑出部分之上安放着冠戴部分，而在挑出的石板之下，不论有没有托石，经常是支撑部分，虽然实际上由于托石的缘故，这支撑部分已经失去了逻辑的必要性，但文艺复兴的建筑师们不仅保存了它，而且还保存了它的复杂的装饰。支撑部分被做得很简单，但也可以加上小齿，甚至加上托檐石。因此除了在柱式中所提到的檐口之外，还能增添"托石上的檐口""有托石和小齿的檐口""有托石和托檐石的檐口"以及最复杂的"有托石、托檐石和小齿的檐口"（图66）。

　　重要的是要善于用大体积画出上述檐口中的任何一种，因为他们的细部是不定的，是有无穷尽变化的。

　　托石上的檐口的最美的典型是佛罗棱斯的鲁奇兰（Ручеллаи）宫的檐口，这是著名的建筑师和理论家列昂·巴梯斯达·阿尔伯第在1450年建造的（图68），罗马的冈且列里亚宫的檐口也是很优美的，这所卓越的文艺复兴盛期的房子是建筑师伯拉孟得在1508年建造的（图69）。和三陇板以垂直的分割打断陶立安檐壁长长的横条一样，托石以自己均匀

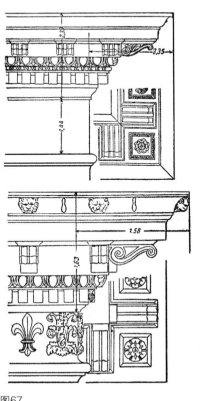

图67
上面——佛罗棱斯的斯特洛次宫的檐口
（建筑师克隆那卡）
下面——法尔尼谢宫的檐口（建筑师米开朗琪罗）

图68　佛罗棱斯的鲁奇兰宫
（建筑师阿尔伯第）

的节奏使立面的上部活跃起来（图67）。

　　在实际运用托石时，必须十分谨慎，因为很容易犯错误，这些错误甚至连文艺复兴时代的建筑师都不能避免，更不用提那些近代把这毋容置疑的结构形式变成为纯装饰的建筑师了。为了明了这个，就必须仔细地观察建筑物的转角部。在伯拉孟得那儿我们见到按照对角线斜置的隅托石；在这种情况下它和离它最近的托石间的距离就大过于其他托石之间的距离了。这种隅托石的安放是必要的，只有在这种安放方式下，才有可能使三个隅托石放在一起而不至于使自己的"尾巴"

图69 罗马的冈且列里亚宫（建筑师伯拉孟得）

（хвост）相碰。

有些建筑师为了求得对称的缘故，在建筑物的角上做了两个互相垂直的托石，因此只有其中之一是有结构作用的，而另一个必定是一个造作的附加物。我们可以举维尼奥拉所建造并在他的著作中发表了的有托石和托檐石的檐口作为例子，这檐口被认为是古典的。对这个外貌与堡垒相似的别墅建筑艺术来说，这是个绝妙的檐口，这别墅叫加普拉洛拉（Капрарола），建于1547—1549年。

还能够举出另外一些不常见但很有趣的例子，这些例子脱离了装饰性形式的严格逻辑性。在威尼斯，比撒洛宫（Двороч Пезара）以它雄伟的建筑而负有盛名，为建筑师隆该那（Лонгена）在1650—1680年之间建造的。宫殿的上层用安放在半圆额窗子之间的墙壁之前的柱子装饰起来，但窗间壁的宽度并不一致，这就造成了特别复杂的节奏：七个窗子在立面上被分成三组；中间一组包括三个窗子，两侧两组各由两个窗子组成；每组之间立着一对柱子，最靠边的窗间壁上也是一对柱子，而在每个窗子之间则是一根柱子。

这节奏可以示意地描绘如下：

||○|○||○|○||○||○|○||○||

为了加强柱子上的节奏，建筑师在檐部的檐口之下安放了托石，但它们之间的距离变得非常自由。托石仅仅被安放在柱子的上面，因此在一对柱子上就有一对托石。这样自由地对待形式是由于17世纪时艺术中新的世界观。旧时最严格的匀称性、逻辑性、拘谨性被代之以对形式的自由处理和对美、对外表的装饰的追求。

"发券檐口"（арочный карниз）是一种特别的形式，它常见于早期文艺复兴，从建造原则来说，它很少区别于托石上的檐口；在它上面对逻辑性的任何一点破坏，对严格的构造性的任何一点违背，都会特别尖锐地暴露出来并且是绝对不能容许的。

下面是建造发券檐口的程序。

当牢固的托石被完全结实地建造好了之后，被挑出的檐口石板并不砌在它上面，而托石的上部是为了支持从一个托石横跨到另一个托石上去的发券的券脚。跨越在托石之间的发券尺度是一致的，但最靠近建筑物的转角那个券是例外。由于隔托石的对角线的位置，立面上最靠边的发券被拉长了，但还保持着与其他的券同样的高度。这样，我们就得到了"发券上的檐口"。檐口最后的冠戴部分，常常由垂直的小墙垛组成，这些小墙垛常常被做成作战的堡垒式的（图70、71）。

发券檐口最初应用于封建时期在欧洲发展起来的军事建筑中。那时候的城市和封建寨堡被充满了水的壕沟围绕着，在这上面横跨着吊桥，紧挨在壕沟后面建造了厚重的、高高的墙壁，墙上筑起纵向的道路，这道路比墙稍稍宽一点，因此沿着墙外皮都需要有挑出部分。通过挑出部分的地面上的窟窿可以用石头投掷下面的围攻者，向下浇开水和热树脂，并向下射箭。

为了防御从外面射来的弩箭，沿着整个挑出部分建造了墙垣（约

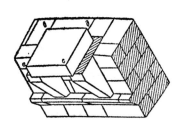

图70 在托石上的檐口的构造

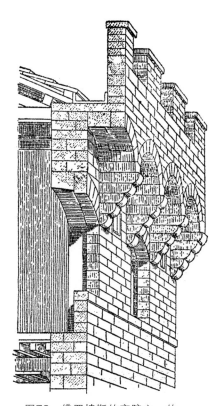

图72 佛罗棱斯的宫院之一的
发券上的檐口

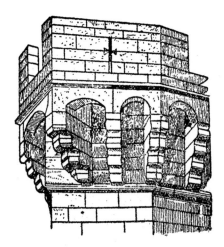

图71 发券上的檐口和防箭廊

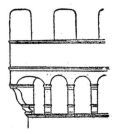

一人高）。有时候甚至在墙上的整个纵向通道上建造起屋顶来。这种用屋顶覆盖着的走廊叫作"防箭廊"（Машикули）。为了快速与经济起见，防箭廊为木头所造，但也有很多遗留下来的这种廊子是石头造的。一列与缺口相交替的墙垛叫作"雉堞"（зубца）；在它们后面保卫者躲避着前来侵犯的敌军的射击。用木头建造的防箭廊的顶子只有在战争时才建造起来。雉堞的形式非常多，但我们不深究它们，因为它们不包括于檐口之内，不属于我们所讨论的建筑艺术范围之内。在中世纪的墙垣上和碉堡上的披屋的例子很好地说明了托石上的檐口和发券上的檐口的起源。

我们所观察的发券系统不仅可以建造在房屋的上面，而且还可以建造在下面，例如，造在第一层上使得第二层的墙面挑出于第一层的墙面之外。这种例子可见于早期文艺复兴时流行于意大利北部的建筑中，同时也可见于佛罗棱斯。在其中，隅托石以丰富的装饰而与其他的托石区别，这装饰增强了它特别的作用。

对冠戴檐口的观察到此为止。以后还要谈到不冠戴于房屋而是分划楼层的檐口，但这种檐口要列入特别的一章——"墙面的水平分划"中。

现在，在认识了墙的上部和下部之后，我们就要看看各种古典建筑墙面的加工手法了。

第三章 墙

第一节 墙面之加工

一面用规则地加过工的方形石块垒起来的墙，这些石块有紧密地相贴合的侧缘，有光滑的外表面，这面墙就成为统一的平面，很像现代抹了灰的砖墙。但在天然石块的墙面和抹灰墙面之间有很大本质的区别。石墙的石块不论多么一致，在它们之间总会看出有一点颜色区别，而这就打破了墙面的单调，使它生动起来，这不是人工的效果，而完全是由材料的特质所造成的天然效果。

光滑的石墙既可以在希腊见到，也可以在罗马见到，甚至在文艺复兴的建筑中也有。但很早就可以看出希腊建筑师努力于使光滑的墙面垒得更富有表现力一些，因此他们想把石块砍成特别的样子，以使它们之间的缝隙更显著些。砍去石块相接处的边棱，使接缝形成三角形断面的深沟就能得到这种效果，但希腊人偏爱于使深沟更尖锐、更显著。因此他们凿出直角的深沟，即正方形断面的深沟。那样不仅在明亮的光线下，甚至在阴影中也可以远远地就见到石缝，像一条黑色串联着的直线，希腊建筑师们不满足于一些水平的石缝，他们还做出垂直的石缝来，把它们安放在一定的间距上，并保持石缝的编织性，典型的晚期希腊风格的墙面是用不同厚度的水平石层互相交替着组成的：在两个宽石

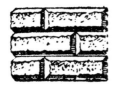

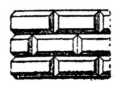

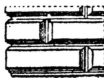

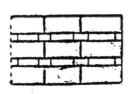

图73 重块石

层中间来一层窄的，如果可能，为了保持宽石层和窄石层的石块一致的比例，后者的石块的长度被做成小于前者的石块的长度。

希腊建筑师的艺术敏感的精致在别处也表现出来，他们用很大的石块垒砌墙的下部，但它的尺寸始终保持和其他的石块一样的比例，这就是说，所有石块的长度和宽度之间保持一定的关系。

述说过的一个紧挨贴着另一个的希腊的石块有砍凿得光溜溜的外表面，但这种加工是不一定有的，有时也许仅做些棱线上的最粗糙的砍凿，这样可以节省并简化工作。罗马人称这种砍凿法为"opus rusticus"，它的意思是："有力量的方法"。可能是因为它常被运用于简单的有力量的建筑物上。但文艺复兴的建筑师们爱好石块粗糙的表面上光影的变化，并由于不同艺术的见解而在建造富

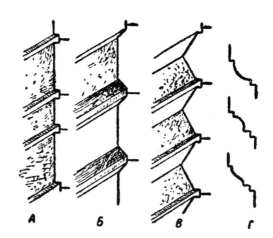

图74 重块石的断面

丽的、神气的房屋时运用它，并在这方法中增添了一些使它更完善更丰富的东西。用这种方法加过工的石块叫作"重块石（руст）"，这名称也被用来称呼那些砍成整齐的、精确的、像个凸台的或方锥形的等等的石块（图73）。

有时候房屋的整个立面从下到上都用重块石加工装饰，有时候只用在下层，为的是给房屋以很大的坚固性和防御性。在佛罗棱斯特别爱用重块石来装饰，因此这种建筑物的风格就叫作"佛罗棱斯式"。

研究用重块石装饰的房屋时，可以得出以下的结论来。早期文艺复兴的建筑师们为使重块石的运用更完善，运用了起伏很大的、很不平的石块来建造房屋的下几层，以后紧挨着它们的几层就用次等的重块石。重块石的高度甚至在同一层内都并不经常保持一致；这种变异差别并不是偶然的，而是可以找到逻辑的说明，首先是因为要降低造价，因为很难使得石块有一样大小的厚度，并且把巨大的石块碎裂开来，其目的仅仅是为了与小石块取得尺寸上的一致的话，是不合理的。另一个见解当我们讨论到用重块石装饰的门窗时再阐明。

在得到了关于重块石的一般概念之后，让我们从头看一看重块石的形式，以后再转入到它在立面上的安放。

图74A表现了简单的希腊石墙的断面，这种石头我们现在也要把它叫作重块石；在图74Б中，表现了侧面边缘被砍削过的，有着成斜面的边棱的重块石的断面；在图74B中，描绘了由两个斜侧面组成的重块石。一共就这样三种，但它们是被用大体积所描绘，用各种各样的侧断面——简单的和复杂的来代替45度的斜平面，就可以细致地加工出无数种不同的样式来。

佛罗棱斯的庇第宫（Питти）、吕卡尔得宫（Риккарди）和斯特洛次宫（Строции）各例中，都运用砍凿得很粗糙的重块石。它们中的第一个（图75），以自己的雄厚产生强有力的印象；第二个（图76）可以作为重块石的表面加工的起伏不平的程度按楼层递减的例子；而最后一个（图77）可认为是这类建筑艺术的最高成就。

图75　佛罗棱斯的庇第宫的底层的一部

在意大利的波罗涅、费拉雷和西班牙的赛高未亚（Сеговия）都可以见到用磨得发光的大理石做的有高高的方锥形突台的重块石。阳光射在这些重块石上时灿烂夺目的闪烁使人联想到把费拉雷的用这种重块石装饰的房子称呼为齐阿马第宫（палаццо деи диамант），它的意思就是"钻石之宫"。这类重块石也叫作"块石"。有时候方锥形的重块石和方锥形的凹陷交替着用，例如，威尼斯的多裁宫（дворец Дожей）

图76　佛罗棱斯的吕卡尔得宫
（建筑师米盖洛佐）

图77　佛罗棱斯的斯特洛次宫
（建筑师比·达·马阿诺和克隆那卡）

就是这样（图78）。

我们并未全部叙述各种重块石形式，但这些材料已经足够说明墙垣加工的基本手法之一——用重块石之加工。

运用重块石的最困难之处，是当墙面用半圆额窗户来装饰的时候。

窗口的发券也用这种石块垒砌，但是把它砍削成楔形；楔形石块所有的缝隙都集中到券的中心上，而中心常常是在券的水平缝的同一高度上。如券的外弧是用与内弧同一个中心画出来的话，则所有的楔形石块都同长度。楔形石块总为单数，为了要在券的中间得到的不是缝隙而是一块石头——龙门石。

在两券之间的墙面的水平缝因受到券的半圆形轮廓的妨碍而形成了不很舒服的结合。首先，在贴近发券的石头上就得有尖锐的角，这角在券的上部尤其明显。在石头上砍削出尖角来是很难的，因为在砍削的过程中它们很容易碎裂，其次用一列同样高度的石块所垒砌出来的横缝在券上找不到自己的行列，——有时

图78　威尼斯的多裁宫

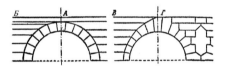

图79　重块石的缝隙的联结

图80　佛罗棱斯的高第宫的窗子（建筑师沙加洛）

在两个放射形的缝间，有时恰恰又落在缝上。并且水平缝和放射形缝总是不协调的。

如希望这些缝隙相连贯，就必须如图79Б所表示的那样变化水平横列的高度。为了避免过分细窄的石层，可以把两层垒砌层合而为一。在发券的上部就是这样的。

我们试把券划分为若干楔形，好像上面举的例子那样，从券的中心引出放射形的缝隙，但券的外面轮廓先不定出来。然后从通过券中心的水平缝上开始垒砌同样高度的石层。因为这些石块的高度都较大于楔形石块的狭窄的一端，所以看起来，楔形好像就是从垒砌墙面的石头上砍削出来的（图79B）。

因此我们可以见到，水平缝和放射缝的交点越向上就越略略向外离开券的内轮廓。如果把这些交点用曲线联结起来，就可以得到发券的箭镞形的外轮廓。这种轮廓我们经常能在早期文艺复兴的重块石建造的房屋中见到。这种建造方法的优越性在于水平缝隙和放射形缝在一定程度上协调地联合起来。

发券在龙门石部位不可避免地得到的加厚可以说是个缺点，它违反了结构原则和发券的操作原则。必须指出，券的箭镞形的外曲线也常在这种处理下见到，即这种曲线全然不能说明建筑师要用上述的办法来使石缝协调起来的意图，那就是，虽有箭镞的外形，虽然水平的横列有各不相同的高度，但缝隙的接头仍是偶然的。在所有观察过的情况中，一个上面提到过的缺点还是没有消灭——就是紧挨着发券处的锐角。

但早期文艺复兴建筑师创造性的思考从所造成的困难中找寻结论并得到了下述的结论。在图79的Γ中重复一下B中的建造法，即得到水平缝和放射形缝的交点，但不要用曲线去联结它们而从交点上在每一横列内做一个垂直的线段。券砌和墙面的水平砌之间的新的联系得到了，我们完全消灭了锐角。剩下的是直角和钝角，也就是结实的和容易制作的角，使块石变成了五角形的了，而石缝自然地就联结在一起。

这方法为乔利阿诺·达·沙加洛（Джулиано да Сангалло，1445—1516）在佛罗棱斯和罗马工作时所运用。他所建造的房子中可以举佛罗棱斯的高第宫（Гондь，1490）（图80）为例。

在把发券划分为楔形石时，总是要努力强调出券的龙门石，因此它被做得比别的石头更宽些，在它上面放着雕刻得较多的重块石，或者是有徽章的盾牌，或者是其他什么样的装饰。

在总结关于运用重块石装饰光滑的墙面的讨论时，得到这样一个结论，即希腊人从来没有用过粗砍的石地。他们的重块石是光滑的石块，以细的精致的缝子分开，更通常的是墙面全是光滑的，为立在它前面的柱子组成一张整个的背景，为了更好地烘托出明亮的淡黄色的柱子，它后面的墙面被染成暗红色。

在罗马重块石常被用在大型建筑物和工程结构物上，同时也用在大片无门无窗的墙上，这就使得建筑物雄伟而沉重。

巨大的圆形坟墓建筑物和陵墓上的重块石有特殊的效果。

在文艺复兴时期，重块石得到了广泛的运用，在早期它被运用覆盖了建筑物的整个立面，后来就只用重块石来加强第一层，使它因此而得到坚固的不可动摇的性格，更进一步，在文艺复兴盛期，重块石总是不覆盖整片的墙面，而只放在建筑物的转角上，此后出现在窗间壁上，或者只把主要入门的四周框饰起来。

诸如此类的重块石当我们讨论到别的相当形式时还要谈到。

墙面的加工不仅限于用一些重块石，还可以用别的手法加工。用光滑的或者甚至是研磨过的大理石或者类似大理石的石板来做墙面很有效果，但这是很贵的手法。墙面可以用薄薄的石板，也可能是用大面的和各种不同颜色的石板贴镶。白色的、黑色的、灰色的、绿色的、红色的、黄色的、蓝色的和灰绿色的石板可以组成多种多样的有趣的花纹，大面的石板很难得到，但把小块石板巧妙地结合起来可以铺很大的面积，这可以用下述典型为例（图81）。

正方形的和长方形的石块被锯成薄板，并用四块紧切地结合起来

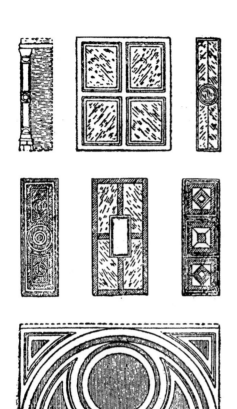

的石板组成一个面。如果在这种情况下大理石在一定的方向上有很清晰的纹理的话，就应该把所得到的石板磨得使两个相邻的石板上的纹理形成对称的图案。这就在中心形成向四个方向放射的对称图案。如果由四块石板所组成的图案是索然无味的话，可以在四块凑紧在一起的石板上雕去集向中心的一角；这就能在中间得到一个由四个角凑成的正方形或菱形，在这正方形或菱形中嵌镶以别种颜色的大理石。有时候在这儿放上圆形石板，圆形石板很容易获得，只消把柱身按垂直于它的轴线的方向锯开就行了。大片的浅调子的长方形常常用薄薄的白大理石的带子

图81　用大理石做的墙壁贴面

框起来，在白大理石带子外面，再围一圈深暗色调子的，直至黑色的带子。在这两个主要带子中间再加入第二级色调的窄条。

因此在中央间板（зеркало 或 панно）的四周有了一条宽边框。这种墙面装饰所产生的印象决定于色调巧妙的选择和各种宽度的大理石带子的尺寸的组合。这种装饰在文艺复兴时期建筑的外墙上可以见到，但更常见的是（直到现在）在内墙装饰中。

内部墙面惯于用水平线条划分为二或三部分。中间一部分最宽，是主要部分，下面部分就比中间部分小得多（为其1/3），被处理成间板（панель）的样子并以暗色的直至黑色的石片贴面，而上面的一条则组

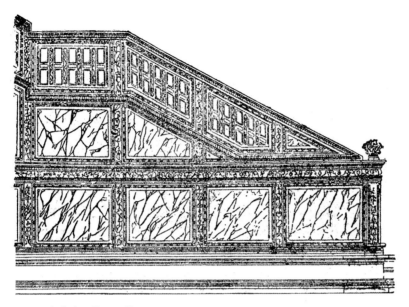

图82 多裁宫里的巨人梯

成了墙的冠戴，它的宽度也很小（为中部的1/4），保持着明亮的色调，为了避免单调起见，甚至不用光滑的贴面，而用一些别的浮雕手法装饰起来。上述的墙面分划尺寸的匀称的比例关系是从许多自然中存在的例子得到的；艺术家保持这种比例关系大概只是由于自己的口味，或者如某些人所说的那样，是由于美感，但上述的比例关系也可以用柱式来说明。如果假定这样的情况，即墙面是用柱式来装饰的，那么它的高度就必然被分为三部分（基座、柱身和檐部），其比例为1/3：1：1/4；这种尺寸的关系当我们不用柱式来装饰墙面而用彩色石板来做墙的贴面时也一直保持着。

如同在运用柱式时允许有若干变例一样，在墙面装饰上也允许类似的变例，直至完全不要间板。如果创造感暗示了一定的尺寸，这就可以完全解决问题了，也就应该去研究这些尺寸了，但在怀疑的时候，可以求教于柱式。

对古典建筑原则的研究引导出许多别的因素来，这些因素帮助解决那些在做设计或盖房子时所产生的疑问。

用彩色石头来做墙的贴面在希腊和罗马都曾经这样做过，但这样的例子遗留很少，因为在以后古典的建筑物不止一次地遭受到抢劫，当地的居民在几百年光阴中拿走了所有值钱的大大小小的加工得方方正正的石块，尤其是拿走了质地较好的石块，为的是盖自己的房子。有时拿走石块仅仅是为了去烧石灰。

文艺复兴时期使古代的建筑物遭受了无数灾害，破坏了或消灭了不少华丽的罗马建筑物；但同时却从这时代保存了许多卓越的名迹，这些名迹都是以惊人的技巧和完美的技术来建造成的。

用各种颜色的石板来做墙的贴面手法的发展受古罗马的影响还不如受伊斯兰（Ислай）的影响来得大。从东方到西方，直至直布罗陀（Гибралтар），这艺术胜利地完成了，并留下了神妙的墙面的范例，这些墙面被饰以彩色缤纷的各色大理石的、有色陶质的和绘了画的贴面，直到现在还产生不可磨灭的印象。

但贴面常常不用天然石板来做，产生了一种人造大理石，它们常常不易和现代的人造大理石区别，这种方法一直沿用至今。

为了代替用有色石板来贴墙面这十分昂贵的方法，在古代就形成了在墙上加以各种调子的颜料的方法，因此这方法不仅可以模仿石头贴面（是模仿，而不是假造），并可以更自由地处理它，画彩画，画装饰，甚至可以在整面墙上画起图画来。这种方法叫作壁画或湿粉画（стенная живопись，или фреска）。

严格地说，只有一种特定的墙上的绘画才叫湿粉画。这是在潮湿的抹灰墙面上绘的画。意大利文 *"al fresco"*，其意为 "趁湿"。这就是说，在墙上抹上一层光滑的灰浆之后，它暂时还干不了，这时用毛笔在上面涂上必要的颜料，这颜料并不像胶糊那样在墙的外表面上形成一层薄膜，而是渗透到潮湿层的深处。但在这情况下颜料可能会扩散到图画的轮廓外去，和邻近的还没有干燥的颜料相混合。为了避免这个，就预先用尖尖的刀口在灰浆上刻出图画的轮廓来。这些刻出来的细沟就不允许颜料扩散到边线之外去。由此可见，真正的湿粉画是个多么复杂的绘画方法。把画先在纸上组织好或者画完，然后把纸贴在墙面上，使画印到

图83　阿剌伯式墙面装饰

墙面上去。为此就预先沿轮廓线的全长在纸上刺出许多精确的小孔来。把纸紧紧地贴在墙上，炭粉就透过针刺孔把整幅图画印在灰浆的表面上。以后，趁这灰浆层还没干硬的时候，一点也不耽误，把整个图画刻出轮廓来。然后，趁它还潮湿时就抹上颜料。因之，画家的工作必须严格地和抹灰工的工作相配合。抹灰的面积必须要使画家能来得及在灰浆硬化之前绘上画。但壁画并不是常用这种困难而昂贵的方法来做；常可以见到，甚至在很古的建筑物中，图画也没有刻出边线来，而是画在已经干燥了的灰浆上，很明显这做法简化了并加速了工作。这种不结实的图画也被不正确地叫作湿粉画。

湿粉画在古代和中世纪的建筑中得到广泛的传布，以后在文艺复兴的艺术中也有很广泛的应用。

古代湿粉壁画的例子保存下来的很少，因为颜料随着时间，由于日晒雨淋而消失了，只有个别片断在几世纪以来埋在地下，在发掘时还能因为保留着古代的颜料而被推知大概。在古庞贝（Помпей）发现的壁画有出众的完整性，但它不是被画在立面上，而是被画在房屋内部的。

图84 庞贝的壁画

庞贝是那不勒斯附近、维苏威（Везувия）火山脚下的古代繁荣的城市，于公元79年毁灭在火山爆发之下，城市被炽热的灰尘填平，几世纪来在内部保存了所有的居民和街道广场、房屋、戏院、浴室和庙宇。在发掘时，这毁灭了的城市显现出来了，几乎在每一个房子里墙壁都饰满了图画，有简单的，有很复杂的，有艺术价值极高的。

大概，最简单的也是最古老的绘画方法是把墙面划为很宽大的区域，用不同宽度、不同花纹的带子框起边来，并保持色调和协的组合。壁画构图显然被各色石板做墙贴面的办法所替代了，然而这种装饰墙面的方法价值非常低廉，并且可以有很多种不同的色调，可以非常自由地解决光滑墙面的加工（图84）。

随着时间的推移，庞贝的壁画更完善了，更灿烂了，以后并采用了建筑上的母题，画上了仔细的、雅致的、轻巧的常常缠绕着花环的小柱子；画上了奇异的、非常华丽的装饰，在这些装饰中有假想的、风格化了的叶子，螺旋形的涡卷，形象怪诞的或现实主义的人像。所有这些在一起组成了深思熟虑的、引人入胜的装饰，使得单调的墙面活跃生动起来。

下面是墙面加工的基本方法。墙的下部，间板，常常是暗色的（樱桃红或者甚至是黑色），它总不是光滑的、单调的，而是用垂直的分割区划为长短相间的窄长方块，这种区划遵守着一定的规律，即遵守着一定的节奏。

墙面展开于间板之上，它也是被处理成大块长方形的样子，涂上浅浅的颜色，四周用不同宽度不同颜色的带子的缘饰框起来，有时候还有几何形的花纹。在庞贝的壁画中还可以见到附加有这样的东西：在平滑的墙面上划出用狭窄的深色框子围着的正方形或长方形，这些正方形或长方形模仿挂在墙上的、镶于框子里的图画。

图85　庞贝的壁画

在这些画中，画家们描绘了神话中的人物或场景、山水风景等等，有时候墙面完全涂成黑色，在中间画上小小的飞舞着的女人或者某种怪诞不经的动物形象。

所有上述的墙面装饰手法，都为了强调这个面的存在，但就在庞贝，在它繁华时期的后阶段，出现了流传很广的新手法。封闭在四面墙壁之间的小小的房间的空间很局促，因此就产生了破坏墙面，扩大空间的愿望，建筑师指定画家创作新的纯粹是建筑手法的壁画，画着透视的列柱和阳台，向外开着的窗子，在窗子外面开畅的天地中有鸟雀在飞翔。这种壁画扩大了空间，创造了深度的幻觉。视线不是被遏止在墙面上，而是努力往远处看，看到墙界之外，所谓透视壁画就此产生了。

仔细地研究庞贝的壁画会给我们这时代的建筑师以解决室内装饰问题的一些有利条件。

文艺复兴的建筑师利用了庞贝的母题，但是并不是想去抄袭它们，而仅仅是利用它们的基本想法。

图86　梵蒂冈敞厅的装修

著名的画家和建筑师拉斐尔及其优秀的学生乔利亚·洛马诺和卓凡尼·德·乌奇尼等（Джулио Романо, Джованни да Удине и др.）于1519年在罗马的梵蒂冈（教皇宫）所画的壁画可作为光辉的范例。

以前提到过的湿粉画只适合于室内部分而对遭受雨淋日晒、风吹雪冻的立面是根本不合适的，为了用平面的装饰来装饰墙面，在文艺复兴时期拟定了新的方案，这就是所谓"刮粉画"（сграффито）。这个装饰手法先于16世纪在意大利出现，即在墙面上抹上深色灰浆层，然后在它上面又抹上第二层颜色浅的灰浆层；在外层上绘上图画之后，用尖锐的工具来刮削画面，使得有些地方暴露出深色层来，因此就得到了变色画。

这种装饰墙的方法的简单、方便与坚固性使得它在早期文艺复兴时期流行于意大利，而后又流行于日耳曼和奥地利。

在列宁格勒可以在第二红军街（2-й красноармейский）上的旧土木工程学院房屋的立面上见到刮粉画，这房子是1881年由建筑师依·斯·基特尼尔（И. С. Китнер）造的。

刮粉画的例子见图87。

在画中运用圆形、正方形或长方形，在其中安上以多种色彩绘成的画来使双色的刮粉画生动起来的例子也可见到，但这种画的特有的坚固性就丧失了。

在有高度艺术价值的、雄伟的、被认为有世界意义和永垂不朽的房屋中，除湿粉画与刮粉画之外还运用了一种特别耐久的图画"摩赛克"（Мозаика）。

摩赛克这个字的广义解释包括用各种颜色的有色材料的小块形成的图画或图案，这些小块彼此紧紧地贴着，它们互相间，以及它们与镶嵌着它们的底子间，用特别的混凝土结成一块，也可以用各色木头甚至皮革来做摩赛克，但我们只研究那种应用于建筑中的摩赛克。

摩赛克可以分为两类：整块的摩赛克和排拼的摩赛克（Мозаик Штучная и Наборная）（图88、89）。

整块的摩赛克是由大大小小的各色天然石块拼镶组成的，这些石块

图87 刮粉画装饰

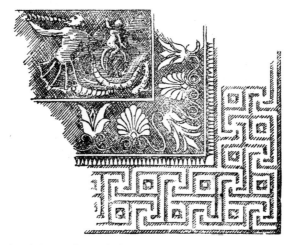

图88 奥林匹克的席夫沙神庙的摩赛克地面

图89 庞贝的法夫那屋的摩赛克

按色调选择并按照图画来刻削，它们互相间紧凑地适应着。这种摩赛克在很古的年代就在东方作为建筑物的助手而被应用了，它从东方传到了希腊，并在那儿大大地完善起来了；就在那儿产生了用更小的石块做成的摩赛克——排拼式的。

也许是，在希腊首先开始为补充天然石料而用玻璃似的合金制造了人造石，但希腊摩赛克的实例保留得很少，希腊人主要是把摩赛克用在地板上。

罗马人因为追求华丽与显赫，开始把这种技术不仅用于地板，而且用之于装饰庙宇的墙面，公共建筑的墙面，宫殿甚至私邸的墙面。渐渐地，摩赛克越出了装饰的范围而侵入到绘画的领域中去了，它成为永久性的、石头的、水洗不掉的也不会污染的图画。

1831年在发掘庞贝城时发现的摩赛克画——"马其顿的亚力山大在阿尔比尔附近的大会战"（Битва Александра Македонского при Арбеллах）大概是希腊原作的临摹本——几乎在所有关于希腊的书中都翻印了这幅画。

战胜了崇拜偶像的基督教促使摩赛克不平凡地发展起来代替了绘画而覆盖墙面，后来甚至覆盖了巴齐立卡（базилика）的穹隆顶。

在拜占庭（Византин）广泛地应用了两种摩赛克：整块的和排拼的。第一种以天然石块组成，用来装饰墙面和地面，第二种用立方形的玻璃块和天然石块掺杂起来凑成，代替装饰性绘画并再现了整幅的图画与装饰。

制造立方块的新技术给摩赛克带来了巨大的生动性，这技术就是在立方块上贴以极薄的金箔，其上再覆以透明的玻璃层，当金色立方块所组成的细窄的小带子不和画面组成一个平面，而是镶得稍稍倾斜一点（肉眼看不出来的）的时候就得到了妙不可言的效果。光线投射到小带子上就以不同的角度反射出来，这样金子就玩弄着最繁杂多样的色彩。

制造各种颜色的立方块和细棒的玻璃状物体叫作斯马立达（смальта）。

在19世纪和20世纪摩赛克作为一种独立的艺术来说已经失去了以前的意义，甚至失去了永久性装饰艺术的特征；它堕落成为从属性的临摹品，为了怕不够逼真，甚至连笔触都复制上去了。

我们在雄伟的苏联建筑中可以见到在装饰大墙面时也运用了从远距离观赏的摩赛克。

我们祖国的英雄时代已经在音乐、绘画、文学中得到反映，它成为所有造型艺术尤其是建筑艺术的题材。

我们业已转入墙面装饰的手法，那么现在就来讨论其中的一些用浮雕式的凹凸来加工于光滑面之上的手法。我们以前看过的重块石也好像是解决这个问题的，但它们被另列入一章了，这是因为它们紧密地与墙垣的结构相联系的缘故，我们在这儿研究那些只有装饰意义的手法。

把墙面分为各别的部分——间板、檐口、长方框或正方框——总是借助于壁画或彩色贴面，但这种划分也可以借助于浮雕的框子或线脚来得到。我们常见这种手法运用在大厅墙面、门厅、门廊和楼梯的墙面上，这就是说常用在室内，但它也完全可以出现于立面上。

首先是叫作框边线脚的线脚。包围着墙面、天花、穹隆顶等等一定面积的框子叫作框边线脚。如果在石头面上，框边线脚是用同一种石头凿出来的，如果在抹灰面上，框边线脚也就是灰抹的了，它的做法是，先敷上石灰浆，然后用特制包着铁皮的木曲线板沿着一定的方向在灰浆

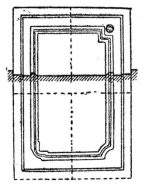
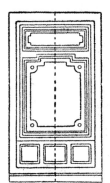
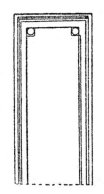
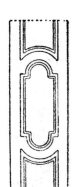

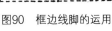

图90 框边线脚的运用

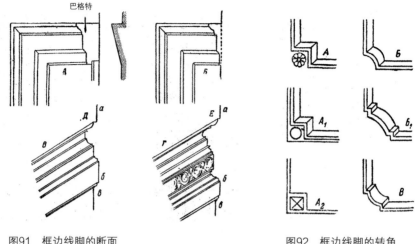

图91 框边线脚的断面　　　　　　　　图92 框边线脚的转角

上运动过去，曲线板的运动刮去了灰浆的多余部分而剩下了在曲线板下通过的部分，因此，用曲线板拉出来的浮雕的框子，以及以后用这种方法做出来的凸起部分通称为"拉刮线脚"（тяга）。在图90中列举了用框边线脚加工的墙面的例子。

　　不管墙面的形状如何，圆的、长方的、正方的、三角的或轮廓不规则的，框子总是平行于墙面的轮廓，并在每一边都与轮廓保持同样的距离。在转向若干框边线脚的典型细部之前，先研究一下边框的断面，并为保持我们所采取的系统步骤，就先从用大体积简化的图形画起。

　　我们常常见到镶嵌着图画与肖像的框子。这种框子叫作"巴格特框"（багетные рамки），它是用名为"巴格特"的做上许多线脚的小条组成的。通常它们是由相当小的线脚组合而成的，与画面接近的线脚突出得很少，而与画面较远的则向前突出较多，因此，离画面最远的线脚就比其他一切线脚都更高出于挂画的墙面。如果我们把一幅画不是倾斜地挂在墙上，而是紧贴着墙，则框子处处都紧贴着墙壁。在图91A中，有这种框子的线脚的断面和用大体积来表示的图，在图91Б中，也是这种框子延伸在抹了灰的墙上。

　　在图91B和Г中，按照在柱式中叙述过的线脚规律用细部代替大体积，读者可能产生一个问题，即究竟哪一个较好？为回答这问题最好到柱式的线脚中去找答案，柱式的线脚如果用大体积表示，哪一个最符合于现在所给的线脚（也用大体积表示）？

在现在这个爱奥尼或克林斯檐部的例子中，最好按照这种柱式的细部来做它们线脚的细部（这并不意味着死板的抄袭）。因为谈到的是从近距离观察的、不大的、甚至是细小的线脚，所以完全允许，甚至希望有细致的线脚。更进一步，可以在线脚上加以柱式所素有的装饰。这些细部也适合于券面。

模仿上述的檐部来给我们的框子做线脚的时候，不必要企图利用整个檐部，在B例和Γ例中只应用了克林斯檐部的上部（暂时不要注意用小字母B标出来的部分，以后还要谈到它）。为了使从墙到框子（框边线脚）的过渡缓和一些，可以在已经形成了的粗笨的方角上加以线脚，$Д$和E，这线脚也常常可以在巴格特框上见到。

总之，所有诸如此类的线脚，无论是在灰浆上做出来的或用石头砍削出来的，一概都叫作框边线脚。

必须注意到，我们只是暂时地把框边线脚和巴格特比较了一下，这就可以使框边线脚的一般概念容易弄清楚些；现在我们就要放弃这种比较了。

应该最坚决地坚持这点，即框边线脚在任何情况下都不精确地去模仿巴格特框。实际上，为了模仿巴格特是不值得去延伸灰浆线脚的，最简单的是在光滑的墙上做上真正的巴格特；但这是完全不允许的，因为在墙面和框边线脚之间需

图93　罗马的斯巴达宫（建筑师马卓尼）

要有机的联系。

　　研究古典建筑的线脚，主
要是文艺复兴建筑的框边线脚
时，我们见到了尚未指出过的特
点。在框子两边的平墙互相间是
不相符合的，因此就得到了我们
的框子和巴格特框子间的区别
（图91）。

　　所有组成墙面并被框子分割
的平面彼此间不相符合。它们变
化着，好像颤动着各种调子。在
图91Д中，我们见到了由各种线
脚组成的缘饰，这些线脚搞出不
安静的光影变化来，但继之而来

图94　罗马的潘泰翁

的是平滑的横条石。平面б与墙面а并不符合，主要的平面B微微向前突
出，但既不与а符合，也不与б符合。这个平面或者砌成一个薄层的样
子，或者就这样向前突出，这就产生了用钱脚把从一个平面到另一个平
面的过渡变缓和的必要性框边线脚的最有趣的部分是转角，虽然它没
有特别的多样性。转角的全部样式可以归纳为四种。第一种是自然的
直角。然后是在转角处做一个向里侵进来的直角的转折（图92A）；在墙
面上的剩余角上安放圆形的玫瑰花或者做一个简单的光滑的突起的圆
形——"钉帽"（кнопка）。

　　这个钉帽也可以是方锥形凸起的正方形（A_2）。

　　有时候伸进来的角不做成直角而是做成四分之一圆。在图92Б中提
供了简单的情况，而在Б₁图中就比较复杂了，在所得到的两个转角上再
做以第二步的转折。这儿必须严密地注意曲线的几何绘制，也就是要找
出圆周的圆心来。

　　最后在图92B中还有一种变体，转角做成突出的四分之一圆。描画

图95　罗马的圣玛丽亚·波波洛教堂的龛　　图96　波罗涅的波洛涅尼教堂的龛

转角的方法在图样中就可以了解了。

　　如果需要充实面积不大的墙面时，可在它的表面上安置雕像装饰，这些雕像装饰常常和墙壁没有精密的、有机的联系。早在希腊建筑中，正是在帕提农，外墙的上部围绕着宽檐口，檐口上充满了"浅浮雕"（барельеф），这浅浮雕主题内容和帕提农有不可分割的联系，但在高级文艺复兴时期和以后的建筑物中，建筑师仿佛惧怕空白的没有填满的墙面，就用装饰品、彩色花环、稀奇古怪的形象去装饰它。用雕像装饰墙面的最好的例子是罗马的斯巴达（Спада）宫，这是建筑师乔利阿·马卓尼（Джулио Мачцони）在1540年左右建造的。建筑师出色地把墙面装饰和安置在墙上的窗子的装饰联系起来，并利用墙上装饰浮雕的深度使墙自下而上逐渐减轻。在窗子之间绝妙地用浮雕做成的女像放置在预先为她准备好了的基座上。美丽的、神态自若的人像拿着有徽章或标志的盾牌。立雕人像附加在立面的总构图上或者室内装修上，但我们在这里先不谈这些，而仅限于把它用来装饰墙面。

为了使墙面生动起来，常用龛（ниша）作为母题。龛就是厚墙上的凹入部分。它们既可用在外墙上，也可用在内墙上。

　　在外墙上做龛必须小心谨慎，因为它们会使墙变薄，而墙在冬天凌冽的气候中会冻坏。龛的大小决定于它的用途。最通常的是把龛做得和窗子一般高，我们在斯巴达宫中所见的就是这样（图93）。但也有时候龛是一整间有一面敞开的屋子，罗马潘泰翁神庙的龛就是这样（图94）。

　　按照龛的外形，可以把它分为三类：（一）直角形龛，即用横枋覆盖的，（二）半圆额龛，即用券覆盖的，最后是（三）圆形龛。

　　龛的平面可以是长方形的和半圆形的，在第一种情况下，龛的天花板可以是平的或者圆柱形的，而在第二种情况下，龛上部以半穹隆结束，即用1/4个球面结束。圆形龛是半球形的凹坑。

　　龛是文艺复兴时期最常用以装饰墙面的母题，并也为以后的建筑师——古典主义和安皮尔（ампир）的建筑师所常用。龛的高度通常为宽度的两倍，但有时也增大到宽度的两倍半。在斯巴达宫中我们见到在立面上用龛，在龛中立着人像、花盆或烛台，但龛有时候就空无一物，在建造它们时来不及充实它们，而以后趣味转变了，对房子冷淡了，于是就忘记了它。龛常常是一个没有装饰或者仅用最简单的手法装饰起来的深坑。例如，龛的半圆口被不宽的券面包围着。这券面立在水平的线脚——拱券垫石上。拱券垫石沿着龛的深陷部分伸延，把上面的半圆部分和下部分开。下部常常仍然是光滑的，作为人像的背景，而覆在人像头上的上部常以贝壳形的装饰而生动起来。这种装饰的例子可以在罗马的圣玛利亚·波波洛（Санта Мариа Дель Пополо）教堂的龛中见到（图95）。

　　还有一种龛的形式在意大利文艺复兴建筑中见到，这就是圆形龛。这龛被很宽的环形的像窗框一样的缘饰围起来，是一种半球形的深坑。在这样的龛里习惯于安上好像从龛里窥探出来的头像（图96）。

　　如果需要分割或者点缀比较小的墙面，则经常利用纯粹装饰性的元

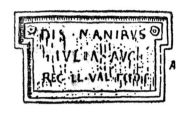

图97　标志板

素，这元素是"标志板和匾额"（доски и картуши）。

标志板通常是用与墙面不同的材料做成的，例如用大理石、青铜，甚至铸铁，它们被螺栓紧紧地钉在墙上，螺栓的外面一头做成玫瑰花形或者光滑的圆片。

在罗马建筑中这种标志板的题字作用大过于装饰作用。在这上面写出建造该房子的原因、年月和建造者的名字。有时题字非常简单，只标出这房子是为谁建造的。

标志板的形式虽然简单，但却很多样化，最简单的形式是长方形的，四角上有四个圆钉头。

在图97А中，画着罗马的标志板，这板子被框边线脚状的框子包围着，为了安放圆钉头，在框子的上部两边做了两个折出部分。图97Б中画的是罗马建筑中的最典型的标志板，它两端支出两个耳朵，在耳朵上安放玫瑰花或者圆钉头。

罗马和文艺复兴的题字都是由写得端端正正的、摆得很匀称的字母组成的，这些字母以两个斜面镌入板子的深处。突出来的字母到后期才见到。图97В中画着很复杂的标志板，它的四个圆钉头巧妙地放在涡卷的眼睛里。

在文艺复兴时期我们见到了一些题字，为这些题字建造了有高度

图98　有徽章的盾:
(左)罗马的冈且列里亚　(右)佛罗棱斯的吕卡尔得宫

图99　佛罗棱斯的匾额举例

艺术美质的建筑物，但我们不在这儿谈它，因为我们只研究装饰墙面的形式。

匾额（картуши）是纯粹装饰性的，更具有雕刻的形式。这名词可以有几种解释，在中世纪的封建寨堡上就已经安置了它们所有主的家族的徽章，这些徽章用浮雕或者颜料在特制的、凸起的板子上描绘出来，这板子具有与戴在战士左臂上的盾牌相像的形式。

盾牌的基本形式适应于它的用途而成为椭圆形的或者拉得相当长的、顶点向下的二等边三角形；三角形的两侧边不做成方角的，而做得微微凸起一点。这基本形式被无论在轮廓上或平面处理上都十分多样化的方法所拟定出来（图99）。

在盾牌的上部安放着冠冕、头盔和叶饰。

十分简单的、圆形的，或椭圆形的盾牌叫作米达利翁（медальон）。比较复杂的，装饰较多的盾牌叫作匾额。

在早期文艺复兴时，盾牌常常被钉在房子第二层的转角上（图98）。

板子和匾额在苏维埃建筑中仍被运用，但其面貌已被大大改造过了，例如在莫斯科的苏联建筑科学院的大厦（普希金大街24号）就是这样。

第二节　墙面之水平分划

"基部"和"檐口"两章专为讨论从上面和下面限制建筑物，并在立面上沿水平方向伸延的建筑形式。按照这个特征，基部和檐口好像可以列入水平分划。但我们比较喜欢把它们分为独立的两章，因为它们有完全独立及特别重要的意义，同时又很多样化。

基部或勒脚与房屋第一层地面同高，而檐口则与天花板同高；因此一层的房屋就不需要在勒脚与檐口之间加入任何在立面上水平方向的线条。

所有希腊的神庙和罗马的小神庙，不论是方的或圆的，都证明了这一点；但在尺度很大的建筑物中就分成为若干层，这种分划方法为用檐口甚至整个的檐部把立面分划为各别的水平部分。

在文艺复兴建筑中，内部的楼板层常常表现在墙的外面，但并不全部是这样，也并不都非这样不可，建筑师并不以为必须把外墙面分划成与屋内楼层一样多的层次，而可以在某些地方保留相当大部分的光墙面。如果他需要把墙面分成几部分以避免单调的话，就用狭窄的、次要的线脚来达到这目的，这些线脚在立面上伸延，不考虑楼板层的位置。

所有的水平分划，我们个别地去观察它们，可以归纳为五类：（一）楼层间的檐口；（二）币边（гурт）；（三）腰带（пояс）；（四）窗下檐口（подоконные карнизы）和（五）次要的拉刮线脚（второстепенные тяги）。

在罗马建筑中多层建筑物的装饰都是在每一层上安置独立的柱式；更精确地说，在每层上安置发券，而在发券之间的间壁上安放四分之三倚柱，如在柱式中解释过的那样（连续券）。每一层上所有的连续券支承着同一个檐部，这檐部以冠戴于其上的檐口结束，这样，我们就能在层与层之间看到真正的、出挑深远的檐口，这檐口和立面之上冠戴着的檐口无丝毫不同之处。

公元前90年罗马的马尔茨拉剧院共有两层：第一层上安置陶立安柱式，有完整的檐部和出挑深远的檐口覆盖着第一层；第二层是在第一层的檐口上直接立起爱奥尼柱子的基座，爱奥尼柱子支承着自己的檐部，这檐部覆盖了整个建筑物（图55）。

在公元80年的罗马大斗兽场有四层，它的做法和上面谈到的差不多；在第一层，就跟马尔茨拉剧场的一样，用不完全的柱式（没有基座），在第二层和第三层用完全的柱式，在第四层则有完全柱式之扁倚柱。因此，这建筑物的各层就被挑得很远的檐口分开了（图56）。

这种做法经不起批评，因为它与檐口的意义相抵触，檐口的形式是和房顶的功能不可分割地联系着的。逻辑地看，把檐口造在不是房顶之处是多余的，或者最低限度它必须与顶上的檐口的形式不同。此外，当

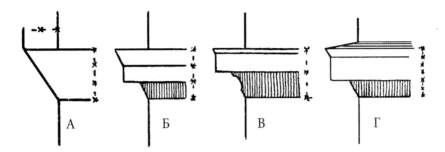

图100 楼层间檐口的大体积比例图

人在离立面不远处从下往上看立面时，挑出得很远的檐口遮住了上层的下部，因此上层柱式的基座部分就隐匿不见了。

文艺复兴的建筑师们察觉到这个缺点，他们只在房屋的最顶上做一个复杂的、出挑很大的檐口，在层与层之间他们放上缩小了的檐口，或者甚至做成完全不同的样子，但他们也常常在罗马的规范中迷乱起来。

意大利早期文艺复兴末期之列昂·巴梯斯达·阿尔伯第，首先在立面处理上运用了按层置放柱式的罗马手法。他在佛罗棱斯（Флоренции）建造了鲁奇兰宫（1460），在三层上全都放上了扁倚柱，上两层的扁倚柱没有基座，直接放在它下面的檐口上，只有高度最大的第一层扁倚柱才放在基座上。但阿尔伯第不认为必须给下两层以挑出很远的檐口，他强调它们是次要的，他把注意力集中到最主要的，最上面的檐口上去。他在檐口上安了许多托石，这就以光影丰富的对比使它大大生动起来，这胜过粗笨地去强调它的作用。

为了尽可能地精确起见，我们注意阿尔伯第并不力求使檐口符合于房子里面的楼板层。他的檐口的上皮相当于立面上的窗子的窗台（图57）。

高级文艺复兴时期风格的奠基者伯拉孟得（1444—1514）追随着阿尔伯第的先例。

伯拉孟得在罗马的冈且列里亚宫（1490）（图58）上，第一层不以柱式做装饰，他把建筑物的下层处理成上面两层的基部，把第一层的檐

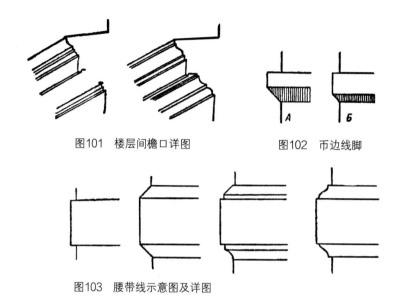

图101　楼层间檐口详图　　　　　图102　币边线脚

图103　腰带线示意图及详图

口做得挑出很少，而且非常简单。这就令人想起柱头的柱顶垫石来。这种形象不应该被叫作檐口（即便叫楼层间的檐口也还是不行），因此就给以另外的名称——"币边线脚"（гурт）。

　　如果我们用大体积来描画这形象，就必须像图102A那样（圆弧线脚和柱顶垫石）。但为了要巨大的沉重性起见，就必须加大平直石块的高度而缩减在它下面支持它的曲线，如图102Б中那样。这种形象特别常见于罗马宫殿的立面上。币边线脚平直部分的宽面常是完全没有任何装饰的，或者是用浅浅的几何图案装饰起来。按照已定的规则，根据所给予的大体积用细部来装饰币边线脚可有无穷尽的多样性；例子举在图102A和Б中，我们所提到的币边线脚也可以叫作腰带或小腰带，但我们把这名字授给另一种形式，这形式常用于楼层之间，同时也更适合于这名词。

　　"腰带"或"小腰带"（пояс или пояска），我们将如此称呼水平地延伸于立面之上，并微微突出于墙面的平直带子，这带子在墙上就像腰带一样，这个名称我们认为十分合适。

　　显然，腰带突出于墙面很少，当突出很多时它失去了腰带的特点而需要一种像是过渡线脚那样的支撑，就像图102Б中的币边线脚一样了。

在图103中举了各种腰带的例子。当腰带的宽度很小时就给它以小名——小腰带。

在窗户下常常有长度与窗户的宽度相等的小檐口，这些就叫作窗下檐口，如果这些水平部分没有檐口的特征性的标志的话，那就最好不给它们以这个名称，而给它们以一般化的名称"拉刮线脚"，这名称原指的是立面上的延伸线脚，而在这情况下则是"窗下拉刮线脚"。当用抹灰来做

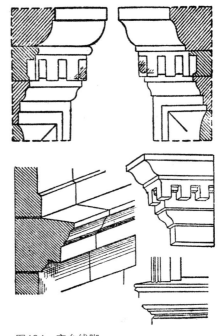

图104　窗台线脚

这种线脚时，实际上是用特制的曲线样板拉刮出来的。

这些窗下檐口或窗下拉刮线脚常常延伸于整个立面，把它的垂直面分划成几部分，因此我们把它列为墙面的水平分划（图104）。

在立面上，有时延伸着并不是全长的，而是间断的次要的线脚，例如，柱头上的小半圆线脚、柱基的一部分等等。我们把它们统一在一个名称下——"次要的拉刮线脚"（второстепенные тяги）。

第三节　墙面之垂直分划

垂直分划的艺术意义比起任何一种其他的建筑形式来都更重要；全部的构图效果取决于立面垂直分划的分割。如果把立面不恰当地分划了就没有任何装饰可以补救它。为了探察这种分划的本质，我们要分析若干具体的例子，从这些例子可以做出一定的结论来。

如果建筑物的长度较小，则观察者可以立刻领会它，可以把它用一个完整的体积画出来，这体积通常是用四根直线定出来的，或者在上面以两坡顶的两根斜线结束之。希腊神庙、很多的罗马建筑物和文艺复兴时期的宫殿都是这样的。但只要把建筑物的长度增加一点，则当接近它时眼睛就不能第一瞥便掌握它，因此这个稍长的形象就产生了单调的、索然无味的印象，在这种情况下，有些建筑师徒劳无益地力求用丰富的装饰细部来拯救。眼睛从远处领会建筑物的全盘印象先于观察它的细部，而这第一个印象就成为评论整个构图艺术性的基础。

为了在垂直面上得到垂直线，就必须在这面的一部分上形成凸起（выступ），而另一部分则形成凹陷（уступ）。

如果建造凸起是由于平面的组合所引起的，则这凸起是完全自然的。如果建造凸起不是有机地必需的，但又希望有个凸起，则就在那儿把墙面简单地加厚，由于墙面的这种加厚就得到了想要的凸起，虽然这凸起是不大的，这种假做的凸起叫作"厚凸"（раскреповка）。图105中举了几个凸起和厚凸的平面的例子。

于是，我们设想一个房屋的立面［图106（1）］，高度不大，是横长的长方形，在它上面等距离地开了窗子，而在中间则开了门。我们力求说明，建筑师们怎样寻求打破所得到的单调的立面的方法。他们利用凸起和厚凸来获得垂直的分划。在图106（2）中提供了解决方法之一。这儿立面统一的面被分为三部分：中间部分狭窄而且是垂直方向的长方形，而两个相同的旁侧部分则是横向里拉得更长些。在图106（2）中，中间部分恰当地用凸起来加强起来，这就是把它做得明显一点以便把注意力吸引到房屋的入门上去。如果按照设计条件必须在立面的侧边之一上建造入门，而在立面中间则恰是一列窗子中的一个的话，那么在立面中间的凸起就没有任何合乎逻辑的道理了。

在这种情况下，于立面的两边建造两个凸起，而在中间部分凹进去就是自然的处理方法了［图106（3）］。在这两种情况下，立面都被分为三部分：第一种——一个凸起和两个凹陷，第二种——两个凸起和一个凹陷。

在上述两种情况下凸起的宽度是根据于力求在相邻的两部分之间获得对比的愿望。再来看一看把立面分成三个宽度相等的部分的效果［图106（4）］。把这处理和前述的比较一下就不难指出其中有着极容易揭露的矛盾。首先，我们力求借助于垂直分划来打破原来立面的单调，但在做了三个同宽度的分划之后，我们所得到的仍然是单调：同样的形式重复了三次。第二，两个并排立着的部分，凸起的和凹陷的，从形式和比例上说互相间没有区别，而是完全一模一样的。最后，第三，把凸起或凹陷的部分单独地拿来看是折中的。

为了使我们的分析更完备，我们回过来看最初的例子［图106（1）］，并看一看立面分划的两个方案［图106（2）（3）］。在图106（2）那例子中，我们把中间一部分处理成凸起的，而在图106（3）中，中间部分是凹陷的；我们试做了两个相反的，我们再做把同一个立面分划为三部分的两个新方案（图107A、Б）。尽管立面的组成部分仍旧如前，但整个的印象却强烈地改变了。把A例和Б例拿来比较一下，我们很难说究竟偏爱那一个，也许它不决定于第一印象，而是决定于一整套的另一类想法。但在比较图106（2）和图107Б时，在意见上就再也不会有分歧了：没有人会赞成在图107Б中的立面上所得到的那种像裂缝似的凹陷。解释这个现象是不困难的，因为建筑物需要完整性，需要统一性：它变成了两个单独的房子，放得过分地接近，所得到的凹陷很难找到适当的用途，不可能逻辑地论证它，也不可能为它辩护。

在图105中画出了一个平面，在左边允许建造真正的凸起；而墙的右边却不可能做真正的凸起；那么只得或者根本不做右边的凸起，或者就做不自然的凸起，这凸起叫作"假的"。在这情况下的出路是：可以不做凸起，只加厚墙身，这加厚在里面是看不出来的，而在外面则形成了凸

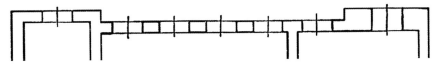

图105　凸起、加厚、假凸起

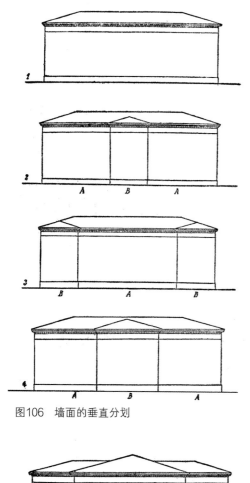

图106　墙面的垂直分划

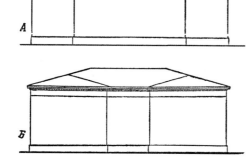

图107　墙面的垂直分划

起的形象，这就是做厚凸。墙面加厚不能太大，它通常不超过半砖，而它的最大限度是整砖。

在立面很长时就需要在立面上做第三个凸起。那么立面就被凸起部分划为五部分了：两个相同的侧边凸起，中间一个为了避免重复起见，在尺度上和侧边的区别开来，而横躺在凸起部分之间的部分无论在尺度上，无论在装饰上，都鲜明地区别于凸起部分。

在列宁格勒好的建筑作品中不难实地分析这种例子。国立公共图书馆向着广场的立面有两个凸起，有三个凸起的房屋的例子为：艺术学院、哥斯金内学院（Гостиный Двор）、伊萨基也夫斯基教堂对面的托尔马且夫学院（Академия им. Толмачева）、尼夫斯基大街（Невский проспект）转角处的旧斯托洛加诺夫大厦（Бывший дом Строганова）和马依基（Майки）大厦等等。

也可以遇见像海军部那样十分复杂的例子。朝向冬宫的立面接近于前述的例子。它被分划为五部分：两翼的两个凸起部分各由有6根柱子的列柱组成，而中间

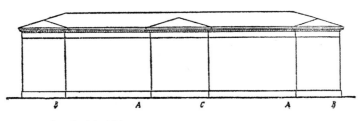

图108　墙面的垂直分划

的凸起部分有12根柱子，上面覆以巨大的三角形山墙；在两侧于凸起部分之间置以简单的、安静的部分，没有任何柱子。

海军部的主要立面装饰得很复杂。中间部分是完全特别的部分，像塔一般地耸起，并冠以高入云霄的金色尖顶。两边伸展着简单的、安静的、横卧着的凹陷部分，在它们之后，两边还有很长的部分，它们的装饰应该为建筑师所关心。因为建筑物左右剩下的两部分的长度几乎等于向着冬宫的立面的长度，建筑师萨哈洛夫（Захаров）在这儿重复了同一个手法，即在这儿置以被三个凸起和两个凹陷划分为五部分的完整的立面。中间是12根柱子的列柱，两端对称地放着有6根柱子的凸起，而在柱子之间伸展着没有任何柱子的简单的部分。这样一来，整个的立面被垂直地分划为13个单独的体积，统一成一个和谐的整体。

总之，我们有了垂直地分划墙面的基本方案的概念并认识了处理困难的建筑任务的主要形式。大致有两种形式：凸起和厚凸，但在进一步叙述时，必须增加几种另外的形式。

古时垂直分划的例子很少见。建筑师喜欢把自己的房子处理成一个庞大的体积，不把它分为个别的部分，甚至像大斗兽场这样庞大的建筑物，罗马建筑师还把它处理成单个的体积，没有把它割裂为单个的因素，但正因为这样，建筑物就得到了宏大雄伟的性格。在比较晚一点的时候（3世纪），我们可以见到比较多地运用了垂直分划。文艺复兴初期也显著地偏好运用完整的体积；这时期之末开始运用垂直分划，尤其在威尼斯的宫殿中特别多，但完全是特别的、新创的手法。

在高级文艺复兴时期，伯拉孟得首先在冈且列里亚宫运用了垂直

图109 罗马的米第奇别墅（建筑师立比和利高里欧）

图110 维清寨附近的洛东达别墅

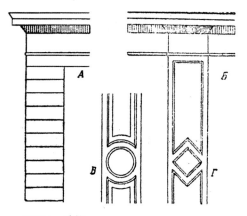

图111 壁柱

分划，然后这手法在法尔尼谢（Фарнезе）别墅被运用，盖这别墅的有拉斐尔和彼鲁次（Перуцци）等人。在罗马有不很著名的，但却绝妙的姆基。巴巴组里大厦（Мути-Папаццури）、在维清寨（Виченце）的基也里卡基宫（Киерикати）、罗马的米第奇别墅（вилла Медичи）（图109）和维清寨附近的洛东达（Ротонда）别墅等的用凸起部分加工的立面非常有趣。

如果在立面上只要求强调出很窄的一部分，而又不允许做凸起时，就必须以只在墙上做出垂直的一窄条加厚部分来满足，就好像我们所已知道的扁倚柱那样，但却是形式上十分简化了的，没有柱础，没有柱头，也不服从于柱式中的比例规则。这种形式叫作"壁柱"（лопатка）。一般地，壁柱突出于墙面很少，宽度任意，既无柱础也无柱头，但把它做得非常窄是错误的。如把壁柱的宽度做成高度的1/7到1/10之间是不恰当的，因为它使人拿壁柱来和扁倚柱比较并产生了没有完成的扁倚柱的印象。在建筑中不应有任何样的无规则性，所以壁柱的宽度必须是和扁倚柱有显著区别的。

但必须解决壁柱上下两端和墙面的联系问题。如果壁柱从墙面突出不多，譬如说突出半块砖，那么它就可以直接放在房屋的总基部上，不必在它下面另做专门的勒脚（图111）。壁柱的上端有两种处理方法。如果立面是以完整的檐部结束的，即以檐口、檐壁和额枋来结束的，则壁柱像扁倚柱那样一直抵到额枋下面，而在壁柱之间，额枋挑出于墙面的厚度恰如壁柱的厚度。换言之，即额枋之面完全符合于壁柱之面（图111A）。如果墙面不以完整的檐部结束，即没有额枋，则壁柱在上面就没有停留之处，于是就直达檐口之下。

伸展于整个立面之上的檐口的支撑部分现在就有些改变了。

在壁柱之间，檐口的支撑部分仍旧留在老位置上，然后它在三面包过突出的壁柱，然后又重新进入壁柱之间，如此反复下去。因此，支撑部分就在壁柱的左右两侧形成了侧面（图111Б），或者如大家所说，"做侧面"与"做厚凸"（профилироваться，раскреповываться）。要记住这个词，我们会常常遇到它。

壁柱的面相当显著，因之就应该注意它的加工。加工的方法可以和墙面上的一样，例如，用重块石和框边线脚。框边线脚可以是壁柱的长方形面的简单的边框，或可用圆形或斜方形等等来强调这面的中心（图111В、Г）。

壁柱不仅是装饰的形式，而且是结构的形式，因为在整个立面的长度上和在转角上它们形成了墙的加厚部分，这些部分对房屋的稳定与坚固总是必需的，和外面的壁柱相适应，在屋内也有壁柱，它们常常做在用拱顶覆盖的房间里，在支持腰箍券（подпружные арки）的地方。

中世纪的建筑中拱顶特别发展，壁柱加厚到变成为贴附于墙面的墩子了。这些墩子的厚度常常超过它的宽度。这种贴附于墙面的墩子被用来抵抗拱的横推力，并给以专门的名称"反力墩"（контрфорс）。这

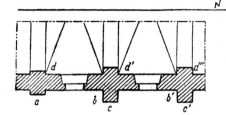

图112　反力墩

样，反力墩作为一个严格的结构形式，同时也成为墙面的垂直分划。但反力墩主要地运用于罗蔓建筑和高直建筑中；在古代建筑和文艺复兴建筑中很少见到（图112）。

　　在文艺复兴时期建筑中常常见到用重块石装饰墙的一部分而不是它的全面。墙面仍是光滑的，而重块石只装饰转角或若干窗间壁。这是为了伪造用各种材料的砌筑。例如，墙是用砖砌的，而转角或墙的其他部分为了坚固而用天然石块砌筑。为了使两种不同材料的砌筑能更好地联系起来，必须十分注意接缝的处理；因此力求不使同样尺寸的石块一层一层地垒砌起来，而使长石头和短石头交替地垒砌起来——丁头和条顺（ложки с тычками）（图113）。这样砌的石

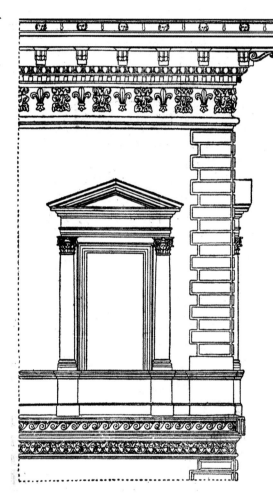

图113　罗马的法尔尼谢别墅（建筑师小安·沙加洛）檐口（建筑师米开朗琪罗）

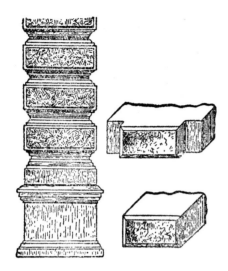

图114　重块石墩柱

头在墙面的相邻砌筑处（用砖的和用石的）以自己的色彩而突出；在同一颜色的石头砌筑中这些转角处的石块以其表面的特殊砍凿或其边缘之线脚装饰而突出。在任何情况下它都担任着垂直分割墙面的任务，并为它特别起了名字：重块石墩或重块石链（столб из рустов или цепь из рустов）（图114）。

为了垂直地分割墙面，最流行的形式是用柱子和扁倚柱。希腊、罗马的所有柱式种类在文艺复兴的全部发展阶段中都成了垂直的分割者，但我们在这儿只要提到它就够了，为了详述起见，对它们的分析将在下一节叙述，在那一节中聚集了所有涉及独立的支柱的东西，但不要忘记，这些形式不折不扣地也是墙面的垂直分割者。

虽然在建筑柱式中讨论过了柱子的最本质部分，但这儿又做这样的补充，这些补充在以前纯粹由于方法上的原因而未述说。

第四节　独立支柱

独立支柱指的是垂直的柱墩体，这些柱墩体占地不多，其横断面和高度比较起来不大，支撑着横架于其上的梁、平板或发券的重量。

独立支柱的最简单的形式是墩子（столб）。它的横断面可以有多种多样的形式：正方的、多角的、圆的、十字形的等等。墩子从来不做收分，墩子只有棱柱或圆柱两种。墩子的尺度及其高度与厚度之间的关系非常的多样化，并不服从于任何一种固定的规则，但它们的加工多半只有一种母题。墩子的下面有像勒脚似的微微的扩大，或者就像柱础似的，甚至可以是非常复杂的（阿蒂克的 аттический），墩的上面以小檐口结束之，这些檐口通常是爱奥尼柱式或克林斯柱式的拱券垫石的样子，或者在墩子顶上以陶立安的柱头结束，甚至可以用带着叶子和涡卷的克林斯柱头；墩子的侧表面很少是平滑的，经常用有雕饰线脚的框边线脚点缀起来，或者在整个用框边线脚框起来的面上铺展塑出来的装饰。

负担着拱和券的墩子特别常见，在波罗涅这种结构系统被广泛地应用于建筑物的被拱廊所覆盖着的下几层；以后，几乎在所有罗马的宫殿中都建造了内部院落，这些院落周围的房屋有两三层，由券支撑着，这些券立在柱子或墩子上。一般，廊子的转角处都习惯于用墩子来代替柱子。

支持着若干个向各个方向发射的券（通常是四个）的墩子的平面形式很复杂，大部分是十字形的，因为每一个被支持着的券在墩子上都有一个形似扁倚柱的附加物。在这种情况下墩子和附于其上的扁倚柱组成为一组，它们的柱头和柱础也常常合而为一，好像罗蔓建筑和高直建筑中的束柱（图115）。图116画的是罗马的冈且列里亚宫的内院的一部分，这宫是伯拉孟得在15世纪与16世纪之间建造的。这个精彩的内院是罗马这类建筑中很晚的一个，作为这时期的最好的作品而获得荣誉。伯拉孟得把角柱处理成一组墩子，为了强调这种处理，他在柱础与柱头之间加入了水平的箍，好像把束柱的组成部分互相联系起来。

在图117中画着一个圆墩，这圆墩承荷着古老的宫殿——佛罗棱斯的未基阿（Вескио）府邸门厅的发券。建筑师马尔加·法恩扎（Марка Фаэнца）（1565）把它做成圆的是为了尽可能地少占地面积，但后来感觉到圆墩子和圆柱子有极大的相同点，很容易把这种圆墩子和柱子来并比，矮肥的圆墩子产生比例恶劣的柱子的印象。因此建筑师用一切可能的手法力求消除把圆墩子和柱子并比的所有的理由。他不给墩子以收分，把柱基和柱头做得非常扁窄，因为要墩子显得矮肥，他把柱基的石板不做成方的，而做成八角形的。主要的注意力放在柱身上，柱身被水

图115 威尼斯的多裁宫的院内立
面的墩子（建筑师李卓）

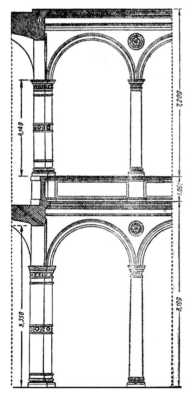

图116 罗马的冈且列里亚宫的内院
（建筑师伯拉孟得）

图117 佛罗棱斯的未基阿府邸
（建筑师法恩扎）

平线脚划分为大小不一的几部分，约近柱高的1/3的下部不用柱子所固有的凹槽装饰，而恰恰相反，用突出的半圆线脚来装饰，这就使墩子的下部比较沉重。熟练的大师用繁密的装饰物覆盖了柱身的整个上部，这种装饰物从来没有做在柱子上过。为了更彻底地预防和柱子相并比，还引用了水平的箍。其中之一是个狭窄的腰带，另一个比较宽的，位于离地不高之处，以手持茂密的鲜花与果环的姣童的浮雕吸引观众的注意。这就得到了有趣的、略为奢饰的墩子的形式，不模仿柱子也不和柱子争风。

常常用独立墩子的形式来结束墙垣的突出部分。这形式早在古希腊就已制定，并以"安脱"（ант）之名在柱式中和我们相熟（图表21—图表25）。

这形式经过若干改变后在意大利的文艺复兴时又见到了。意大利盛行名叫敞厅（лоджия）的建筑类型，这是一种三面被墙包围、一面开敞的厅堂。它们的用处非常多，但大致说来它们是做市场用的。敞廊的外表是连续券，这连续券在左右两端用处理过的柱石来结束。

敞厅是城市中较好的广场装饰，因此就毫不吝啬地打扮它。它们用上好的石头来砌，用浮雕装饰，在壁龛里站立着出自名家之手的雕像。在图118中画着这种敞厅的一个，这是1547年建造在佛罗棱斯的新市场，建筑师为皮尔那多·塔索（Бернардо Tacco）。让我们看一看这建筑物的角墩的装饰。共同的檐口、共同的柱基和在拱券垫石位置上的横箍有机地把墩子和整个的墙壁联系起来了。上部的匾额和下部的龛及雕像可能使装饰显得有些碎散了。但它们可以这样解释，匠师塔索本来是个木雕家，因此就适用了这种家具上的手法。

承载券和拱的墩子常用很大的尺寸，罗马的君士坦丁巴齐立卡（базилика Константина в Риме，312）、卡拉卡基尔姆（термы Каракаллы，212—235）和其他的古罗马建筑物都用巨大的混凝土拱覆盖，这些拱支承在庞大的强有力的墩子上。这种墩子有一个共同的名字——"巨墩"。

巨墩在教堂建筑物中最常见到，教堂的中间部分很大，墩子立在大四方形的角上，上面支承着四个发券（它们叫作腰箍券 арки），这四个发券封闭住一个四方形；在发券之间，在四个角上建造球面三角形（帆），这些三角形在发券的最高点的水平上形成了一个封闭的水平的圆环；在这环上建造起圆柱体形的鼓座（барабан），它的上部开窗，顶上覆以半球形的拱——穹隆（купол）。这个系统整个站在上述四个独立支柱上，这支柱特别地给以名字——巨墩。在文艺复兴的教堂建筑中广泛地运用巨墩，但它们也在其他风格的建筑物中见到，无论是在早的或是在晚的。

独立支柱的最普通的形式是柱子。

文艺复兴时期柱子成为最受爱好的形式，因为，它既可以解决建筑上的结构问题，同时又可以满足纯粹艺术范围内的要求。文艺复兴时的理论家深入研究了柱子的古典范例，拟定了它们的绘制与运用的详细规则，但不止于此，他们还导入了新的形式，创造了新的细部，扩大了柱子运用的范围。

在文艺复兴时出现了古代建筑中未曾见过的非常多样化、非常有趣的各种柱头典型，它们的例子被表现在图119中。

至于扩大柱子运用的范围，严格地说，这方面的工作在罗马建筑中已经开始了。早在罗马建筑的晚期，在柱子上已经不仅卧着额枋，而且还立着半圆形的券，有时还有拱。但建筑师还没有立刻决定把券直接放在柱头上。他开始时在柱子上放一块完整的檐部，有额枋、檐壁、檐口，好像是不信任柱头的坚固性，他把券放在檐口上，但后来渐渐认为为了结构的坚固并不需要保留檐部，因此就开始不把完整的檐部放在柱子上而把它简化，只保留檐口和一小部分檐壁。最后建筑师决定不要任何檐部而把券直接放在柱头上。

早期文艺复兴，在建筑师伯鲁尼列斯基（Брунеллеско）的作品中我们见到上述手法的例子。但并非券下的檐部都是旧形式的残骸，有时它在结构上是必需的，下面我们就能见到。

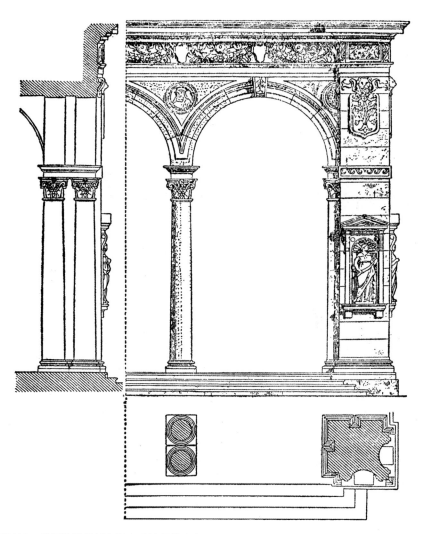

图118 佛罗棱斯的新市场（建筑师塔索）

    显然，那些最详尽地拟定柱子及其细部的尺寸之间的最好的关系之理论家，在他们的著作中并没有谈到立在列柱上的连续券廊，而且也没有对这一类的组合以任何指示。看看以前提到过的图118，这儿券立在稳定而坚固的柱子上；在柱子的上方还保留着檐口，这檐口好像拱券垫石，为了和它相适应，在角墩上做了一个箍（用二方连续图案装饰

图119　文艺复兴的柱头

起来的腰带）。券被券面所环绕，这券面按罗马做法一直抵在拱券垫石上。如果券面像柱式规则中制定的那样做得很完整，并且立在拱券垫石上的话，那么在柱子上方就交集了两个相邻的券面，互相间紧密地连接起来。为了在柱头上承托两个券面，就必须使柱子的上端直径等于券面宽度的两倍再加上券面之间的小间隔。在这种情况下就会被迫做过于肥胖的柱子。为了避免这个，就必须把券面做成窄细的轮环，这就影响了券的面貌。皮尔那多·塔索聪敏地摆脱了这个困难。他找到了券口美好的比例和柱子美好的形式，他用不宽不窄的券面环绕了券，但他并不认为必须把券面一直抵到拱券垫石上去，他使两个券面的线脚的圆弧互相碰上而不改变其宽度。我们应该仔细地观察券面在柱子上方相交处的样子。

　　在谈到末端一个券的右边时要注意这个连续券的进一步处理。券面线脚外面的轮环恰恰在与它在左面和相邻的券面相交点同样高度之处插入角墩。然后在券的下面要有一个支柱，当然，这就要一个和左面一样的柱子，但对柱子来说，地方太小了，甚至放不下半根柱子。为了补救这一点就用了扁倚柱，把它装饰得跟柱子一样，不过没有柱子所固有的收分，扁倚柱上端的厚度由券决定，而下端的跟上端的一样，因此扁倚柱的轮廓线是没有收分的垂直线。

因为敞厅前面连续券上的墙的厚度大于柱子的直径，所以为了支撑这墙，就要放并立的两根柱子。于是建筑师要在柱子上安置一块檐部的原因就很好懂了。显然，在这种情况下在一对柱子上的额枋上的横盖绝不是旧形式的残骸，而是结构上不可缺少的一部分，用来作为券的垫脚石。

上面的叙述告诉读者，建筑形式互相之间是如何紧密地，如何逻辑地联系着。在议论运用柱子直接支撑发券时，我们不得不去分析整个的组合，这当然是有好处的，因为在分析之后，就能明白建筑物的其他互相联系着的部分的真正意义。这种分析证明，在建筑师面前提出了多种多样的大课题，时常要求精密细心地工作。建筑师不能仅限于做自己设想的建筑物的一些大涂大抹的、漂亮的草图，他必须善于遵守逻辑的联系和思维把所有的部分和细部加工到细致入微，仔细地观察皮拉尼齐（Пиранези）、冈察沃（Гонзаго）等巨匠大师的建筑思考就可以很容易、很有趣地相信这一点了。

在17世纪的意大利建筑中，可以见到更大胆地运用柱子的例子，不仅用柱子来承托券，而且还承托拱，柱子承托着向不同的方向发射的四个券，这些券的另一条腿搁在同样的柱子上，而由发券所形成的正方形被十字相交拱覆盖着，因此在柱子上不仅交集了四个券，而且还有十字拱的四个脚。在图120中举了这种构造的一个例子。这并非唯一的例子，这是在吉努叶（Генуе）的都拉卓（Дураццо）宫之大阶梯的门厅，建于文艺复兴晚期，建筑师为巴尔多洛密阿·皮昂各（Бартоломео Бианко，殁于1656左右）。

为了加大支柱的高度，柱子被安置在基座上，而按照阶梯降低的程

图120　吉努叶的都拉卓宫的门厅（建筑师皮昂各）

图121 未隆那的皮未拉克伐宫（建筑师沙米盖立）

度在基座下加上了高高的基部。这些复合的基部并不特别促进总构图的艺术印象，因此建筑师不得不考虑如何来遮掩这个不顺眼的地方，建筑师在基部前面不大的突出部分上安置了自在地披着衣服的女像，以此来使得柱子上的新的附加部分显得合理。柱子上要一块檐部是因为搁在上面的券和拱脚有相当大的宽度的缘故。

现在我们要看一看安置于房屋立面上的装饰性的柱子，我们要对在柱式中已经知道的关于柱子的知识做些有关柱身装饰、尺寸和在立面上的安置手法方面的补充。

　　柱身照例是不装饰的，它是光滑的，或者添上凹槽，但不应把凹槽看作装饰，而把它看作加强垂直效果以迎抵加于其上的重量的手法。但在古代已经出现了强调柱子的下部的尝试。在庞贝的房宇中柱子的下部常常饰以较暗的颜色。也许，这可能由于纯粹实用的见解所引起，因为柱子的下部容易受到破坏和污损，但后来，在意大利文艺复兴时期，可以见到有凹槽的大理石柱子，而在下面1/3高度内的凹槽则被填满了，好像深深地嵌进了一些小圆棍。自然这也可能是由于预防尖锐的边缘会被碰坏，但这种见解可能只关系到那些在柱旁就有各种活动的柱子。更晚一点，在佛罗棱斯代替小圆棍的是在凹槽内填以好像穿在一根线上的叶子。

　　用人像浮雕在柱子下部做装饰的特殊例子见于希腊建筑——在小亚细亚的爱菲斯的阿尔几米得神庙中（Храм Артемиды в Эфесе, Малая Азия）。但对希腊建筑说来，这是非常稀少的例外。在柱身上螺旋地缠绕起来的圆弧线脚和凹槽也是柱身装饰的稀少现象，这种不合逻辑的形式和另一种常见于意大利，后又传入法国的另一种形式——重块石柱——正好相反。上述两种手法同见于未隆那的皮未拉克伐宫（дворец Бевилоква в Вероне）立面上，这是由卓越的建筑师沙米盖立（Санмикеле）在1553年建造的（图121）。

　　重块石柱也见于威尼斯的列卓尼各宫（дворец Реццонико），这是由建筑师隆该那于17世纪末建造的（图122）。

　　一般的见解认为用重块石做柱身的断面为方形的柱子首次出现于17世纪建筑师阿玛那吉（Амманати）在佛罗棱斯的旧庇第宫所添建的厢房的立面上（图123）。重块石柱和重块石扁倚柱的例子在意大利可以找到很多；这种手法也被严格的理论家维尼奥拉采用；也许他是从法国把它带来的，在法国这种柱子极为人所爱好并且做出无数种风格的变化来。

　　有时按照具体条件只安置一个柱子是不够的，于是就必须并肩地安置两个柱子，或者说，安一对柱子。这种情况在我们观察佛罗棱斯的新市场时就已经见到过了（图118）。因为墙很厚，所以券脚安放在一块其

图122 威尼斯的列卓尼各宫（建筑师隆该那和马沙立）

图123　佛罗棱斯的旧庇第宫的花园立面
（建筑师阿玛那吉）

图124　威尼斯的哥尔尼尔宫（建筑师沙索
维诺）

图125　威尼斯的文特拉明宫（建筑师隆
巴得）

图126　威尼斯的敞厅（建筑师沙索维诺）

长边之长度等于墙厚（券宽）的石头上。这块上面冠有檐口的石头由一对柱子支承。在立面上这一对只能画成一根柱子。

　　当把柱子立在窗间壁上的时候，柱子中轴线间的距离完全取决于窗间壁的中心线间的距离，于是就可能发生这种情况，即柱子间由柱子的中轴线及上下两边所组成的长方形的比例很坏，太宽了。这时候建筑师就不得不放弃用柱子，或者用另一种方案来安放柱子，结论可以是这样的：安放在窗子两边的柱子要尽可能地互相接近。这方法能给我们上面提到过的四角形以比较恰当的尺寸。在罗马柱式中这长方形的边长之比大约为2：3。如果用同样方法对待相邻的窗子则就在这个窗间壁上安置了两个（一对）柱子。有时候这两根柱子互相间放得很近，这就是说成对地安放，如巴黎的鲁佛尔宫和威尼斯的哥尔尼尔宫

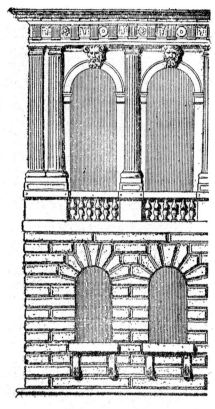

图127　未隆那的庞贝宫（建筑师沙米盖立）

[1532年建筑师塔第·沙索维诺（Татги Сансовино）建造]（图124、62）；有时候这两根柱子离开很远，以致建筑师必须考虑它们中间的装饰。这种装饰非常多样化。在这儿可以放上框边线脚和各色大理石的凸起或装饰，如威尼斯的文特拉明宫（двореи Вендрамин）[1481年彼叶脱罗·隆巴得（Льетро Ломбардо）所建]（图125），也可以放上壁龛并在龛内安置雕像，如威尼斯的敞厅（лоджтта）（1540年沙索维诺所建）（图126）。在未隆那的皮未拉克伐宫（图121）的狭窄的柱间壁上甚至安上了小尺度的窗子。为了使整个构图协调起见，建筑师在柱子之间放入了有大窗子的券面，这就使窄而高的柱间壁分划为不相等的两部分；他在下部安放了半圆额的窗子，而在上部则是长方形窗子。为了使上面的窗子和下面的不一样，它们被做成横向的，为了纠正这窗子的被缩小的高度，建筑师在上面和下面多做了附加的窄带。下面在半圆额的窗子上的檐口上他放上了一个小三角形山墙，而上面则把柱头的阿斯特拉加尔沿墙面伸长，形成了一个水平的带子，中间填充以花环和狮子头。

　　有时候只有最边上转角的窗间壁才比较宽，于是只在转角有成对的柱子，这就给予转角以特别的稳定性，如在图122中所见。绝妙的例子是庞贝·阿拉·未多利阿宫（дворец Помпей алла Витториа），这是建筑师沙米盖立于1530年左右在未隆那建造的（图127）。在房子的转角处除柱子之外再加以宽的墩子就能得到更大的稳定性，如建筑师沙索维诺在威尼斯的圣马尔加图书馆的立面上所做的那样（1536）（图128、61）。

16世纪的建筑师米开朗琪罗和伯拉第奥在运用柱式以装饰建筑物立面时创造了许多变化。因为逐层地安放柱式迫使把立面分划为水平的横带，并且不允许把柱子或扁倚柱的尺寸做得比楼层的高度所规定的标准更高，所以为了在运用柱式时能有较大的自由并为了给它们以大的尺寸，上述二位建筑师开始运用跨过两层甚至三层楼的柱子（和扁倚柱）。这种用法叫"巨柱式"（колоссальный ордер），以区别于"细柱式"。

米开朗琪罗（1475—1564）于1542年在罗马建造的康赛瓦多里府邸可作为运用巨柱式的例子。以自己绝美的创作来丰富自己的故乡维清寨的安得列·帕拉第奥（1518—1580）在自己的建筑物中最常用巨柱式（柱和扁倚柱）。

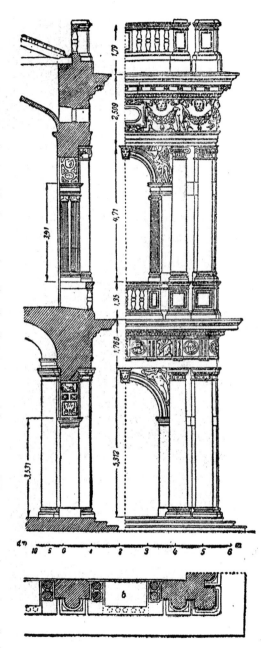

图128　威尼斯的圣马尔加图书馆（建筑师沙索维诺）

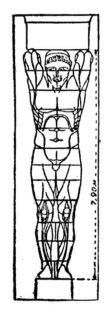

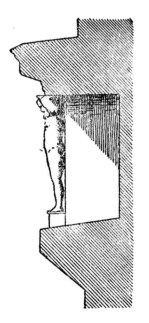

图129　西西里的阿克拉
冈达的奥林匹克席夫沙
神庙的阿特兰特

图130　（左）庞贝的古浴室中的第拉蒙
　　　　（右）庞贝小剧院中的第拉蒙

图131　列宁格勒的爱尔弥塔日大厦（建筑师克林茨）

其中最享盛誉的为发立马拉那宫
（1560）（图60）、马尔冈东尼奥·第
也涅宫（дворец Маркаитонио тиене，
1556）、波尔多宫（дворец Порто，
1552）以及最奇特的"魔鬼之居"
（дом дьявола）等等。巨柱式系统有
很多模仿者，不过我们不举他们的作
品为例了。

在研究希腊柱式时我们已经见过
独立支柱的一种特殊形式，即人像。
在女像上加以不大的重量，她们能轻
易地顶住，不很吃力；男像则承受很
大的重量，肌肉非常紧张，有的站
着，有的跪着。

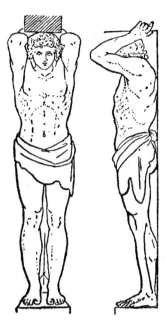

图132　列宁格勒的爱尔弥塔日大厦
的阿特兰特

通常称呼所有这种人像为卡立阿基达（кариатид），但还另有专
门名词。女像叫作卡立阿基达或哥拉（кора），而男像则叫作阿特兰特
（атлант）和第拉蒙（теламон）。"卡立阿基达"这个字初见于维特鲁雅
的著作中，这是他从希腊取来的，在写作关于建筑的论文时用了它。他
重述了希腊的传说：卡立雅（кария）城背叛了祖国，因此城里所有的
男人都被杀死而女人则沦为奴隶，这些著名的女人必须担负沉重的劳动
（搬运重物），并且为了加重她们的惩罚和羞辱她们就不许她们取下头
巾。希腊的作家们则有不同的解释，他们把这些女像和携篮的卡尼福尔
（канефор）相提并论。卡尼福尔是雅典娜·巴拉德神庙（храм Афина
Паллады）的女尼，一些参加节日的游行队伍和参加为崇敬庇护女神的
荣耀而举行的祭典的年轻姑娘们。

我们不沦入考察有关卡立阿基达的起源的争论中去，我们只能确
定，雅典的依列克西翁神庙的卡立阿基达是最好的典范，她们是美丽
的、年轻的、丰满的、娴雅而秀气的姑娘，穿着节日的盛装，头发梳得

十分精致，有一直垂到双肩和胸前的小小的发卷和辫子。在她们的头上放着花篮式的柱头，承担着看来好像不重的载荷，这些载荷被六个女像以轻盈的姿态毫不吃力地承担下来了。

以后所有各时期的艺术家们乐于重复被希腊人所拟定的样式，但把它们变化成各种风格的而且并不老是完全复制女像。人像常常逐渐变成向下收缩的墩子、腿（ножко）、撑子或者变成好像托石样子的被扭弯了的螺旋涡卷。

支承重荷的男像叫作阿特兰特（希腊名字）和第拉蒙（罗马名字），在西西里岛上的阿克拉冈达的巨大的席夫沙奥林匹克神庙（公元前5世纪）中，为了支承房顶而安置了肌肉紧张、双手上举着的很大的男像，他们负担上面的厚重的石梁。也许这是被俘的波斯人的像。这些像的高度为八公尺左右；他们粗糙的细部大概是因为他们将被安置在高处，所以就不必要精细的装饰；也许是因为，像的最后的装饰要在建筑物大体上完了工，安到位置上之后才做，但它没有等待到那一天。遗址明显地说明，这个神庙没有造完，神庙在完工之前就被抛弃了（图129）。在图130中表明的是：庞贝浴室中小尺寸的第拉蒙和在庞贝的小剧院（Малый театр）中的跪着的阿特兰特。图131和图132中画的是列宁格勒的爱尔弥塔日（Эрмитаж）大厦的阿特兰特。

安置在向下逐渐收缩的正方形台子上的人头或半身像叫作吉尔姆（герм），因为这上面经常放着吉尔美斯（Гермес——希腊神话中之牧畜、工商、交通神）的像。这种吉尔姆以它的头间接地通过柱头来支撑上面的重量，有时像在爱奥尼柱式中一样带有螺旋形的涡卷。

所有在这一节中观察到的形式都是独立支柱，同时也可以把它们当作垂直分划来看待，但我们把所有谐如此类的东西都归入独立支柱这一节，是因为它们主要的作用是支承重量。这就可以总括这些形式的目的，但同时也能把它们利用作为垂直分划的手段。

在这个例子中可以再一次地使人相信建筑形式分类是有条件性的。

我们要指出一种形式，这形式按照若干特征可以归入独立支柱，这就是栏干柱（балясина），它组成栏干的一部分。它实际上是一个小柱子，有时甚至是爱奥尼式柱子的精确的复制品，它和一整列和它同样的东西一起支承一根水平的横木，因此当然就和独立支柱一样了。但我们把这种形式放在下一节中和女儿墙一起谈。

第五节　墙的上部结束部

所有安置在墙的冠戴檐口之上的建筑形式都叫作墙的上部结束部，各种各样的"三角形山墙"和一切种类的"女儿墙"（парапет）都属于此类。这些经常被运用的各种形式各有自己的特点和自己的名称。

三角形山墙是三角形的墙面，放于檐部之上，它的三角形平面和檐壁的面相合。三角形的两个斜边是完整的檐口，它的水平的底边是同一个檐口，不过不完整，没有它的最上面的部分，即没有和屋面有

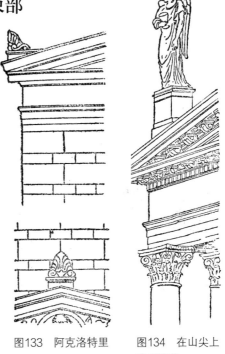

图133　阿克洛特里　　图134　在山尖上安置雕像

机地联系着的沟沿。三角形山墙的三角形平面叫山花（тимпан），在希腊建筑中它被填充以名匠的雕刻。

三角形山墙可分为两类——希腊的和罗马的。它们的屋顶斜角不一样。

希腊人不仅喜欢用雕刻来装饰山花，而且还用特别的雕饰或人像放在三角形山墙的三个角上。希腊人用做屋顶和沟沿的材料来做这种三个角上对称的装饰，也就是说用大理石或者陶器（瓦片）来做这种装饰，

这装饰是由向左右射出的叶子（忍冬草）组成的，这些叶子被两个螺旋形的涡卷微微托高一点（图133）。

在三角形山墙的下面两个角上也有同样的装饰形式，不过是不完整的，下面的装饰物是把顶上的按其中轴线对折一下得出来的形式。顶上的装饰叫作"阿克洛特里"（акротерие），而下面的叫作"半阿克洛特里"（полуакротерие）。但是，无论把怎么样的装饰安到斜的屋顶上去都需要预先为它安好一个水平的台子。在133图中就用大体积画了一个这样的台子。为了使平台不要挑出边缘之外，使它的垂直缘和檐口挑出石板的外面相合。

希腊艺术家以非凡的精确性和巨大的才能来描画和雕刻阿克洛特里。但艺术家总不满足于只用建筑雕饰来装饰房子，他们有时用人像来代替阿克洛特里，这种雕像就需要更大的稳定性；为了达到这个目的就把它更往里放，它的座子的垂直边缘不挑出于额枋的底线的端点之外（图134），这样，檐口就可以不承受任何荷重了。

希腊人非常细致地制作这些装饰，他们在这些地方安上了幻想的、带翅的畜类——格里封（грифон）（图135）。有时候也往上放献祭用的三脚鼎、烛台等等。后来，这些装饰、花盆，安琪儿等等就被各国建筑师们反复运用。

在文艺复兴时期产生了弧形的山墙。这山墙的弧线就是决定山墙顶点的位置的弧线。线脚上的每一根线条都是由同一个圆心画出来的。这种弧形山墙叫作"弓形山墙"，因为它很像一个绷紧了弦的弓（图136）。

随着山墙曲线圆心位置的提高，所画的曲线也随之加高，最后，甚至变成了半圆的，在威尼斯和波罗涅早期文艺复兴时期建筑中出现了许多这种山墙（图137）。在这种情况下，山墙的线脚不和水平的檐口会合，而是直接地搁在它上面。

也可以做椭圆的或长圆的弧线来代替半圆山墙，装饰半圆山墙顶端的母题是忍冬和玫瑰。山面常常整个地填满了装饰品，并用框边线脚镶框。

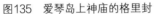

图135　爱琴岛上神庙的格里封

图136　弓形山墙

为了让我们对山墙的各种形式的知识更完整，我们再讨论一种形式，虽然它不能被认为是古典的，但因它常常可以见到，因此为了在这种山墙形式前不致迷惑起见，就必须研究它。

这就是所谓厚凸山墙和中断山墙（раскрепованные и разорванные фронтоны）。

在罗马艺术成熟时期，我们见到了按照严格的逻辑系统运用柱式。柱子被用来承托上面的一根横梁，就是额枋或整个檐部。如果柱子靠着墙（四分之三柱），那么檐部在柱子之间就要挑出墙面，其挑出的大小恰好等于柱子上部向前挑出的大小。显然，把额枋放在两个相邻柱子之间是有困难的。把额枋直接放在墙上，一点也不挑出，和墙面拉齐，那要容易得多了。但在这种情况下，柱子就不在上面负担任何重量了。也常见到这样的罗马房子，它的檐部完全用非常特别的方法安置，就是额枋直接放在墙上，而仅只在柱头上放一块突出于墙面的檐部，这檐部向前突出并形成左右两个角，两个侧面。这种侧面叫作"厚凸"。

这样，柱子的左右轮廓线就不在抵住额枋下面的水平面后停止了，它一直向上延长，形成了两个侧面，依次是额枋、檐壁、檐口的轮廓线。这种做法当然要比把额枋从一根柱子架向另一根柱子容易得多了。每一个柱子上檐部的突出在太阳的照耀下投下阴影，而在阴影中又有反光，这个总的构图就生动如画了。

就在生动如画的这方向开始发展了罗马的后期建筑，即"罗马巴洛克"（римское барокко）。

试设想在两个覆盖着这种檐部的柱子上做起山墙来。那么，放在柱子上的部分很容易做，而在檐部深凹进去之处，这个山墙，也必须深凹进去，为的是使山花面和墙完全符合；这就是说在山墙上得到了和厚凸檐部相适应的侧面，这就是厚凸山墙（图138、140）。在有些情况下，在山墙的中间部分切断山墙的线脚而饰以其他的形式，这就得到了中断山墙。

中断山墙的例子常在意大利巴洛克建筑中见到，后来又传遍了整个欧洲，我们谈到它时必须先指出，这种形式不能称为是古

图137　威尼斯的圣·剎卡里亚教堂的山尖（建筑师隆巴得）

图138　厚凸山墙

图139　中断山墙

图140　都灵的凡林第诺宫的窗子

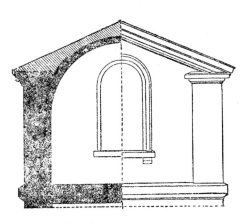

图141　半山墙

典的。

这儿要适当地给中断山墙一个评价。山墙这个概念是和屋顶这个概念相联系的，即不透水的斜面，保护它下面的东西不受日晒雨淋，但中断山墙违反了这个基本概念。这种形式的出现、发展和传布不可能用任何逻辑上的必要性和结构上的需要来辩解，它的解释必定在于某种事实，即在艺术中兴起了这种或那种潮流和倾向。

如果在以山墙结束的墙面上必须做很大的窗或者几个小窗，而这些窗的位置恰巧在山墙的水平檐口的位置的话，那就可能把这个檐口的中间部分完全取消而只剩下左右两部分（图141）。剩下来的不完整的山墙叫作"半山墙"（полуфронтон），它的做法和通常的山墙没有什么不同。有时候水平檐口的断隙不大，空出一段墙面来安置各种各样的装饰物（徽章、匾额等等）。在意大利文艺复兴时期的建筑中，山墙和半山墙以最变化多端的尺度非常普遍地出现。它被用来结束所有的建筑物或建筑物中部分的凸起。它被用在室外的门窗上，好像为的是把落在上面的雨水引向两旁。山墙也被用在室内，用在室内就很难为这种形式找到合乎逻辑的理由了。因为在覆盖着的室内不可能有雨水，这就没有建造屋顶的必要，因而也就不必要山墙。解释只可能有一个，即对形式的根深蒂固的积习，这形式是以自己千变万化的运用丰富起来的。这习惯被札切龙（Цицерон）在他的演说中中肯地指出来了："如果想在从来没有雨水的奥林普（Олимп）建造庙宇的话，仍然需要给它一个山墙。"

在罗马建筑中已经见到一种山墙的变体，这变体只有两个斜檐口而完全没有水平檐口；这为的是要在屋顶的斜坡下安置大的半圆窗，覆以拱顶的阳光室（освещающие помещение），等等。

这种山墙叫作"夹钳"（щипцы）。但必须指出，这种山墙无论在罗马建筑中，在意大利文艺复兴建筑中，都不如在北欧国家中出现得多，那儿雨雪多，迫使采取陡峭的罗蔓建筑和高直建筑所固有的屋面。北欧国家直到最近的建筑中还保留着夹钳，但给它以新的非古典建筑的形式。

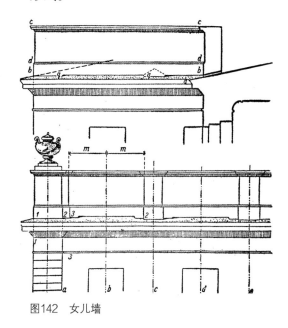

图142　女儿墙

墙上结束部分的最通常的形式是女儿墙，这是矮矮的短墙，放在建筑物的檐口上，起栏杆的作用，预防从屋顶上掉下来。女儿墙起初是从军事建筑中产生的，而它的名字"пара петто"按希腊文的意思是"胸墙"，很好地说明了它的用途和尺寸，但这种形式所以被大量运用可以用它的三个用途来解释。保证在屋顶上行走没有危险，遮住屋面，而最主要的是它能把房子提高一点，使它更匀称。

这用途可以作为决定它自己的绝对尺度即极限尺度的指示者。和所有楼梯上的与阳台上的栏杆一样，女儿墙必须有一公尺左右的高度。但这还不足以完全说明这形式的本身及其运用。女儿墙是尺寸大小变化最大的形式，而当它做得像一面墙时，就要在下面加基部，在上面加檐口。但这两者，无论上面的或下面的，都只有次要的意义，这也必须表现在它们的尺寸上。类似这样的形式我们已经在柱式中见到过：即任何一种柱式的基座。

图143　栏杆式的女儿墙

现在我们增加一些细节，如果女儿墙覆以铁件（покрываться железом）的话，那么它的上部就要做一个小斜面并在顶上微微凸起，好像是个要在女儿墙上安置什么装饰品时所必需的石板。

现在我们看看女儿墙的下部。由于屋顶的斜坡一直倾向女儿墙，所以下面就会积存雨水，因此就必须设法排水。为了这个目的在女儿墙的基部做了长长的裂隙，让雨水流出来。而在裂隙之间用两个小坡面盖上，如142图中虚线所表示的那样，这小坡叫双沟沿（разжелоб）。

但狭而长的女儿墙显得太枯燥太单调了；因此想把它用小小的墩子分划开来，并使这分划和下面的立面部分相配合。在142图中举了一个女儿墙分划的典型例子。以"b"线和"d"线标窗间壁的中心线，并使立面的转角以重块石的壁柱来结束。

如果在墙头上安置女儿墙，那么它的基部的面和墙面相一致。用数字"3"来标这个面。壁柱的面突出于墙面，其突出之部分就是壁柱的厚度。用数字"1"来标这个面。那么，这一个数字也应该是标立在壁柱之上的小墩子的基部的面的数字。由于"1"面距离我们比"3"面近一些，所以它和檐口上的房顶斜面的交线比"3"面和同一个房顶的交线要略低一些。

但我们还感觉长条的女儿墙仅仅在转角上有个小墩子不够好。我们希望把这墙面分划为若干段落，为了达到这个目的，在所有的窗间壁的上方依照它们的中心线"c"和"e"做起小墩子来，更确切些说，我们在这地方把小墙略略做厚一点。做厚一点，这就是说由数字"2"所标的面将比"3"面更靠近我们一些，它和倾斜的屋面的交线比"3"面稍稍低一点点而比"1"面的交线略高。

现在用两脚规比一下从中心线"b"到小墩子的距离，再从同一个中心线向左方量这距离（m），则在这儿对称地安上同样的小墩子；因为必须满足所得到的距离，同时小墩子间的间距中心必须精确地与窗子中心线"b"重合，否则中心就会失去中心线的关系而混乱起来，所以在转角处小墩子通常是不完整的。这样，左边在"1"面和"3"面之间就

图144　罗马的君士坦丁凯旋门

出现了第三个面"2"，而这三个面"1""2""3"在屋面上形成阶级形的线，显明地表现出所得到的立面转角处的造型。

在女儿墙的长长的间壁上要为水沟留出缝隙来。在转角小墩子上常常放置雕像、花盆和诸如此类的装饰品，这种装饰品的选择根据建筑物的用途和装饰的丰富性。有时候在每一个小墩子上都立上雕像；而在转角小墩子上安置较高的东西，例如方尖碑之类。我们要详细地讨论女儿墙上的雕刻，因为这问题常常成为做立面时的障碍。总之，只有在作者自己对它有十分明确而肯定的概念之后才能正确地绘出草图来。

女儿墙的进一步发展是在小墩子间的间壁上加工。墙面或者女儿墙的"身体"用凹雕的框边线脚装饰起来。小墩子的窄面也可以用框边线脚装饰，这样比把中间部分凸出来更能使小墩显得沉重些。

女儿墙发展的另一条道路是用透空的栏杆来代替实墙。只留下实墙的基部和小檐口。基部成为一排小柱子的基础，这些小柱子很花哨，支持着上面的小檐口，这小檐口就成了扶手。我们所提到的小柱子叫作栏杆柱，而一整排小栏杆柱的总和则称为花栏杆（балюстрада）。

很晚以后有铁栅代替了石栏杆，我们在这儿不谈铁栅，因为我们只研究石头的形式。

栏杆不仅造在冠戴檐口上，不仅在房子的上部，而且还造在许多别的地方——在平台上、阳台上、楼梯上等等。所以关于栏杆的起源和发展、关于栏杆柱的形式等我们将在另一章中专门详细地谈到。

在早期文艺复兴的建筑中，照例是不做栏杆式的女儿墙的（除去佛罗棱斯的庇第宫）；它们的出现和发展，主要是在文艺复兴的第二阶段，即高级文艺复兴时期。建筑师的眼睛完全习惯于建筑物顶部在天空的背景上的尖锐而明确的线条了，他们不需要用透空的栏杆来使天空和建筑物的交接线软化。

后来建筑师的口味上又起了变化：又感到在阴暗的石头檐口和光亮透明的天空之间的对比显得太尖锐了，因此就希望把石头的封闭的实体和开阔的空气的海洋之间的过渡软化一下。建筑师因此就发明了栏杆式的女儿墙（图143）。天空在栏杆柱中间被剪裁成花边（实体的面积差不多等于空隙的面积），而上面，在女儿墙的墩子上立着花盆或者雕像；既减轻了沉重感，又得到了较大的开畅的空间（图145）。因此，逐渐地产生了在石头的实墙和辽阔天空之间的软化了的过渡部分。

我们继续讨论墙的结束部，把话题转向叫作"檐上壁"（аттик）的形式。

檐上壁纯粹是从罗马起源的，最常见于凯旋门（图144）。这种堂皇的建筑物用柱式装饰起来，用完整的檐部来结束，但所有这些加起来还不够高。凯旋门是为了标志胜利者归城的凯旋的入口，并要引起节日欢庆的情绪，必须有雄伟的性格。罗马人用比较简单的手法得到了这些。他们在檐部上面安上了很高的墙，这墙做得像女儿墙一样，但是尺度要大得多。女儿墙的高度是和人的高度相适应的，而檐上壁的高度不和任何一种绝对尺度有关。檐上壁的高度决定于镌刻在它上面的长长的、词藻华丽的题词，这些题词是用来说明建造凯旋门的理由的。

图145　姆基·巴巴祖立宫的主要大门（建筑师马蒂阿·吉·洛西）

从建筑装饰方面来看，檐上壁和女儿墙一样，是一片有勒脚和檐口的墙；从体积上说它和柱式的基座很像。檐上壁的主要部是墙体，它被用框边线脚装饰起来，这线脚框出一个为题词用的平面。这墙的下部有加厚的勒脚，上部有檐口。有时候在装饰立面的柱子上，在檐上壁之前，直接安放上不高的、次要的小墙，这小墙很像有间墩的女儿墙，在间墩上放着雕像，这雕像在后面的檐上壁的背景上很好地衬托出来（图145）。

应该看一看檐上壁和女儿墙的一个特点。虽然我们拿它们的形式和柱式的基座的形式来比较，但在做它们的下部时却有本质上的区别；这下部，基座的基础，做得相当高，这是完全合理的。当我们从下面观察时，女儿墙的下部和檐上壁被檐口的很大的出挑遮住了很多，因此就必须使檐上壁附加一个很高的勒脚。

檐上壁的上面由水平的线脚结束。如果必须装饰它的话，那么在它上面恰好适宜于安置复杂的雕像群，做上用四匹或六匹马拉着的古式的马车，由带翼的精灵驾驶着，负戴着胜利者的光荣。

在列宁格勒，檐上壁的例子可以在许多建造于古典主义和安皮尔时期的建筑物上〔那尔夫凯旋门（Нарвская）、参谋总部券门、旧宗教会议和元老院券门、伊萨基也夫斯基教堂等等〕见到；而古式马车则可在那尔夫凯旋门上、参谋总部券门上和旧亚力山大戏院（现今的普希金戏院）上见到。

当高度很大时，檐上壁完全有可能造成一个附加的楼层，只消考虑到檐上壁楼层的房间的采光问题就可以了。在檐上壁上为了采光而做起窗子来，这窗子和那装饰着墩子之间墙面的框边线脚相适应。这窗子或者是正方形的或者是横向的长方形。因此我们就得到了一个叫作阁楼层（аттиковый этаж）（图146）的楼层。

在文艺复兴时期，这种形式开始被怯生生地运用了，后来帕

图146　维清寨的波尔多宫（建筑师帕拉第奥）

图147　维清寨的特也涅宫（建筑师帕拉第奥）

图148　维清寨的发立马拉那宫（建筑师帕拉第奥）

图149　罗马的翡冷翠·阿克法喷泉

拉第奥探索了这种手法并把它用在许多建筑物中。他把主要的檐部做在最上层的下面，这样就产生了一种印象，好像最上层是一个阁楼层。它的例子见于图146、图147和图148中。

在巴洛克风格中，追求盛装和雄伟的意图，促进了檐上壁的发展，它在尺度上甚至超过了罗马的。建筑师把檐上壁处理得好像完整的墙，后来并且认为在这墙上可以再做独立的女儿墙，这女儿墙又有平墙面，又有栏杆和间柱，又有巴洛克风格所素有的繁盛的装饰（图149）。

第四章　窗子

第一节　长方形窗

在所有的建筑形式中变化最多的要算是窗子了。它们无论在用途上或在尺度上都非常不同，而在形式上，更精确点说，在它们的处理方法上更是变化无穷。

大量的实际资料把分析窗子的一节变成了一整章，而把这些资料分类是非常困难的，因为窗子所有的一些特点和墙上的孔穴所有的一些特点极其复杂。首先必须要有关于窗子的本质的概念，并且要熟悉窗子的各个主要组成部分的名称。

为了室内采光更好起见，窗口通常是向内微微扩大的。在居住的房间里，窗子安置得距离地面有一定的高度，譬如说和桌子的高度相等，为的是窗子上进来的光线能照亮桌面。如果把窗子做得比桌面低的话，那么在低于桌面的下部就完全没有用了，并且还会成为冬天冷气的来源。窗子水平的下沿在室内叫室内窗台板（внутренний подоконник），在室外叫室外窗台板（наружный подоконник），在它上面做出轻微的斜面，为的是不叫雨水向内流向窗框，而相反地流到外面去。窗台板和地板之间的墙面叫作"槛墙"（подоконная стенка），它有时候做得比其他部分的墙面薄一点，但为了防寒，不能薄于气候所允许的限度。由于槛墙变薄所得到的凹陷使人易于接近窗户并适于安装取暖设备。为了固定窗框和窗棂，在墙上做出相应的凹入部分，不过那纯粹是属于构造方面的了。为了使室内有充足的阳光，总想把窗子的上端做得越高越好，但结构上不得不考虑到窗口的过梁，不得不考虑到支承天花板的横梁，因此在窗子上端和天花板之间就常有很大的间壁，它的高度和过梁的厚度相等。窗子与窗子之间的墙面叫窗间壁（простенка）；在文艺复兴的建筑中窗间壁总不小于窗户的宽度，或者甚至是窗子宽度的一倍半。在宫殿的巨大的门厅里窗子有时一直落到地板面，这样一来就变成了门，不过在外面做上金属的栅栏，宛如一个阳台。这种窗子我们可以在18世纪俄罗斯的城郊宫殿里见到，如在普希金城、彼得宫（Петродворец）、奥拉尼英巴乌姆（Ораниенбаум）等等。

在不住人的房间里，窗子不是为了用以观望室外时，它们就被安置得高高的、做得大大的，为的是尽可能地使光线深入室内。为了这个目的，甚至安置两个窗户，一个在另一个上面，这就叫作"双光照明"（освещение в два света）。

要使窗子互相靠拢，可以把两个或者三个窗子集合在一起，使它们成为一个完整的组合；这样，就得到了"复合窗"（сложные），双联式复合窗或三联式复合窗（двойные или тройные）。所有这些窗子都将在特别的一节中讨论。

在立面上安置窗子的方法非常多：有时候它们等距离地放着，有时候按照一定的韵律采取特别的排列方法。当把窗子安置在不同的楼层上时，经常使它们都在同一的垂直的中心线上。在若干意大利的宫殿中上层楼的小窗子不仅只安放在下层楼的大窗子上，而且还放在下层的窗间壁的中心线上。

窗子可以按照各种标志来分类。窗子可以是简单的和复合的（双联或三联）；从窗洞的形状看可以分为两大类：长方形（прямоугольное）的和半圆额（полуциркульное）的，但无论在那一类中都还可以见到若干变体。我们将从长方形窗来开始我们的分析，我们现在面临着它们的巨大的多样性。

假如无穷尽地罗列窗子的例子，罗列一切在古代和文艺复兴时期出现过的窗子的样子，那么仅只能得到各个时代窗子形状一览表，这样是毫无益处的。

更好更正确的办法应该是来分析这些窗以说明窗子形式的发展道路，尤其主要的是确定各种装饰手法所得到的效果，确定它们对建筑比例的影响。

因此，我们的分析将成为进一步研究十分重要、十分有趣的建筑比例问题的准备阶段。

在每个发展阶段上观察长方形窗子，我们可以指出，在很久以前它们就有了高与宽之间一定的关系。

常用的说法"窗子的比例"（пропорция окна）实际上是不恰当的，因为在高度和宽度两个尺寸之间的互相依据仅仅是一种关系（отношение），而不是比例。比例需要四个尺寸大小，而且一对大小的关系要和另一对大小关系相等。比例是关系的相等。实际上"比例"这个词我们习惯于用来确定建筑物自己的尺寸间的相互关系所产生的印象。

最常见的窗子，是它的高度为宽度的一倍半至两倍。这就是说，在一种情况下在一个长方形窗内可以画两个正方形，而在另一种情况下可以画一个半正方形，如图150所示。

通常总是这样说："窗子的比例（？）是两个正方形或者一个半正方形"。同样地，在这长方形内可以画两个（或者一个半）圆周，而且这做法也适用于当窗子是以半圆结束时，即也适用于"半圆额窗"。

窗子最简单的形式是在完全平滑的墙面上开口，没有任何细部，但在窗子的下部通常用很小的、非常简单的小檐口装饰起来。这小檐口做成微微向外倾斜的窗台板。这小檐口（窗下线脚，墙面的水平分划）有时做成继续延伸于窗间壁上而横越整个立面，或只是仅仅安置在窗子的下面，上面置以窗台板；为了使小檐口挑出得大些，可以在它下面做上

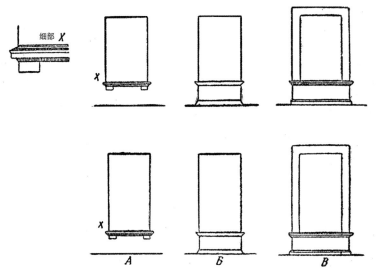

图150　直角方额窗的加工

小小的檐下托或者两块从墙面略略挑出的石块（图150A）。窗台板必须做成向外倾斜的斜面，因此在小檐口的两端侧面上出现了斜线，这斜线交在窗口的垂直线上。这部分的放大图也画在图150左上角。

在图150Б中窗下部分的墙面，从窗台直到地板好像是一段独立的小墙，做成窗下墩座（тумбочка）的样子。把这种墙和我们非常熟悉的柱式中的样式比较一下，我们就能找到它和柱式基座的共同之点。我们用大体积来描绘这形式，就像画基座一样；我们还可以利用完全一样的线脚。

首先必须确定槛墙的高度。因为我们画窗子时没有遵守一个确定的比尺，所以就要从常见的尺度出发。居住房间的普通窗子的宽度为一公尺半左右，窗台的一般高度为80公分左右。

槛墙必须有冠戴于其上的小檐口，槛墙的下面微微扩大部分就成为基座的座基或勒脚。

槛墙可以做成连续的延伸于整个墙面，或者像个墩子似的只放在窗口下面。也可以（最通常的方法）把槛墙在整个立面上延伸，而在每个窗子下面把它略为加厚，使它像墩子似的向前突出。

把图150中的三种窗子拿来比较一下就可以看出，第二种窗子的上面一个由于它下面的墩子加大了窗子的高度而使窗子更好看。由于这个墩子，窗子显得匀称了一些，或者如大家所说"它的比例比较好"，它更接近于第一种窗子的下面一个的比例。因此第三种窗子由于加了槛墙无疑地是变坏了，变得太高了些。

我们进一步来发展我们窗子的形式。上面和左右两面的边框叫作"贴脸"（наличник）。贴脸从墙面突出极少，它由一系列直线及曲线的线脚组成。我们为了要说明它的形式如何才是最自然的，它的细部是怎样的，首先要提出一个问题：我们的贴脸和柱式中的什么形式有相同之处。它在窗口上面的水平部分立刻指出完全确定的形式。横跨窗口的贴脸和额枋的作用一样，实际上，所有的贴脸的线脚都肯定地和额枋上的线脚一样，虽然它比较简化些。例如，爱奥尼和克林斯的额枋有三个平的长条，而在贴脸上有两个就够了。额枋在最厚的地方常用小长条和枭混线脚来结束它，而在贴脸上也常用这线脚。

还可以在柱式中指出另一种本质上和贴脸相同的形式来。这就是券面。券面是发券的边框，而贴脸是直角的边框。本质是一样的。在讨论柱式时我们已经指出券面和额枋的共同点。来源确定了，就可以为贴脸吸取装饰母题了。

文艺复兴时期的建筑理论家建议把贴脸的宽度做成窗子宽度的1/6，但我们是想要说明它，而不想去确定贴脸的宽度，我们不以一定的方案为基础，而以逻辑、以和柱式的联系为基础。

如果窗子上横跨着额枋，在额枋上要放檐壁，再上面就是檐口；这些在一起组成了檐部。窗口下面的墙壁和柱子的基座一样，这就是说在两个窗子中间恰恰和窗子同高之处可以安放柱子；这样，窗子的高度与柱子的高度相合，柱子可以放在窗下墩座上。在这种情况下就可以决定檐部需要多高了。

微微突出于窗间壁的贴脸不能没有任何自下而上的支持而悬挂起来。我们必须把窗下墩座向左右稍加扩大，使它能承担这贴脸（不是扩

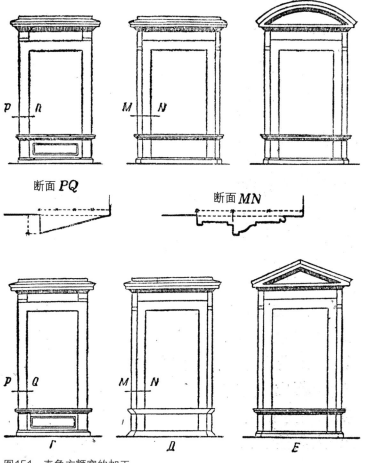

断面 *PQ*

断面 *MN*

Г　　　Д　　　Е

图151　直角方额窗的加工

大檐口，而是扩大墩体）。

这样，就得到了新的窗子形式，即有贴脸的窗子（图150*B*）。两个例子显著地说明，附加上去的贴脸如何影响了窗子的比例。在窗子的宽度上加了两个贴脸的宽度，而在高度上只加了一个，但在比例上它表现得非常明显。一个半正方形的窗子变得笨拙，太宽了，而两个正方形的窗子和前面的例子（图150*Б*）比起来好得多了。因为贴脸多多少少突出于墙面，所以为了支持它就必须使槛墙也同样地向前突出。

还要讨论到一些窗下部分做法的详情。

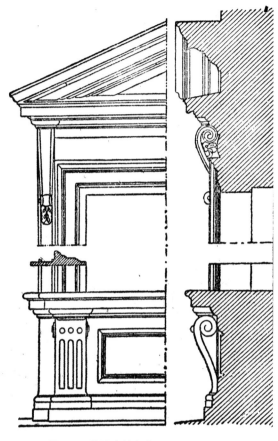

图152 维尼奥拉之窗

在窗下部分为了和突出的贴脸相适应也向前突出了小小的墩子，而在这小墩子之间，在窗的跨度下是个凹陷部分，它也可以用框边线脚装饰起来。框边线脚可以是四角形的边框或者是边框再加上中间的圆形；最后，可以在窗下做深深的凹陷并在那儿安上栏杆，不需要真栏杆，只要浮雕出直径的1/2到3/4就可以了。

两侧的小墩子也可以发展，把它做成立着的托石的样子，那么它上面的檐口就可以挑出得大一些，因此整个的构图就会更丰富，光影的变化就会更生动了。所有这些形式都以大体积表示在151图Γ、Д、E中。在一般的绘画基础上要把它细致地画出来是没有什么困难的，但在进行设计时，如果形象必须用小尺度画的话，则根本就不必画得很细致，画得太细致甚至是有害的，太琐碎的形象反而常常失去了表现力。在图151Γ中用大体积表示了贴验的水平断面，并在它的旁边有一个放大了的细部，而图152则清楚地表示了窗下墩座上做小墩子和托石的方法。

在贴脸上面，在檐壁的位置上直接做了檐口，结束了窗子的加工。这手法曾被希腊建筑师用过，后来文艺复兴的建筑师也用过，比如安东尼·达·沙加洛（Антонио да Сангалло）和维尼奥拉等人就用过。这种处理产生古怪的印象：贴脸和檐口使人想起檐部来，但檐部的必不可少的第三个部分檐壁没有了。

檐壁是个光滑的部分，能给眼睛以休息，给眼睛在两个不安定的、线脚非常致细的部分之间有一个喘息的机会。整个的檐壁给人以颈项的印象，没有它就非常刺眼；没有它檐口就好像从上面被紧紧地挤压下来。

要解释这种处理的起源可以追溯到古代建筑中去，它在那儿出现过，虽然出现得非常稀少。在希腊，我们在著名的雅典庙宇依列克西翁（公元前5世纪）的窗子上见过这种形式。在罗马建筑中，这种形式在3世纪时曾在东方和边远的省份中见到。在欧洲的法国尼姆（Ним）城中保存得非常好的2世纪的罗马庙宇中可以见到某种类似这样的窗子，离罗马不远的第伏尔（Тиволь）的小圆形维丝达（Веста）神庙中也见到这种窗子（图153）。可能是16世纪时在罗马建造房屋的建筑师们就是在上述的维丝达神庙中吸取了这种形式的（图155）。

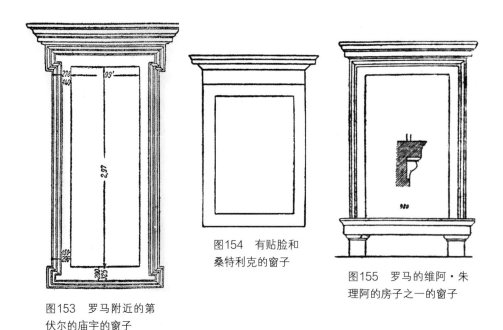

图153　罗马附近的第伏尔的庙宇的窗子

图154　有贴脸和桑特利克的窗子

图155　罗马的维阿·朱理阿的房子之一的窗子

在我们所描述的窗子中，在贴脸上直接安放檐口的总是比较少见的，它好像是一种尝试，后来被另一种得到极大发展的形式代替了，这形式就是在贴脸和檐口中间加以檐壁。因此，可以把我们刚才讨论过的贴脸上直接安放檐口的形式认为是中间的、向后者过渡的形式。何况，把檐口放在檐壁上然后再放在窗口上，既在希腊见过，又在罗马见过。

总之，把檐口建造在门窗上的这种至新的处理方法，在古代已经出现，并在文艺复兴时期得到极大的普及。

在门窗口上的檐口有它专门的名字——桑特利克（сандрик）。甚至当窗子根本没有贴脸的情况下也可以在上面安置檐口；这种例子在列宁格勒、莫斯科和其他城市的19世纪中叶建造的房屋中可以大量见到；为了支持檐口，在它下面安置以托石，托石上横卧着简单的、轻巧的檐口。

既然建筑师把门窗的水平覆盖物处理成檐部，把水平的贴脸做成额枋，那么进一步出现了光滑的檐壁并在上面冠以檐口就完全是自然的了。如果有可能在贴脸的垂直部分的位置上建造柱子或扁倚柱的话，那么连檐部的尺寸都决定了，简单地说，这就是柱式。

我们暂时安上柱式来帮助确定上部的优美的尺度，也包括额枋的尺度，然后可以把柱子拿去，使额枋在两侧垂直地折下去，成为左右贴脸。这样就得到了窗子的新形式，它的组成部分有极有根据的尺度（比例）（图154）。

为了给桑特利克以更牢固可靠的支承，就在它的下面做两个托石。安放托石最恰当的地方是贴脸上的檐壁部分，而托石的宽度决定于贴脸的宽度。托石的形式当然就得到了。托石最多见的形式是垂直方向的，涡卷在上面和下面，按照两个不同的方向搓转。但在目前情况下由于地方不够，这形式是不合适的，因此就不需要去企图应用它，因为形式总是必须和它所占据的地位相适合的。

一般说来，任何托石都是由两部分组成的，一是水平的面，直接承受重量；一是上面加厚的支承部分。第一部分是一个平板，它的边饰以混枭线脚，下面的部分通常是在上面向前突出而在下面向内凹入。这个上凸下凹的面上有小凹槽装饰，在凹槽的上方有突出的钉头，或者覆以忍冬草叶。

有时候在托石的位置上简单地安两块前面砍凿得微微突出的石块。

桑特利克的线脚总是简单的，没有特别的盛饰和雕琢，没有多余的细部。

因为桑特利克实质上是檐口，从墙面向前伸出，所以它上面就有一个相当宽的水平面，有了这个面就得考虑到排除它上面的雨水和积雪的问题。因此这个面必须向前并向两侧微微倾斜。从下面看这斜坡不显著。

窗子上出现了檐口就引起了直接与檐口相联系的另一种形式的出现了。为了排除檐口上的水，就得在它上面做一个简单的小房顶，也可以用另一个办法，就是在上面做两坡屋顶，这就在立面上形成了山墙。山墙有两种主要形式：三角形的和弓形的。弓形山墙（弧形的）最常用于门窗的装饰，有时候和三角形山墙或没有山墙的方额桑特利克间隔交替着用。在圆151*E*中的上面的一个例子就表示着弓形山墙。

总之，在我们所熟知的有贴脸和桑特利克的窗子外还可以增添两种类型：有三角形山墙的和有弓形山墙的。

被拉得很长的比例不舒服的窗子（图151*Г*）只有把它加宽才能纠正，而在窗子加工的一套方法中有这么一种形式，它能担当这种任务。这就是"副贴脸"（контрналичник）。

在图151*Д*、*E*中和窗子两边的贴脸的垂直部分相平行有窄的垂直小条，直抵桑特利克的两端。这些窄条和贴脸的区别首先是它是宽度：它只有贴脸的一半宽；其次是它不从三面包围窗口，而只有两面。这就是"副贴脸"。因为副贴脸只有贴脸的一半宽，所以它突出于墙面也只有贴脸的一半厚。同时，正如为了支承贴脸而在窗下部分做起突出和贴脸一样多的小墙一样，为了支承副贴脸也必须在窗下墙上重复同样的、非常小的凸起。垂直的线条把每一个凸起和檐口及勒脚的线脚联系起来。这就是说在槛墙上我们在左右两边各得到了两条平行的线脚。

现在看一看桑特利克，在副贴脸的窄条的上端可以放两个托石，窄而垂直的。没有什么东西会混乱这些托石的本来形式，还是两个涡卷，还是有不可分离的平板子在上面。显然，桑特利克现在比以前所举的例子中要长了一些。

在这个例子中把上面的窗子和下面的比一比，我们可以指出，附加上去的副贴脸使下面的比较长的窗子显著地变好了。但使上面的窗子变坏了。在上下两个窗子上桑特利克都可以有山墙或没有山墙，可以是三角形山墙或弓形山墙。换句话说，有三种冠戴窗子的方案。

做细部加工不需要增添什么东西，窗下墩座的细部和柱子下面的基座的细部完全一样，桑特利克的檐口尤其不要使它复杂起来，而副贴脸的窄条或者是平滑的，或者是完全对称地加工：在两侧微微地凸起像细带子的窄条，而在中间则是平面的凹陷，这凹陷比细带子略宽一点。

在这一系列一个接着一个提出来的窗子类型中的最后一种窗子形式是最复杂的一种。这窗子应该这样叫法：有贴脸、副贴脸、桑特利克和山墙的窗子。

在叙述窗子装饰形式的发展时我们故意省略了一些细部、一些变体和一些与老手法不同的形式，这样做是为了不破坏列举的例子之间的一般手法上的联系。现在来论述那些未被观察过的窗口是适时的了。我们必须看看三个主要问题：洞口的形式、桑特利克和贴脸的形式。

到现在为止，我们还在看直角方额窗子的加工。我们在希腊建筑中、在雅典的依列克西翁神庙中（图156）、在阿克拉冈达（西西里）的席夫沙神庙中都已经见到过这种窗子了，但希腊的窗子，严格地说不是直角方额的，而是向下扩大的，是梯形的。希腊的门也是这样的。洞口向上缩小的程度小到我们一眼看上去这洞口还是直角方额的。应该看一看希腊的窗子（和门）的细部了。这儿运用着我们所熟悉的形式——贴脸和直接放在它上面的桑特利克。非常简单的细部产生一种印象，即互相不完全平行的有线脚的各部分的配合非常和谐。

在意大利的文艺复兴中我们只知道一个梯形窗口的例子——在罗马

图156　希腊桑特利克和贴脸的细部

的由安东尼·达·沙加洛所造的沙盖吉（Сакетти）宫。

现在我们看看贴脸。有些贴脸在上部有小小的转折，转折虽小，但却很触目，和在上面列举过的有贴脸的窗子的例子相对照，可以举出同样数量的运用有转折的贴脸的例子来，这些转折叫作"小耳"（ушко）。如果在有副贴脸的窗子上用有小耳的贴脸的话，那么小耳就会在贴脸和副贴脸之间形成一个阴暗的缝隙，十分显著。

在贴脸上部的小耳不仅做在两旁，而且还常做在上面，有时还做在下面。到现在为止，我们有了从三面包围窗口的贴脸，它下面立在窗台的檐口上。我们现在要看一看像画框或者镜框一样从四面围住窗口的贴脸。有时候也在这种贴脸上面安置桑特利克，比如沙加洛在罗马建造的巴尔马宫（дворец Пальма）或罗马的为建筑师马蒂阿·吉·洛西所建造的巴巴祖立宫（дворец Папаццури）等等（图145、146、147、153）。

至于桑特利克，后来在安皮尔式（стиль ампир）流行时期，甚至当窗户没有贴脸时也把它安在窗子上。

当用柱式，也就是说用柱子和扁倚柱来装饰窗子的时候，完整的窗子单位就形成了。它可以这样简化，窗下墙是已经准备好的基座，在基座上于窗子的两边立起

图157　威尼斯的多裁宫的院内立面上的窗子

两根3/4柱（扁倚柱）来，柱子到窗洞口的距离应该至少不能使柱础和柱头妨碍洞口。柱子的高度略大于窗子。在柱子（或扁倚柱）上安置檐部，这檐部可以以水平檐口结束，也可以冠以山墙（三角形的或弓形的）。

很显然，运用各种各样的柱式就能使窗子有多样性的表现，但在一切情况下这些柱式都应该略加简化一些。为了不致被细部搞得破碎不堪，意大利的匠师们把细部做得有些像爱奥尼的和克林斯的，但却不是抄袭它们。

直接放在柱子下面的基座是窗子的墩座，它必须向前突出，为此必须为它准备出位置来。有两种方法可以解决这问题。第一种如底层楼的墙壁比上面的稍微厚一点，于是基座就可以宽畅地放在它上面，它的勒脚就不致悬挑于墙面之外。佛罗棱斯的潘道非尼（Пандольфини）府邸就是这样做的。第二种，如果下层墙不比上层厚，那么就必须用足够强固的托石来支持这基座（图157）。在墩座之间可能是用框边线脚装饰起来的实墙，也可能是栏杆（图158、162）。

最后，用柱式镶边的窗子首先应该是被贴脸环绕的，像上面已经提到过的由16世纪的建筑师和名画家拉斐尔在佛罗棱斯建造的潘道非尼府邸那样。

第二节　半圆额窗

我们把纵向的、上面以半圆结束的窗子叫半圆额窗。因此，在这种窗子里可以画两个或者一个半圆。

半圆额窗的装饰方法可以应用直角方额窗的装饰方法。

最简单的形式是有贴脸的窗子，贴脸可以从各方面包围窗洞口或者在窗子的下面做窗下线脚以支承贴脸，就像直角方额窗一样；整个的窗下墙可以做成有两个小墩的基座，有框边线脚的、有栏杆的、有托石的基座等等。

图158　发券上有托石的半圆额窗

当想在窗子上安置桑特利克时需要有两个垂直线决定它的檐口的位置和边界。为此，在贴脸的旁边，像副贴脸一样，引两条垂直线，这两条线就决定桑特利克檐口的长度。

还要决定安置檐口的高度，如果窗子在上面不是以半圆结束，贴脸就会水平地转过来成为额枋，在它的上面放上平滑的檐壁，再上面就是檐口了。在我们这个例子中贴脸从左右两边顺着圆形溜下去了。因此只

图159　罗马的冈且列里亚宫的有阳台的窗子（建筑师伯拉孟得）

图160　伯拉孟得窗的变体

有一个办法，就是直接在贴脸上做任意的线脚即便是最窄的水平线脚，像小圆线脚、阿斯特拉加尔等等。这就足够把在它上面的部分处理成檐口了，檐壁的宽度十分接近于券面的宽度，而上面则为檐口留下位置。

　　形式按照我们早已知道的道路发展。桑特利克可以用托石来支承，上面可以冠以任何形式的山墙。

　　这形式还可以用其他惯用的手法去发展。围绕着半圆部分的贴脸可以做成只围绕半圆部分的券面，这券面被支承在拱券垫石上，这拱券垫石的上面和券的圆心在同一水平线上，而垫石的宽度和券面的宽度相等。拱券垫石的断面可以和额枋的断面一样，但也可做成简单的柱头的样子。在这种情况下贴脸的垂直部分自然就像是扁倚柱或者像小墩子了。这时候，就必须给这扁倚柱一个柱础。由于窗子周围的各种东西相当纤细、柔弱，所以就必须在扁倚柱的面上做框边线脚，甚至用装饰品来把它打扮起来。

　　因此，上端为半圆形窗子的最后的面貌是这样的，在它垂直的两边有扁倚柱，柱上负荷着发券；在墙面和扁倚柱面之间做一个长方形的平面，上面以檐口结束；为了使檐口下明显地标志出檐壁起见，就直接在

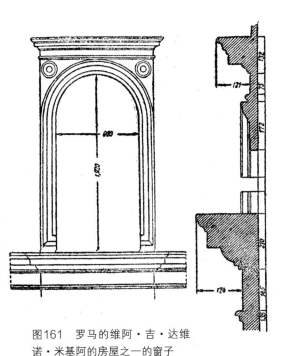

图161 罗马的维阿·吉·达维诺·米基阿的房屋之一的窗子

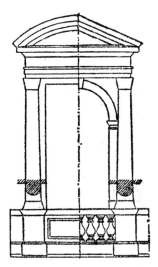

图162 用柱式装饰窗子

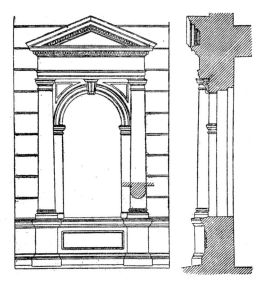

图163 用柱式装饰半圆额窗

券面上做一个水平的窄线脚。在券的两侧所得到的两个三角形用框边线脚装饰起来，有时候在中间镶一个圆圈。在券的正中可以安一块龙门石，这龙门石常常做成托石的样子（图158）。这窗子的整个组合元素没有什么新鲜东西，不过是直角方额窗子上用过的东西的自然发展而已。只要把半圆额窗的加工任务和直角方额的一样看待，那么解决的方法就自然地安排好了。

西方的学者把这种窗子叫作"伯拉孟得窗"（брамантовые окна），以指明它的创造者（图159—图161）。

图164 威尼斯的多裁宫的窗子

就像直角方额窗一样，在半圆额窗上运用柱式有很广阔的前途（图162—图164）。

但必须提到，当谈论半圆额窗时，我们完全没有谈到立面是连续券时的情况。显然，每一个券都有窗子的作用。这种窗子的例子非常多，而且它们已经不止一次地在各处被提到过。所有罗马的戏院、半圆剧场、巴齐理卡、马戏院等等都有成列的半圆额窗，我们从意大利文艺复兴建筑中来补充这些例子，1536年沙索维诺建造的威尼斯的圣马尔加图书馆，1682年建筑师隆该那在威尼斯建造的比撒洛宫（дворец Пезаро），另一个也在威尼斯的由隆该那和马沙立（Массари）建造的列卓尼各宫和许多其他的房子都有一个特征性的特点：券面下的拱券垫石被处理成小小的檐部，它被次要的小柱子支承着。

在早期文艺复兴时期佛罗棱斯和波罗涅的建筑物的半圆额窗的加工有点特殊。首先我们看一看佛罗棱斯的系统。在佛罗棱斯起初把两三层楼的立面用表面粗糙的天然石块砌成的墙来装饰。庞第宫、吕卡尔得宫、斯特洛次宫、高第宫（图75、76、77、81、165）是佛罗棱斯风格的典型的代表者，它们互相间的区别在于各楼层所用的石块的砍削方法不同、檐口不同和一些不重要的细部的形式不同，但所有这些建筑物的窗子的形式大致非常相像，可以归纳为下述的样子：在长方形上加一个半圆，窗口的尺寸不能画下两个整圆，窗口的高度大于宽度的一半，窗台做成很像檐口的线脚组，延伸在整个立面上。

半圆额窗口被狭贴脸围绕着（大约为跨度的1/6宽）。只有在高第宫，贴脸的宽度才稍微大一点（1/4跨度）。贴脸在左右两边由窗台线脚支承。贴脸的外围，在窗子的各方面墙面都用微微突出的重块石覆盖，这些重块石都是水平地砌起来的，而在券上则是楔形的，灰缝向券的圆心集中。必须遵守的是券面砌石的水平灰缝应该通过窗口发券的圆心，用它来标出水平砌筑的结束和发券的开始。

关于发券的砌筑已经在墙面加工的一节中讨论过了，所以我们现在只注意窗洞口的加工。

在建筑中一直保留了在中世纪出现过的窗子，即所谓"子母窗"（трифория），两个窄而高的窗子紧紧靠在一起，它们的发券在它们之间会集到一个细而高的柱子上；两个券的另两端落在窗子两侧的同样的半柱上。这一对发券被一个大发券覆盖起来。这大发券也就是包围着整个窗子的贴脸。在两个小券和覆盖它们的大券之间所得到的空白部分叫"净板"（тимпан），它常常有一个被环形贴脸所包围的圆洞。但有时候这儿没有圆洞，而安置着装饰品、盾牌和徽章等等。

这种样子的窗子在拜占庭的建筑中也出现过，后来又见之于罗蔓、高直和伊斯兰建筑中。这形式被文艺复兴所接受，在其他风格的建筑中被长期地保持下来，直到很晚。实际上，中间的小柱子和发券与其说是窗子的形式，还不如说是窗棂（переплета）。如果房子建造在气候恶劣的地方，窗子上就必须做两层窗棂，在中间的小柱子上就不可能安窗框。因此小柱子就仅仅只有装饰作用了。在这种情况下安置窗框和窗栏的问题就是构造的任务了，因此我们不在这儿讨论它。但必须知道，使南方的建筑形式适应北方的条件需要在上面做若干改变或者增添一些东西。

总之，文艺复兴早期在佛罗棱斯的建筑立面上，窗子的装饰不在墙表面上，而是在深嵌入窗子四周的重块石的深处。

图165　佛罗棱斯的斯特洛次宫的窗子

第三节　各种形状的窗子

为了照明用大半圆柱形拱（цилиндрический свод）或十字相交拱（крестовый свод）所覆盖的房间，罗马人把窗洞做在"颊墙"（щековая стена）上，这就是把窗洞开在不承受拱的重量的两端的墙上。半圆柱形拱顶有两面这种墙，十字相交拱有四面。在这种上端以半圆结束的墙上做窗子也必须是半圆的，而且窗子的直径比拱的直径（跨度）也小不了多少。这些窗子把房间照得很亮。如果它们的尺寸很大的话，那么窗洞的半圆就用细柱子分为三部分。在拱顶的上面做两面坡的屋顶，因此从外面看起来在半圆形的上面有三角形的墙面，这墙面有夹钳状的边缘（图166）。

图166　罗马的半圆窗

圆形窗通常尺寸较小，而且比较少见。它们有两种用法。被贴脸所围绕的小圆窗用在墙壁的空白面上，它们不和立面上其他的东西相关，或者圆窗和它的镶边一起纳入一个正方形的框子中（图167）

在后来的时期中，在法兰西文艺复兴的主要建筑上常常用椭圆形的窗子。这窗子最常见于门上，或是横放或是直放。法国人把这种窗子叫作"牛眼"（бычий глаз）。

意大利的建筑师用简化的办法做椭圆形窗，他们用两条切线把两个半圆连接起来。

"沙索维诺之窗"。在讨论半圆额窗的桑特利克时我们已经知道了伯拉孟得窗。建筑师乍可泊·塔第·沙索维诺（Джакопо Татти Сансовино，1479—1570）拟定了一种十分美丽的柱子和券的组合，使

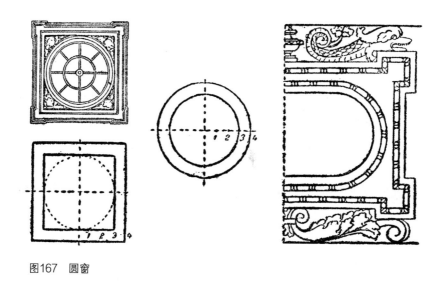

图167　圆窗

窗子显得出奇的华丽和气派。运用罗马在3/4扁倚柱上加发券的方法，他把拱券垫石发展成小小的檐部，在檐部下面加以有凹槽的爱奥尼柱子，再在建筑组合上加浮雕。

他用怪面具来装饰券的龙门石，在净板上安置精灵的浮雕像，而把窗下部分做成突出的小阳台，阳台上有丰满的栏杆（图158）。

第四节　复合窗

两个或者三个窗洞统一在一个完整的装饰母题之下时，这种窗洞的组合就叫复合窗。由两个窗子组成的叫"双窗"（двойное окно）或者叫"对窗"（парное окно），而由三个窗子组成的叫三联窗（тройное окно）。如果把两个普通窗放得非常近，还是不能把这种关系叫作一个双窗，如果在单独一个窗子中间立一个小柱子或者小墩子，那么这窗子就成为双窗了。当立面上的某一部分安一个普通尺寸和比例的窗子不能使房间得到充足的光线，而放两个装饰稍微复杂的窗子又不行的时候，就必须用复合窗了。在那种情况下最简单的办法是做一个很宽的窗子。

但这样做会使它的比例十分丑恶。如果把这宽窗子在中间用小墩子给分开，情况就立刻好起来了。为了使这个小墩子显得轻巧并且把它装饰起来，可以在它上面贴上一个微微突出的有柱础和柱头的扁倚柱，这扁倚柱就像支持额枋一样地支持着环绕整个窗子的贴脸（图168）。

把这样的扁倚柱立在窗子的两侧来代替贴脸的垂直部分，把窗子的上面处理成整个的檐部，也可以得到轻巧而有装饰性的效果。在扁倚柱下面的基座自然地形成墩座，但这时候应该尽一切力量使整个的组合看起来不是连在一起的两个部分，而是由两部分组成的一个整体。因此最好不做中间的墩座，只做两侧的，这时候整个窗下部分成了一个统一的部分，可以用简单的框边线脚装饰；如要强调中心的话，只要在中间的框边线脚的角上做小圆圈和小方块就行了。

也可以根本不做窗下小墙，只在扁倚柱的下面安上托石去支承它（图169）。

也见到过在双窗上做三角形

图168　有贴脸的对窗

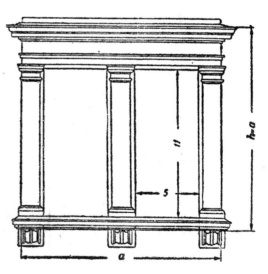

图169　有扁倚柱的对窗

图170 列宁格勒的爱尔弥塔日大厦的窗子

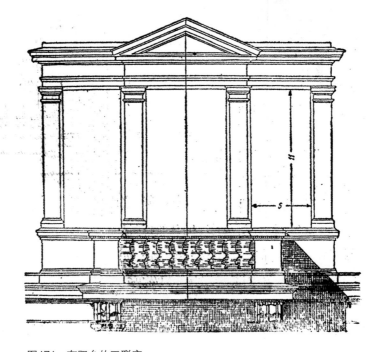

图171 有阳台的三联窗

图172　有柱子和扁倚柱的三联券窗

或弧形山墙的例子。但最好是避免在墩子上安放山墙。

三联窗的建造原则和双窗一样，但三联窗的每个组成部分比双窗的做得窄一点，为的是避免整个的组合过于模糊（图170）。

分析上述例子可以指出它们有被一般人所不注意的缺点。边缘的支柱永远应该比中间的更坚固、更稳定，但这儿这原则被破坏了。这缺点很容易纠正，只要在左右两侧加上窄小突出的小条就行了。

在三联窗中，中间窗口应该比两侧的大一些，它可以做得像是阳台上的门，或者可以把它稍稍向前突出一点来强调它，有时甚至可以在它上面加山墙（图171）。

复合窗的组成部分可以是半圆额的（图172）。15世纪早期文艺复兴建筑师比阿卓·洛西第（Биаджо Россетти）在潘都叶（Паедуе）建造的康西利奥敞厅（лоджия дель Консилио）的立面是半圆额所组成的双窗和三联窗的最好的例子（图173）。

在中间的柱子上汇集了两个券，这两个券的另两个脚立在坚固的从墙上生长出来的扁倚柱上；窗下部分用小檐口强调出来。这就结束了整个组合。

由于美丽的大理石，精致的手工和推敲得细致的尺度，这有着两个双窗及一个三联窗的大厦引起了广大群众的注意，在这充满了图画雕刻和建筑的城市中被公正地评价为城市的珍品。

威尼斯的圣·洛各学校（школа сан Рокко）〔建筑师巴尔多罗密欧·步昂·姆拉席沃（Бартоломео буон Младшего），1517—

图173　潘都叶的康西利奥敞厅

图174　威尼斯的圣·洛各学校的复合窗

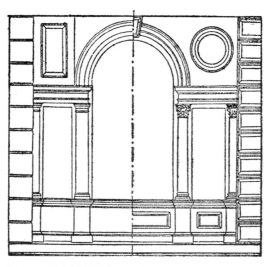

图175 帕拉第奥组合

1550）的复合窗由两个小券组
成，这两个小券立在几块檐部
上，这些檐部由柱子支承，而这
些柱子又立在托石上。在小券
上面是有山墙的轻檐部。左右两
侧的添加线脚和半个扁倚柱使整
个组合有更强的坚固性和稳定性
（图174）。

　　下述的三联窗和帕拉第奥的
名字联系起来。它由一个大的半
圆额窗子和支在拱券垫石上的券
面组成，这拱券垫石做成檐部的
样子，从窗口向左右两边延伸。
每边的檐部支撑在两个地方：一
端直接在券面下的柱子上，另一
端在离开这个柱子若干距离之处

图176 佛罗棱斯的未基阿府邸的窗子（建筑
师巴绰·达尼奥洛）

的半柱上（图175）。

因此，在中间的大的半圆额窗的两侧有两个直角方额窗，其高度等于柱子，但不很宽。通常这窄窗子的一边是圆柱子而另一边或是半柱或是扁倚柱。

整个组合包括在一个长方形中，这长方形上边是结束房子或楼层的檐部，左右是两根在窗间壁中线上的3/4柱或墩。券的两侧的墙面的加工法很多，可以在这儿做框边线脚和雕刻装饰，或者做圆窗。

"帕拉第奥之窗"广泛地引起两种极不同的评价。有些人认为它不够坚固，不够稳定，认为中间的柱子有点靠不住。

所谓巴绰·达尼奥洛（Баччо Даньоло）窗是帕拉第奥窗的变体（图176）。在这窗子中间的半圆额窗洞也是主要的中间部分，而在它的两侧是两个直角方额的跨度，左右两边是坚固的小墩子，这小墩子上也冠戴着拱券垫石，这拱券垫石躺在小柱子和半圆柱子上。再进一步就是帕拉第奥所没有做过的了；在小墩上横跨第二个大券，和里面的第一个券同一个圆心。在两个券之间形成了半圆形的透空的间隙，这间隙被分成个别的楔形，楔形的光亮处和楔形的倾斜的托石似的窄石块。九个托石形成了十个空隙。整个的组合好像很复杂，但实际上想得很简单，这组合包括整个框子，这框子由两个复合式柱头的宽扁倚柱和躺在它上面的丰富的檐部组成。

这窗子是16世纪时巴绰·达尼奥洛在佛罗棱斯的旧建筑物未基阿府邸上做的，成为这种建筑物的最好的例子之一。

第五章　门及门廊

　　从门在建筑物中所占的位置看，可以把门分为室外门和室内门。我们比较感兴趣的是立面装修的组成部分之一的外门。门的绝对尺寸好像是要完全决定于人的高度，但古典建筑中并不使门适合于人的高度，而是适合于建筑物的整个体积：门是立面的中间部分，并且必须使每一个走近建筑物的人都能看见它。如果建筑物立面尺度很大而门的尺度很小，仅仅和人的高度相符合，那么这门的样子将会显得非常可怜。楼上几层的门常常和窗子放成一列，作为阳台的出入口，所以它们的尺度在这种情况下和窗子没有什么区别，因此，当门的宽度和窗子相等时，如果窗子的比例在一个半至两个正方形之间摇摆的话，那么门的比例范围提高到两个至两个半正方形之间。但我们已经知道，采用洞口的不同的装饰方法能够影响洞口的比例。

　　入口正门的绝对尺度，首先取决于建筑物的性格。在公共建筑中，一定同时有很多人向里拥挤着，所以不仅要增加门的数量，而且要增加它的宽度，因而也常常要增加其他东西的尺度。文艺复兴时期的居住建筑中，如许多罗马的宫院中，好像是没有把门做得很大的实际必要，但当时却把门做得很宽。可以这样解释：实际上这些门是大过道，马车通过它进入内院。

　　在希腊和罗马的庙宇中门也做得很大，甚至大得很，这显然很不合理，因为庙宇根本不会有大量的祈祷者拥挤在大门口。但这也可以找出一点理由来，庙宇是神的住宅，神的塑像常常是高超的艺术作品，聚集在庙宇之前的祈祷者或者在仪仗行列中的祈祷者在经过门前时都要向塑像张望，为了这缘故就把门做得尽可能地大。南方的气候完全允许这样来做门。

在希腊建筑中，门像窗子一样向下加宽并用贴脸环绕起来；直接在贴脸之上，在两个钉得很结实的托石上安置桑特利克。桑特利克的形式非常简单，主要地用强有力的枭混线脚，

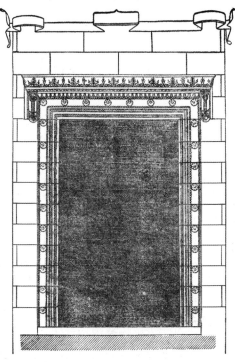

图177　雅典的依列克西翁的门

脚，枭混线脚上做满了螺旋纹和忍冬叶。贴脸的线脚由两个主要部分组成，一是宽而平的长条，上面稀稀落落地放着圆玫瑰饰，另一是很陡的斜面，上面有很细的小线脚。由于这种形状，贴脸显著地区别于桑特利克，这就避免了在贴脸和桑特利克之间加平滑的檐壁的必要性（图156、177）。

罗马建筑中的门的装饰要丰富得多了，并且是非常多样化的。在公元前1世纪时门的装饰相当简单，是由贴脸和桑特利克组成的，甚至没有托石。在第伏尔的圆形神庙中（公元前2世纪）门还是希腊式的，宽度向上缩小。

罗马的潘泰翁的精美的门也是近乎这个时候的，它是个完全无与伦比的例子，以后一直到19世纪为止，都有许许多多的模仿者、整个组合的基础是个大长方形，它的大小近于两个正方形，四周围以贴脸，上面

图178 罗马的潘泰翁的门

加以平滑的檐壁和有装饰线脚的严谨的桑特利克。巨大的门洞被水平的线脚分划为上下两部分，下面的部分比上面部分高一倍。上面部分是亮子（просвет），满布鱼鳞状的青铜窗棂（图178、179）。

在下面部分的两侧立着两根有罗马陶立安柱头和阿蒂克柱础的扁倚柱。扁倚柱支持着水平线脚，柱身有凹槽装饰。在两个扁倚柱的柱头之间有一个用框边线脚装饰起来的水平条。在两个扁倚柱之间有一个双扉的门。门板是青铜的，做成长方形，有门钉来加固，这些门钉补充了整个的组合，在这组合中构造、逻辑与装饰三要素之间取得了和谐的统一。

潘泰翁庙门的好处在于它所有的零件都有机地和建筑物的环绕着它的建筑装饰相联系，并且具有雄伟的性格。

罗马建筑的门在很晚的时期还保持着它的雄伟的性格，以沉重和装饰丰富为特色，甚至装饰得十分奢华，但在组合上没有加进什么新东西。宽宽的贴脸、沉重的托石和肥胖的桑特利克组成了整个的装饰。

列宁格勒参谋总部大厦的门的在19世纪20年代为建筑师勃留洛夫（Брюлловый）所建造的一部分处理得很有意思。

在文艺复兴时期门就发展得非常多样化了，但无疑地都是在罗马的基础上发展出来的。

只有贴脸和桑特利克的长方形的门被许多建筑师采用，但被他们用各种不同的手法装饰起来（图180）。有贴脸和副贴脸的，并在托石上冠戴着桑特利克的门，形成了一整套的处理手法，并为对它们进行分析比较提供了极有趣味的材料（图181）。

朝另一个方向发展的门，即采用柱式——柱子和扁倚柱——的门也极其丰富。实际上，有非常广阔的天地允许做最多种多样的处理。除了可以用各种柱式给门以轻巧、雅致的或庄重、严肃的性格之外，还可以变化各种冠戴装饰。用檐上栏杆或用山墙，无论是朴素的或有装饰的三角形的或弓形的山墙，在文艺复兴后期（不谈巴洛克），还有有厚凸的和有中断的山墙，这为铺展华丽的雕刻装饰开辟了道路。但这还没有把门的装饰方法包括无遗。门的装饰还可以和它上面楼层的阳台一起组合

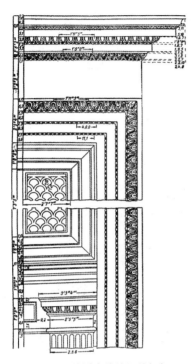

图179 罗马的潘泰翁的门的细部

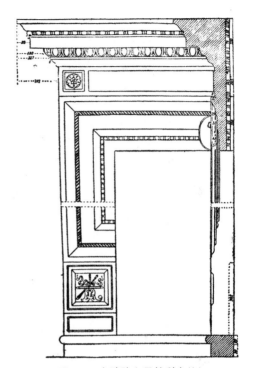

图180 有贴脸和桑特利克的门

图181 有贴脸副贴脸和桑特利克的门
（建筑师维尼奥拉）

起来，那么门的装饰就占据了两个楼层的一部分。这例子在我们屡次提到过的伯拉孟得建造的冈且列里亚宫的立面上可以见到（图182）。

直到现在，我们谈的是直角方额门，但还可以用发券来代替门洞的额枋过梁，这就是为门洞的装饰开辟了新的道路。在两根柱子之间用发券我们已很熟悉了，这种方法有丰富、华丽的装饰，给大门以特别神气的面貌；因此这种门经常出现于有重大意义的建筑物上。"门"

图182　罗马的冈且列里亚宫的门廊（建筑师伯拉孟得）

（дверь）这个字不适合于那种丰富的豪华的入口，需要寻找另一个名词来代替它，在我们的技术习惯中有一个实质上也是意味着门的词，但它常用于指出特别神气的豪奢的门，这就是"门廊"（портал）。

　　"门廊"这个词可以使人想起惹人注目的建筑装饰，这装饰的尺度很大，细部很丰富，而且通常是很雄伟的。这些就是我们在运用"门廊"这个词时所加的条件，我们选择意大利文艺复兴建筑的一系列的例子也是根据这意思。虽然这风格有各种别的色彩，但到安皮尔时代止（也包括安皮尔风格在内）可以找到大量的这种例子，样式非常

图183　早期文艺复兴之门的局部

图184　罗马的斯巴达宫的门（建筑师马
卓尼）

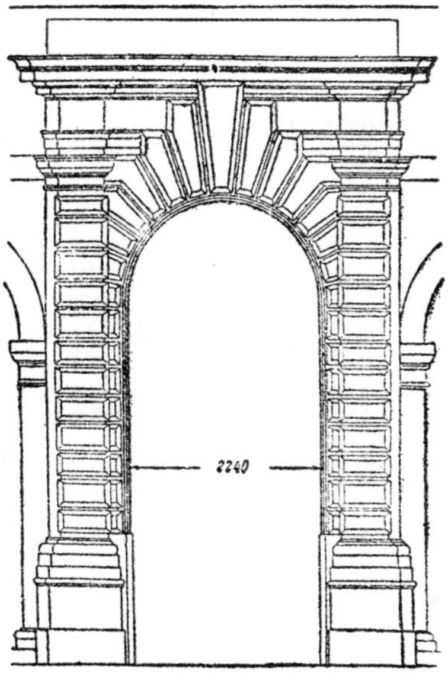

图185　罗马的小斯巴达宫的门

之多（图183）。

　　我们对门洞的装饰的研究还必须涉及在运用重块石时候的门。当重块石覆盖了整个立面或者一个楼层的时候，在它上面安门，则门的装饰和窗子极少区别。但也有这种例子，整个的立面是平滑的，只有门的周围才用重块石。这时可能有两种情况：一种是除重块石之外再也没有别的装饰，一种是用柱子或扁倚柱。门洞周围的重块石也包括柱子或扁倚柱在内，它覆盖了整个的柱身；只有在上端和下端才看得见柱头和柱础。重块石在发券时，越靠近龙门石，它的块头也就越大，有时一直砌进檐部的额枋中去，甚至横断檐壁，直抵檐口的挑出部分。这种处理方法我们在罗马的由建筑师马卓尼（Маццони）所建造的斯巴达宫（1550左右）（图184、185）中可以见到，在维尼奥拉所建造的著名的加普拉洛拉宫中也有。

　　在观察门的建筑装饰时，我们完全没有涉及门扇的形式，它是门洞的填充物，正如窗棂似的我们也没有讨论过。

第六章　阳台和栏杆

　　由于阳台和墙上洞口的紧密联系，迫使我们紧接在窗子和门之后讨论阳台。首先必须指出：在希腊和罗马建筑中没有出现过阳台。在讨论文艺复兴时期的门窗时我们已经提到过在窗前常常建造阳台；后来我们又提到在入口大门上建造阳台，但除了这些例子之外，阳台还可以独立地建造，它不是支承在门廊的柱子上，而是用托石支承。托石的数目决定于阳台的长度，可以是两个也可以是四个。有时候阳台安置在建筑物的转角上，使它绕过转角。

　　在早期意大利文艺复兴时期我们看到沿着整个立面伸展的不间断的阳台。关于这种阳台我们已经在讨论冠戴檐口时提到过，这就是佛罗棱斯的庇第宫的檐口（图186）。应该把它当作唯一的例子来看，它不是檐口的典型，而是阳台的典型。典型的阳台包括不可少的三部分：（一）托石，（二）平台，（三）栏杆。我们先讨论一个完整的阳台的例子，然后再把阳台的组成部分分开来看。图187画了一个阳台的立面和断面。托石安置在窗间壁之上，从来也不会安置在门或窗的洞口之上，它的样子和形式应该产生坚固和稳定的印象。它们深深地嵌入墙内并支承着躺在它们身上的平台。平台有足够的厚度，以便承受走上去的人，并且用楼层间的檐口或腰带上的线脚来装饰平台。平台的底面是看得见的，因此就要用框边线脚装饰起来。但有一个非常重要的、永远不能忘记的细

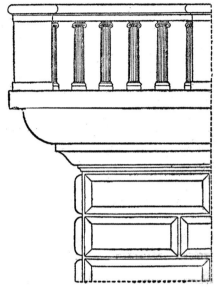

图186　佛罗棱斯的庇第宫的有阳台的檐口

部，这就是泪石。没有泪石雨水就要沿着平台的底面流动并且会使它朽坏。平台的地面要做得比房间的地板略低一点，为的是在下暴雨的时候雨水不致从阳台透过门缝流入室内。

　　沿着平台的边缘造起栏杆（перила）来，它常常是夹在小墩子之间的，有花饰的。因为栏杆的上下部分在墩座之间造成了一个抽屉式的东西，所以很容易存水，这种情况必须避免，必须在栏杆的下部有缝隙，并在平台上做出洞孔以便排出积水。

　　我们看看托石的形式。虽然它们千变万化，但本质上都可归纳为几个彼此区别很小的基本样子。我们已经很熟习克林斯柱式承托檐口的挑出石板的托檐石了。实际上，托檐石就是托石。为了支持阳台必须把它做得大一点。托石的不可缺少的一部分是平石板，在它的上面直接托住平台。在平石板之下是厚重的曲线部分，它有两个涡卷，其中靠近墙面的一个向里旋转，外面一个比较小，向外旋转。这种托石水平的比垂直的要多一些。这种托石可以转九十度，但无论如何都必须把平石板直接安置在阳台的平台下面。托石的第三种形式是这样的，它的水平方向和垂直方向的尺寸一致。两个涡卷随便向哪个方向旋转，但不能不一致，而平石板重复两次，好像一块平石板被折断成直角。这样可以把托石随便按什么方向安置。因为这种形式的托石不能做得很大，所以为了支承很大的挑出，就要做复合托石。这样，就又有了新的托石式样了。在墙面和平台之间的转角上安置正方形的、用框边线脚或装饰品装饰起来的石块；这石块的下面用托石托住，它的前面又伸出一个托石把平台的挑

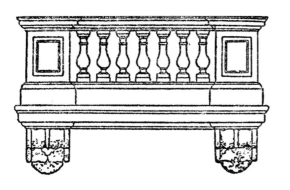

图187　阳台的立面和断面

出部分托住。托石的装饰总是丰富而又细致的。

　　阳台的第三个组成部分是栏杆。对这种形式的观察一直继续到本
章的末尾，因为栏杆不仅用在阳台上，而且还用在建筑物的其他地方，
和用在各种建筑物上。每当要做禁止出入的障碍物，或者要做防止从高
处坠落的防护物时都建造栏杆。栏杆做在挑出的平台的边缘上，做在桥
和河岸的两侧，做在檐口上，做在楼梯和楼梯平台上。在所有这些情况
下，栏杆可以用石头做，可以用木头或者金属做。用青铜或用生铁铸的
或用钢做的栅栏在栏杆上用得最广泛，但我们只限于讨论石头的栏杆，
尤其着重讨论有花栏杆柱（баясина）的。

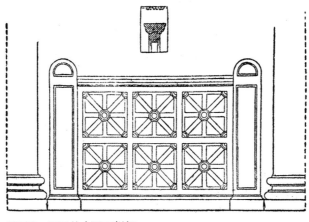

图188　罗马的大理石栏杆

在古代建筑中也常有做栏杆的必要，它们的形象可以在瓶画中见到，但真正的希腊的栏杆没有保存下来。可以这样推断，即栏杆是用木头做的。栏杆的高度约为八十公分，与人可以凭依其上的高度相当。罗马大理石的栏杆明显地表示出它的起源是木结构（图188）。在文艺复兴时期有花栏杆柱的栏杆得到很大的发展。无穷尽的栏杆式样很难分类，但在一定程度上可以看到意大利文艺复兴的各个不同时期中栏杆柱的式样的变化。

回过来谈花栏杆柱的栏杆，在这方面已经屡次谈到过在佛罗棱斯的庇第宫的檐口上一直延伸着的栏杆（图186）。建筑师伯鲁尼列斯基在这檐口的挑出部分上做了一排小墩子，在墩子上架上横跨墩间的线脚。在墩子之间，这线脚由和爱奥尼柱子极近似的有柱础、柱头甚至凹槽的小柱子支

图189 威尼斯的文特拉明宫的阳台（建筑师隆巴得）

承着。这种柱子我们将要把它们叫作栏杆柱，它们通常是在两个小墩子之间放四个完整的（圆的），而靠着小墩子则放半个。这样就形成了五个间隙。

小柱子形的栏杆柱的例子，在早期文艺复兴的其他建筑物中也有，比如在威尼斯的文特拉明·卡列尔知（Вендрамин Калерджи）宫中就有

（图189）。建筑师彼叶脱罗·隆巴得在这里力求使阳台有比较丰富的装饰，因此就用细致的花样把墩座装饰起来，而在墩座之间按照伯鲁尼列斯基的榜样安上小柱子，但是用了更加富丽的克林斯式。在小墩座上仍旧靠上半个小柱子，而栏杆柱比庇第宫的安得更近一些，比例也比较细长。

建筑师佛拉·卓康道（Фра Джокондо）在未隆那的康西利奥宫的下层走廊的券上安了栏杆。每一个跨度上的栏杆很长，因此他在它们中间安上了小墩座。在两侧，小墩座之间安六个栏杆柱，形成了七个间隙。这栏杆柱也是克林斯式的柱子（图190）。

在文艺复兴盛期的优秀建筑物，大多数都有对称的栏杆柱。这种栏杆柱无论是对文艺复兴早期或是它的盛期之初说来都是典型性的。

图190　未隆那的康西利奥宫（建筑师佛拉·卓康道）

栏杆不仅做在阳台的外沿，而且还做在室内，室内有时也做阳台。在教堂的听案席上最常见这种阳台。这些地方的阳台的栏杆也是用木头做的。栏杆柱常是旋出来的。木栏杆柱的厚度较小，显然，这种做法影响到石头的，因为后来在文艺复兴盛期出现了很细很匀称的栏杆柱，不像是柱子的仿制品了。显然，柱子的形式在这种情况下是不合理的。因此必须做成别的样子。新的形式是对称的。细细的栏杆柱在中间有一个束腰，好像扎紧一个圆圆的、软软的、富有弹性的物体。在束腰的旁边有两个凸起，然后各向上下逐渐收缩，最后又重新膨大，形成栏杆柱的柱础和柱头，形成了栏杆柱体和柱间空隙的有趣的轮廓线。

栏杆柱做成柱子形状时，透空处的轮廓就很枯燥乏味。

栏杆柱的形状很难处理，这困难由于必须使它的外形和间隙的外形相呼应而加深了。栏杆柱越细，它就要安得越多。15世纪时建筑师巴绰·平杰里在罗马的圣玛丽亚·波波洛教堂中所建造的栏杆是个杰出的例子（图191）；伯拉孟得的但比埃多的栏杆柱就比较稀落。也许可以说，罗马的西克金斯克小礼拜堂（Сикстинская капелла）的栏杆是非常好的。这儿阳台的栏杆扶手做成檐部的样子，而小墩子则采用克林斯倚柱的形式，而栏杆柱的轮廓则做得比上面所举的例子还要好；最后，栏杆柱之间的间距好像故意使间隙的面积等于栏杆柱的轮廓所勾出来的面积。也许，这就是花栏杆的好比例的秘密。

栏杆柱的第三种式样我们称之为"罐形的"（кувшино образ-ный）。这式样产生于文艺复兴盛期，并一直沿用到很晚。为了力求使圆的、旋出来的栏杆柱的形式区别于柱子，它的上端冠以虽然形状很简单，却占据了很大的地位的柱头；下端同样也有占很大位置的柱础。建筑师不吝啬柱础石板的高度，在它上面又加了两个小圆线脚，在两个圆线脚之间还有一个斯各次，因此柱身就只可能有小小的尺寸了。

这种柱身与柱子的柱身毫无共同之点。因为问题已经解决了一部分，剩下来的就只有给它以一个跟柱子极不相同的外表就行了。为此，柱身在下部突出，显著地向上缩小。

在上述例子中栏杆柱的柱头没有柱头颈；如果加上柱头颈就会使它更雅致些，如果在栏杆柱的侧影的曲线上加以直的线条的话，就会使它的轮廓增加许多式样。

创造优美的栏杆柱的式样极不容易；这是建筑形式中最难的问题之一。必须探寻一种线条，它不致使栏杆柱太细，也不致太肥笨，不要把它做得下面太膨胀得厉害，也不要把上面做得太细小，必须努力寻找栏杆柱美丽的轮廓，也要用同等的努力去求得空隙的美丽的轮廓。花栏杆在建筑中起着重要的艺术作用。花栏杆在天空的背景上、在绿荫的背景上或者在蓝色海洋的背景上衬托出来，受到明亮的阳光的照耀，使建筑物或建筑群大大生动，使获得艺术效果有了新的可能性。在栏杆的墩子和小墩座上可以安置花盆、半身像、人像和群像、方尖牌、三脚鼎、灯架和烛台；栏杆可用来装饰喷泉和小瀑布、台榭和园亭、围墙、桥梁

图191　罗马的圣·玛丽亚·波波洛教堂的花栏杆（建筑师平杰里）

图192　花栏杆

和楼梯。

显然，钻研这种建筑形式是有价值的，研究它的各种变体，但首要的是集中注意于它的制作原则和在建筑组合中的安置的原则。它们的例子在图192中。

当把栏杆建造在楼梯上时，必须在每一个踏步上安置一个栏杆柱。这就是说栏杆柱中心线之间的距离已经预先决定了，因此就必须力求使栏杆柱的形状大小和它们中间的空隙保持显著的平衡。楼梯上的栏杆柱常常安放得稍稍松一点，因此就要努力增加它的厚度。这很容易由改变横断面来得到：用正方形的来代替圆形的，正方形的栏杆柱，或

图193 有方形部分的栏杆柱

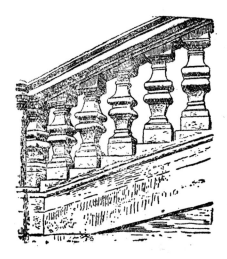

者仅仅它的中间部分是正方形的，看起来比圆形的要厚实得多（图193）。

最后，在支持倾斜的栏杆的栏杆柱的形式中还有一件大胆的新东西。所有把栏杆柱分划为个别的段落的线条都不是做成水平的，而是和栏杆平行的倾斜线。出乎意外，这种栏杆柱并不显得歪歪斜斜，说真话，这些斜支柱并没有产生什么不自然或者畸形的印象（图194）。

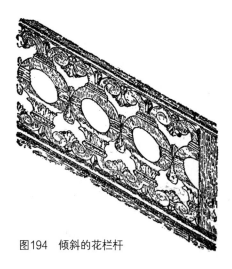

图194 倾斜的花栏杆

结论

前面所谈的资料并没有把主要的建筑形式分析完全，但著者不打算编写建筑形式类型的全书，而只求指出发现在柱式中所没有见到过的新形式的道路，这发现要借助于从研究柱式中所得到的知识。

总而言之，为了勾画出建筑形式来，应该确定：当可以用大体积来画它的时候，它和柱式中的哪一种形式相当；在确定它的尺度之后，很容易把它详细地画出来。整本书是为那些刚着手研究建筑的读者打下独立工作的牢实的基础。没有确切的指示，没有规则，初学者是束手无策的，他常常要求这些指示和规则；但这些规律不应该成为没有任何根据的，只会把艺术手法折磨成简单的公式的药方。掌握了主要形式之后，读者熟悉了可以允许的脱离规则的范围，如果必要的话，有时甚至允许自己勇敢地破坏它。有意识的、合乎逻辑的脱离规则总是能够与简单的乱七八糟区别开来的。

作者没有停留在各种建筑形式的起源问题上，显然，这是建筑史的范围。现在这本书，按照作者的意图应该是研究建筑的第一本书，或者叫作"建筑的字母"，至于建筑的"文法"就需要在以后再去熟悉了。

图表

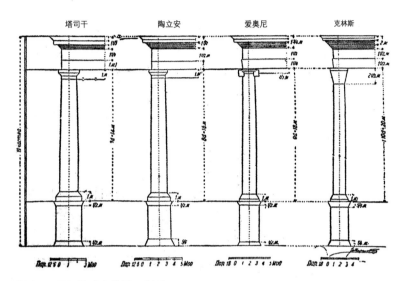

图表1 罗马柱式大体积示意图

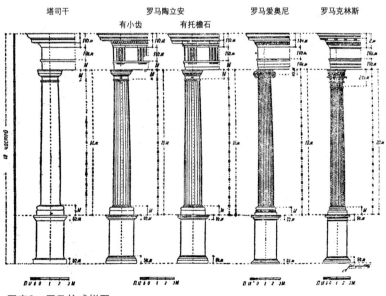

图表2 罗马柱式样图

柱础和基座

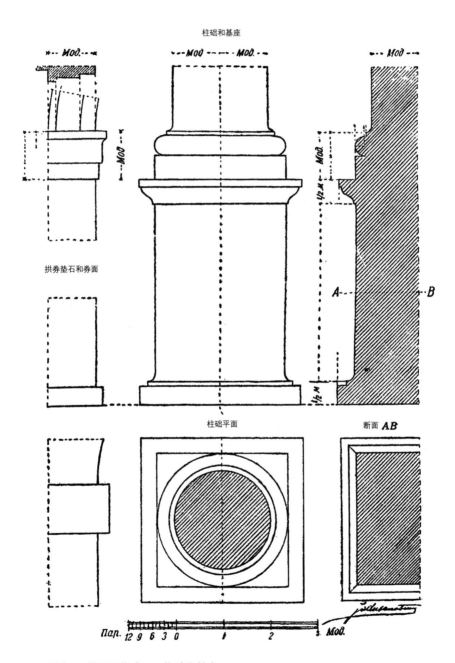

拱券垫石和券面

柱础平面

断面 **AB**

Пап. 12 9 6 3 0 1 2 3 Мод.

图表3 塔司干柱式——柱础和基座

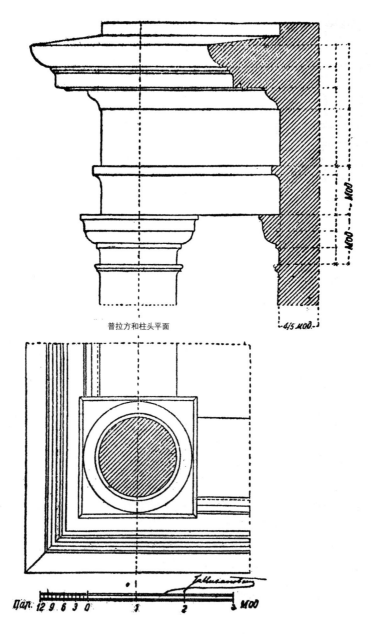

普拉方和柱头平面

图表4 塔司干柱式——檐部和柱头

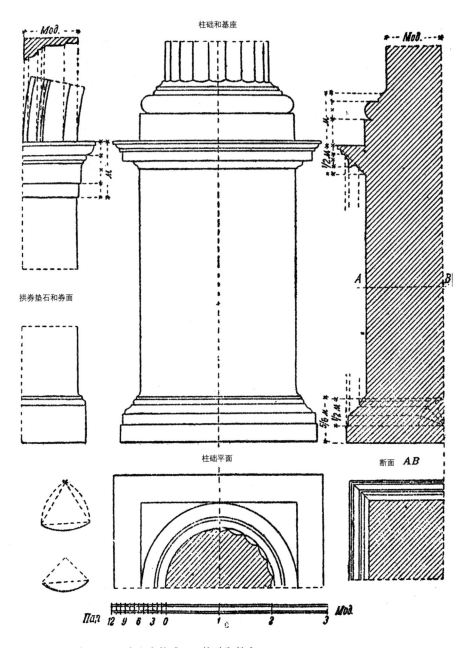

柱础和基座

拱券垫石和券面

柱础平面

断面 *AB*

图表5 罗马陶立安柱式——柱础和基座

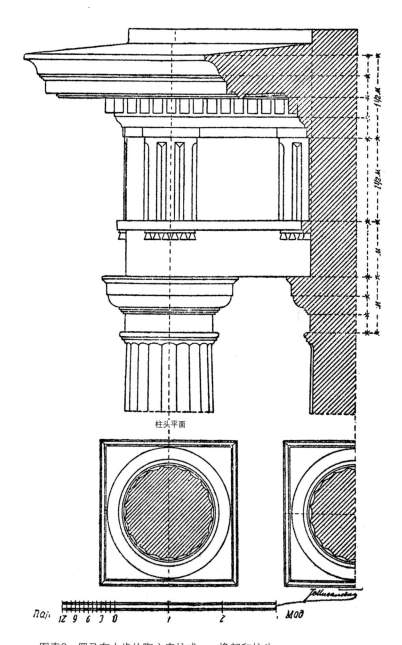

柱头平面

Пэj. 12 9 6 3 0   1   2   Мод

图表6　罗马有小齿的陶立安柱式——檐部和柱头

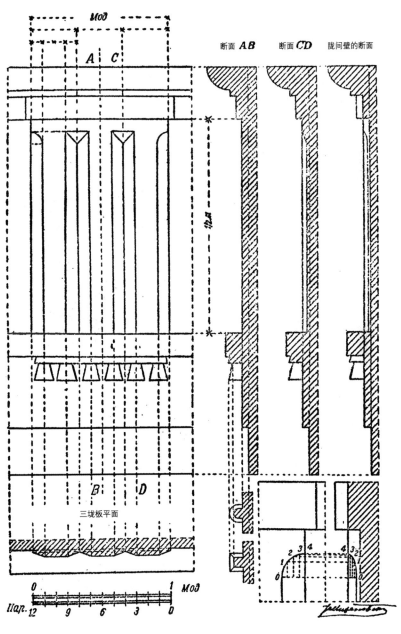

断面 **AB**　断面 **CD**　陇间壁的断面

三垅板平面

Мод

Пар.

图表7　罗马陶立安柱式——三陇板大样

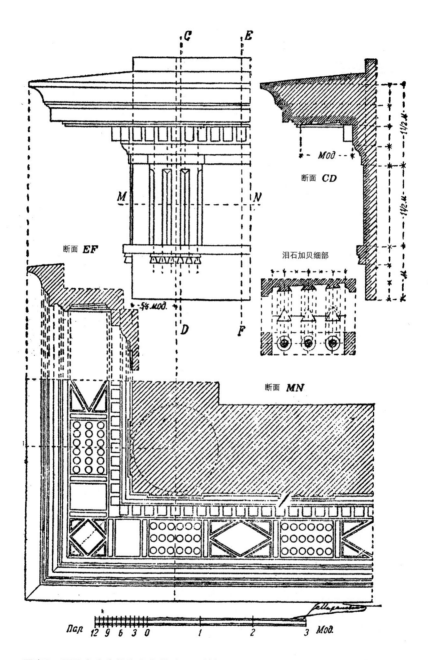

断面 *CD*

断面 *EF*

泪石加贝细部

断面 *MN*

Пар. 12 9 6 3 0   1   2   3 *Mod.*

图表8　罗马有小齿的陶立安柱式——普拉方

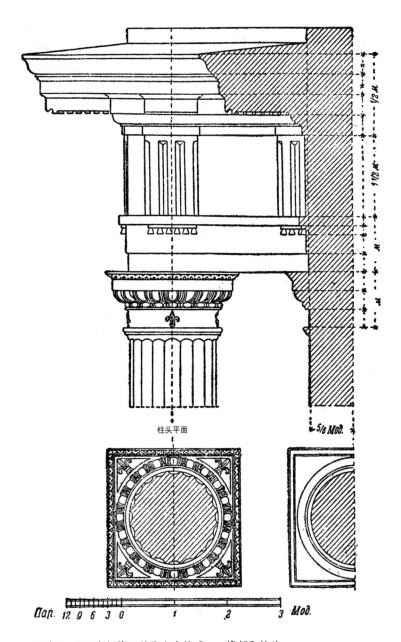

柱头平面

图表9 罗马有托檐石的陶立安柱式——檐部和柱头

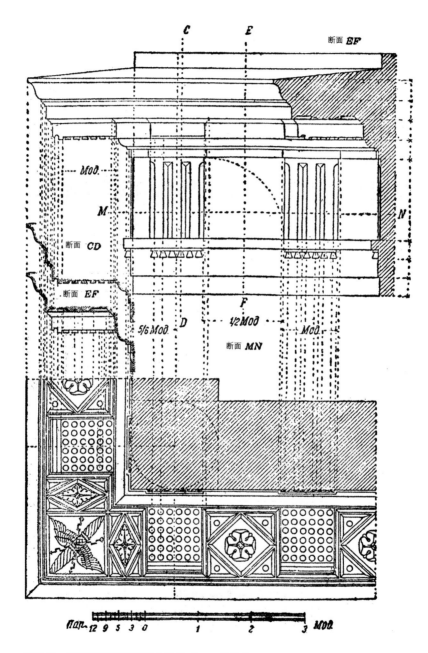

图表10 罗马有托檐石的陶立安柱式——普拉方

柱础和基座

拱券垫石和券面

柱础平面

断面 *MN*

Поп 18 12 9 6 3 0   1   2   3 МОО

图表11　罗马爱奥尼柱式——柱础和基座

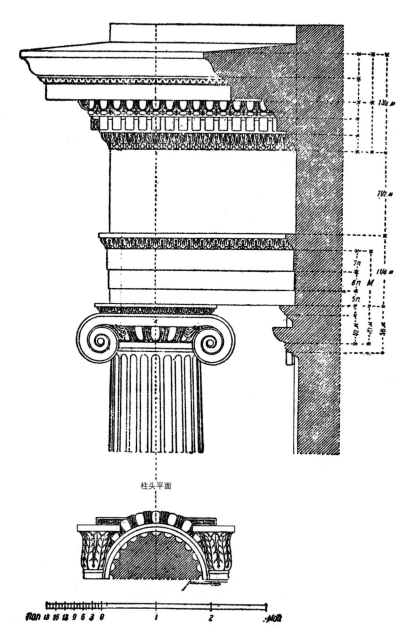

柱头平面

图表12　罗马爱奥尼柱式——檐部和柱头

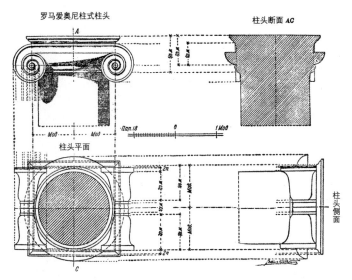

图表13 罗马爱奥尼柱式——柱头

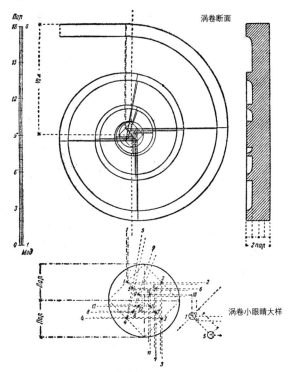

图表14 爱奥尼柱头涡卷的做法

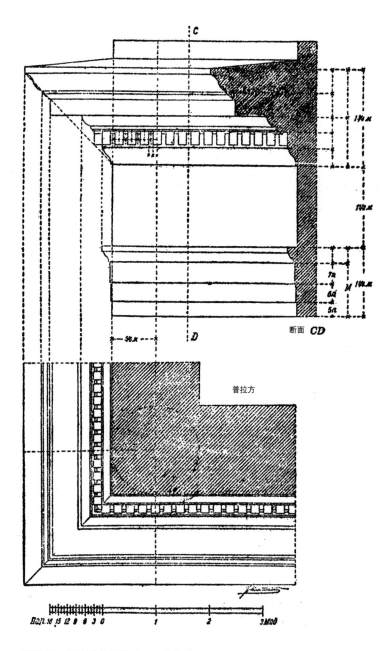

断面 *CD*

普拉方

图表15 罗马爱奥尼柱式——普拉方

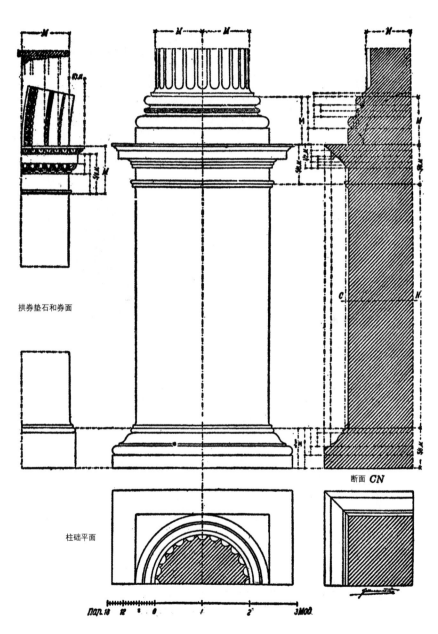

拱券垫石和券面

断面 *CN*

柱础平面

图表16　罗马克林斯柱式——柱础和基座

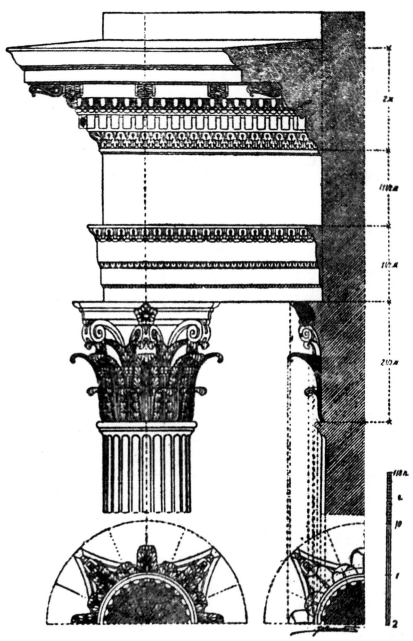

图表17　罗马克林斯柱式——檐部和柱头

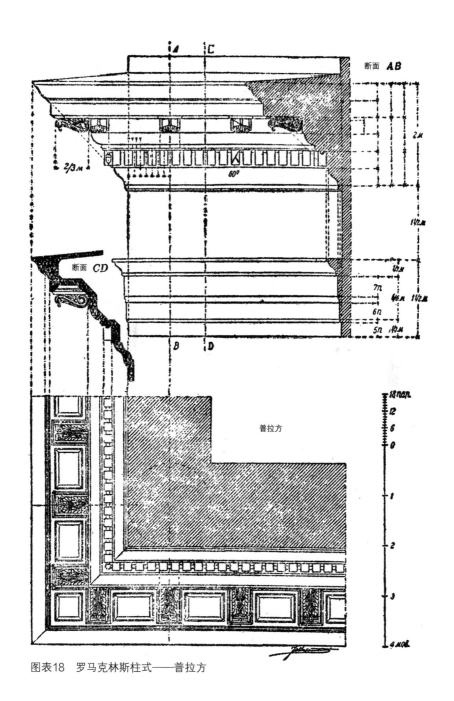

图表18　罗马克林斯柱式——普拉方

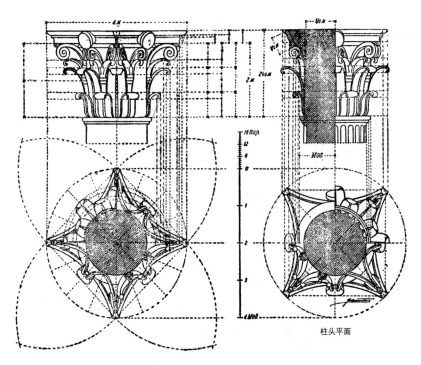

图表19　罗马克林斯柱头做法

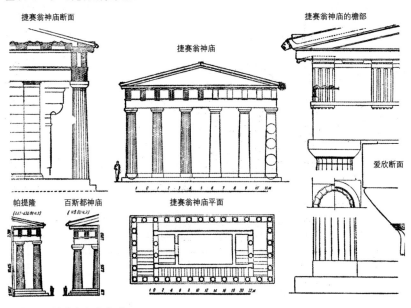

图表21　希腊陶立安柱式

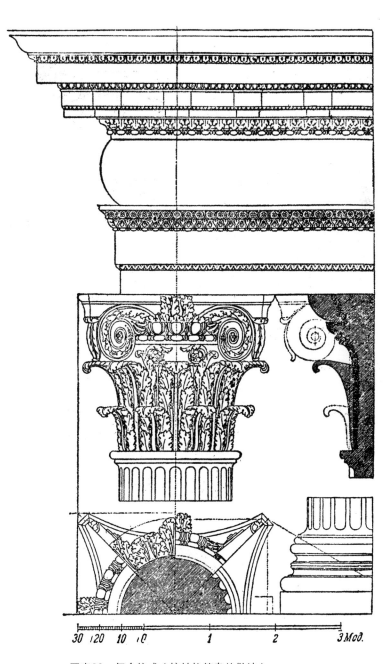

30 '20 10 '0   1   2   3 Мод.

图表20 复合柱式（按帕拉第奥的做法）

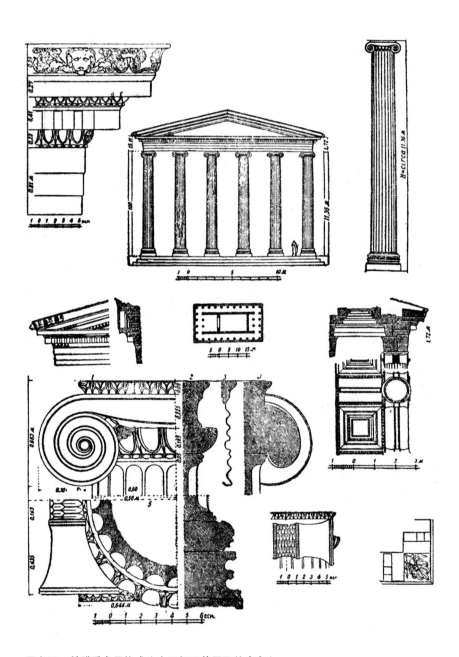

图表22　希腊爱奥尼柱式（小亚细亚普里耶的庙宇）

券廊断面

柱础断面

转角柱头

图表23　希腊爱奥尼柱式（尼凯神庙，阿蒂克）

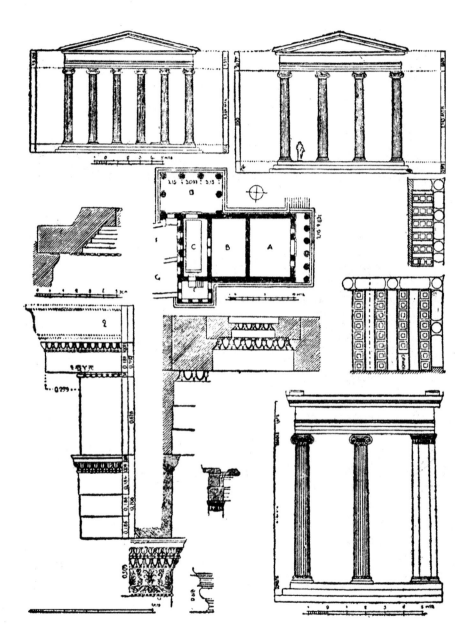

图表24　希腊爱奥尼柱式（依列克西翁）

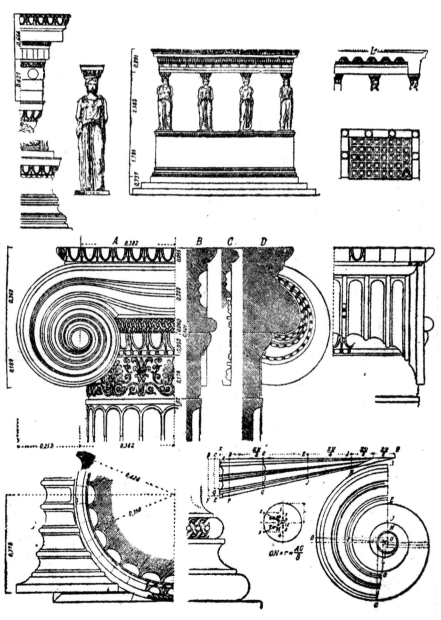

图表25　希腊爱奥尼柱式（依列克西翁）

风塔的柱式   利西克拉特音乐亭

席夫沙神庙的阿特兰特

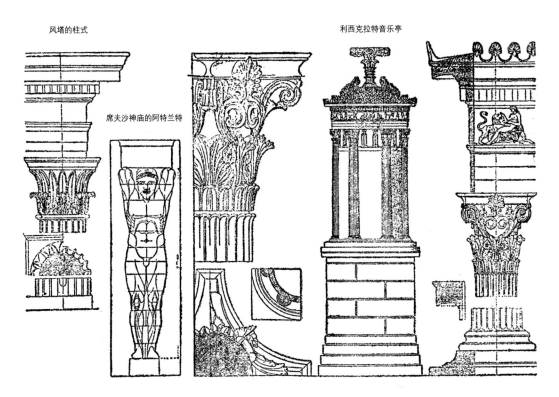

图表26　希腊克林斯柱式

名词对照表

А

柱顶垫石	Абака
毛茛叶饰	Акант
阿克洛特里	Акротерие
安特	Ант
檐部	Антаблемент
阿波非玛	Апофема
发券	Арка
连续券	Аркада
发券檐口	Арочный карниз
券面	Архивольт
额枋	Архитрав
阿斯特拉加尔	Астрагал
阿特兰特	Атлант
檐上壁	Аттик
阿蒂克柱础	Аттическая база

Б

巴格特	Багет
柱础	База
座基	База пьедестала

Б

巴齐立卡	Базилика
巴留斯特拉	Балюстра
花栏杆	Балюстрада
栏杆柱	Балясина
鼓座	Барабан
二方连续	Бегущий орнамент
连珠	Бус

В

圆线脚	Вал
小圆线脚	Валик
涡卷	Волют
四分之一凹圆线脚	Выкружка
突出	Выступ

Г

小眼睛	Глазок (очек)
格里封	Грифон
币边线脚	Гурт
枭混线脚	Гусёк

Д

双窗	Двойное окно
对角线的柱头	Диагональная капитель
陶立安柱式	Дорический ордер
夹条	Дорожка
标志板	Доска

Ж

斜沟沿	Желоб

З

涡卷	Завиток
龙门石	Замок
间板	Зеркало
小齿	Зубец

И

拱券垫石	Импост
爱奥尼克	Ионик
爱奥尼柱式	Ионический ордер

К

混枭线脚	Каблучок
凹槽	Каннелюра
加贝	Капель
卡立阿基达	Кариатида
檐口	Карниз

座檐	Карниз пьедестала
匾额	Картуш
块石	Квадра
柱子	Колонна
列柱	Колоннада
巨柱式	Колоссальный ордер(крупный ордер)
复合柱式	Композитный ордер (составный ордер, сложный ордер)
正脊	Конек
反力撑	Контрфорс
各尔顿	Кордон
克林斯柱式	Коринфский ордер
冠石	Корона
克来比多	Крепидома
托石	Кронштейн
巨柱式	Крупный ордер (колоссальный ордер)
穹隆	Купол

Л

敞厅	Лоджетта
敞厅，龛台	Лоджия
壁柱	Лопатка
弓形山墙	Лучковый фронтон

М

防箭廊	Машикули
米昂德	Меандр
米达利翁	Медальон

细柱式	Мелкий ордер	多彩饰	Полихромия
陇间壁	Метоп	方线脚	Полка
母度	Модуль	小方线脚	Полочка
托檐石	Модульон	半圆窗	Полуклуглое окно
		半圆额窗	Полуцикульное окно

Н

贴脸	Наличник	门廊	Портал
		券廊	Портик
		腰带线脚	Пояса

О

奥柏隆	Облом	间壁	Простенок
小眼睛	Очек(глазок)	基座	Пьедестал

П

Р

府邸	Палаццо	双沟沿	Разжелоб
忍冬叶	Пальметти	彩饰	Раскраска
间板	Панель	厚凸脚线	Раскреповка
间板	Панно	玫瑰饰	Розетка
女儿墙	Парапет	重块石	Руст
对窗	Парное окно	重块石柱	Рустованная колонна
分度	Парт		
栏杆	Перила		

С

圆柱式	Периптер	桑特利克	Сандрик
巨墩	Пилон	拱	Свод
扁倚柱	Пилястр	刮粉画	Сграффито
普拉方	Плафон	西玛	Сима
布列琼加	Плетенка	斯各次	Скоция
普林特	Плинт	泪石	Слезник
基部	Подножие	复合柱式	Сложный ордер
腰箍券	Подпружная арка		(составный ордер,
垫石	Подушка		композитный ордер)
		复合窗	Сложное окно
		斯马立达	Смальта

复合柱式	Составный ордер
	(сложный ордер,
	композитный ордер)
底面	Софит
柱身	Ствол (стержень)
柱身	Стержень (ствол)
阶座	Стилобат
墩	Столб
斯特来加	Стрелка
座身	Стул (тело пьедестала)

Т

座身	Тело пьедестала (стул)
基尔姆	Термы
山花，板净	Тимпан
三陇板	Триглиф
三联窗	Тройное окно
拉刮线脚	Тяга

У

角柱头	Угловая капитель
收分	Утонение
小耳	Ушко

ф

框边线脚	Филенка

檐壁	Фриз
湿粉画	Фреска
三角形山墙	Фронтон

Ц

采拉	Целла
垛柱	Цепь
勒脚	Цоколь

Ч

四分之一圆线脚	Четвертной вал

Ш

柱头颈	Шейка
销子	Штыра

Щ

颊墙	Щековая стена

Э

线脚元素	Элемент профилей
卷杀	Энтазис
过梁	Эпистиль
爱欣	Эхин

图书在版编目（CIP）数据

俄罗斯建筑史 /（俄罗斯）莫·依·尔集亚宁著；陈志华译.建筑艺术 /《苏联大百科全书》编委会编著；陈志华译.古典建筑形式 /（俄罗斯）伊·布·米哈洛弗斯基著；陈志华译 .—北京：商务印书馆，2021
（陈志华文集）
ISBN 978-7-100-19869-1

Ⅰ.①俄…②建…③古…　Ⅱ.①莫…②苏…③伊…④陈…　Ⅲ.①建筑史—俄罗斯②建筑史—世界③古典建筑—建筑艺术—世界　Ⅳ.① TU-095.12 ② TU-091

中国版本图书馆 CIP 数据核字（2021）第 083677 号

陈志华文集
俄罗斯建筑史 建筑艺术 古典建筑形式
〔俄〕莫·依·尔集亚宁　著
《苏联大百科全书》编委会　编著
〔俄〕伊·布·米哈洛弗斯基　著
陈志华　译

商 务 印 书 馆 出 版
（北京王府井大街 36 号　邮政编码 100710）
商 务 印 书 馆 发 行
北京中科印刷有限公司印刷
ISBN 978-7-100-19869-1

2021 年 10 月第 1 版　　开本 720×1000　1/16
2021 年 10 月北京第 1 次印刷　印张 27¾

定价：139.00 元

"建筑是石头的史书"，"建筑是石头的最高峰"。十九世纪，《巴黎圣母院》把这种行……已经被推翻推倒推的了。哪怕聪明人也要去干的……总之，十九世纪，欧洲人已经抬不很高了建筑……在人类文化中的地位了。

建筑在文化中的地位，决定于它的性质、作用和它所达到的高度。技术的和艺术的高度，它代表"好几个世纪"那时候，它是 Monument，这就是它的性质。

从土地上的窑、洞，到小女孩温馨的闺房……到豪华的宫殿、神圣的寺庙，至于敦煌、万神庙，那种万里长城，建筑性质的多样和变化的……幅度之大，包含着最丰富的人类文化。人类没有第二种作品，有建筑这样的光辉、丰富、充实……精神。有性格。有感情。

建筑是人类历史的一部连篇……它记录着人类所创造着的和保存的一切，美文、生产、……标志着地记录着人类文明的发展……和成就

IRLANDE

St Patrice, a été esclave en Irlande pendant six ans.
Il a fait ses études à Marmoutiers et à Lérins.
Accompagne St German d'Auxerre en Angleterre.
Pape St Célestin lui fait évêque d'Eire. 33 ans là [...]

Ste Brigitte.

St Colomban 515-615 Entre l'abbaye de Bangor.
Il se donne à Annegray, Faucogney (Hte Saône.)
Puis, il se fixe à Luxeuil, qui est aux confins de Bourg[ogne]
et de l'Austrasie.
Encore, il fonda Fontaines, et 2{0 autres.

Sa contemporaine, la reine Brunehaut fonda
St Martin d'Autun, qui fut rasée en 1750 par les mo[i]nes eux-mê[mes]
Elle a expulsé St Colomban de Luxeuil après 20 ans.
Il a allé à Tours, Nantes, Soissons, ...
et commence sa vie de missionnaire. De Mainz, il suit
le Rhin, jusqu'à Zurich, et se fixe à Bregentz, sur lac Const[ance]
Son disciple est St Gall.

Brunehaut est maintenant la maîtresse de Constance.
Il se passe en Lombardie. Il fonda Bobbio, entre Gênes et
Milan, où Annibal a eu une victoire.
Il meurt dans une chappelle solitaire de l'autre côté de la Trebbia

LUXEUIL: 2e abbé St Eustaise. Il a toute coopération
du roi Clotaire, seul maître des 3 royaumes francs.
Il est aussi la plus illustre école de ce temps. Evêques et [...]
saints sont tous sortis de cela.
St Abbé Walbert, ancien guerrier